高等学校通信类专业系列教材

国家973计划项目
国家自然科学基金项目

U0169681

多元LDPC码及其应用

赵山程　马啸　白宝明　著

西安电子科技大学出版社

内容简介

本书重点介绍纠错编码领域最新的技术之一——多元 LDPC 码。全书共 6 章，第 1 章介绍纠错编码的背景、多元 LDPC 码的起源。以及多元 LDPC 码的优缺点。第 2 章介绍本书所需的基础知识。第 3 章和第 4 章探讨多元 LDPC 码的构造方法和多元 LDPC 码的低复杂度译码算法。第 5 和第 6 章探讨基于多元 LDPC 码的编码调制系统以及多元 LDPC 码在高速移动通信系统、深空通信系统和存储系统中的应用。

本书适合信息与通信工程领域的工程技术人员与相关专业的本科生和研究生阅读；对于从事信道编码的研究人员，本书也有重要的参考价值。

图书在版编目(CIP)数据

多元 LDPC 码及其应用/赵山程，马啸，白宝明著. 一西安：西安电子科技大学出版社，2020.12

ISBN 978 - 7 - 5606 - 5776 - 9

Ⅰ. ①多… Ⅱ. ①赵… ②马… ③白… Ⅲ. ①纠错码一通信理论 Ⅳ. ①TN911.22

中国版本图书馆 CIP 数据核字(2020)第 200174 号

策划编辑　李惠萍
责任编辑　于文平
出版发行　西安电子科技大学出版社(西安市太白南路 2 号)
电　　话　(029)88242885　88201467　　邮　　编　710071
网　　址　www.xduph.com　　电子邮箱　xdupfxb001@163.com
经　　销　新华书店
印刷单位　陕西精工印务有限公司
版　　次　2020 年 12 月第 1 版　2020 年 12 月第 1 次印刷
开　　本　787 毫米×1092 毫米　1/16　印张 11
字　　数　254 千字
印　　数　1～2000 册
定　　价　27.00 元

ISBN 978 - 7 - 5606 - 5776 - 9/TN

XDUP　6078001 - 1

前言

Claude Shannon 在 1948 年发表了著名的 *A Mathematical Theory of Communication* 一文，奠定了信息论与信道编码的基础。Shannon 证明了信道编码定理，表明只要码率小于信道容量，可靠通信是可行的。在此后的几十年里，科学家和工程师一直试图利用各种理论与工具构造可以逼近 Shannon 容量限的编码方案。信道编码技术的发展经历了两个重要阶段：以代数编码为核心的经典阶段和以图与迭代译码为核心的现代阶段。目前，著名的编码技术主要有 Reed-Muller 码、BCH 码、Reed-Solomon 码、卷积码、Turbo 码、低密度校验(LDPC)码、空间耦合码和极化码等。过去的 30 年是信道编码发展历史上的黄金时间，其间见证了 Turbo 码的发明、LDPC 码的重新发现以及空间耦合码和极化码的提出。每种码都有其独特的特点及适合的应用场景。比如，可靠性要求极高的场景可采用基于 Reed-Solomon 码的编码技术，高码率场景可采用 LDPC 码，中、低码率场景可采用 Turbo 码，延迟受限系统可采用卷积码。一般地，很难找到一种适用于所有应用场景的编码方式。因此，对于不同的通信系统，需针对性地设计适用于该系统的纠错编码。

20 世纪末，剑桥大学的研究小组在二元 LDPC 码的基础上提出了基于有限域的多元 LDPC 码，并给出了相应的译码算法。多元 LDPC 码与二元 LDPC 码在结构特点、构造方法上均有明显差异。相对于二元 LDPC 码，多元 LDPC 码的设计维度更高，因此设计难度更大。多元 LDPC 码在中短码长时具有良好的纠错性能。已有的结果表明，码长为几百到一千比特时，多元 LDPC 码相对于二元 LDPC 码约有 1.0 dB 的增益。另外，由于可设计维度较高，多元 LDPC 码的错误平层一般低于二元 LDPC 码。与 Reed-Solomon 码一样，多元 LDPC 码可用于纠正突发错误。由于定义在高阶有限域上，多元 LDPC 码的译码复杂度往往较高，这阻碍了多元 LDPC 码在实际系统中的应用。由于多元 LDPC 码在性能方面具有优势，过去 20 年中，许多研究人员围绕多元 LDPC 码的构造、优化、译码和应用等问题展开了深入研究。目前，相关的研究成果已经较为成熟，因此我们认为有必要为我国的相关从业人员写一本关于多元 LDPC 码的专业书。

本书主要适用于通信、电子和计算机相关专业的本科生和研究生，以及工业界和学术界从事相关专业的研发人员。本书的选材主要来自作者多年的研究积累，反映了作者的研究经验和研究成果。有关多元 LDPC 码的研究成果还有很多，由于篇幅有限，不能在此一一详细介绍，对于关心这一部分内容的读者，我们深表歉意。为便于读者了解其他相关研究成果，书末给出了部分参考文献。

本书的内容安排如下：

第 1 章简单介绍纠错编码背景以及多元 LDPC 码的起源，并介绍多元 LDPC 码的优缺点，进而引出本书后面章节的内容。

第 2 章介绍多元 LDPC 码的基础知识，包括代数基础、多元 LDPC 码的表示、QSPA 和 FFT-QSPA。

第 3 章介绍多元 LDPC 码的构造，包括代数构造、基于重复累加结构的多元 LDPC 码、基于阵列的多元 LDPC 码、CS-LDPC 码、基于基模图的多元 LDPC 码以及多元速率兼容码的构造。

第 4 章重点介绍多元 LDPC 码的低复杂度译码算法，包括扩展最小和算法、X-EMS 算法和基于可靠度的译码算法。

第 5 章介绍基于多元 LDPC 码的编码调制系统，包括一般编码调制系统的概念、适用于多元 LDPC 编码调制系统的联合检测译码算法以及成形技术。

第 6 章介绍多元 LDPC 码在复杂通信系统中的应用，包括高速移动通信系统、深空通信系统和存储系统。

对于只关心构造的读者可以只读前 3 章，而只关心译码实现的读者可以跳过第 3 章。

在此需要特别指出，我们撰写本书主要是为我国读者介绍多元 LDPC 码的最新进展。多元 LDPC 码的相关研究已经开展了很久，且目前仍是研究热点，在我们撰写本书的过程中已经涌现出很多新的研究成果，但多元 LDPC 码仍有很多相关问题未得到解决，还需进一步探索，在此我们列举若干。首先，有必要针对实际通信和存储系统设计高性能多元 LDPC 码。其次，多元 LDPC 码的构造通常与低复杂度译码算法的设计分开考虑，我们认为有必要针对低复杂度译码算法设计高性能多元 LDPC 码，进而在复杂度和性能之间进行折中。广义大数逻辑译码算法是一类针对代数构造的多元 LDPC 码的低复杂度译码算法，该算法可看作这个方向的一个初步探索。

感谢我们的同事和研究生们，在成书过程中他们给予了很大的帮助，本书的部分内容也是作者和他们的共同研究成果，他们是西安电子科技大学陈超博士、华为技术有限公司林伟博士、广西大学陈海强博士、烽火通信张凯博士、广东工业大学刘喜英博士，以及何光华博士及王学鹏、王腾、卢志飞、冯丹等同学。

在此，特别感谢西安电子科技大学出版社的李惠萍编辑，在本书的出版过程中，她做了大量的工作。

最后感谢我们的家人在本书撰写过程中的支持和鼓励。

本书得到了国家 973 计划项目“高移动性宽带无线通信网络重点理论基础研究”(2012CB316100)的支持，同时也得到了国家自然科学基金(61501206，61871201 和 91438101)和广东省高水平大学专项资金的支持，特此致谢。

赵山程 暨南大学

马 啸 中山大学

白宝明 西安电子科技大学

合著于 2020 年

目录

第1章　绪论 ······ 1

1.1　信道编码 ······ 1

1.2　现代信道编码理论与技术 ······ 2

1.3　多元LDPC码 ······ 4

1.3.1　二元低密度校验码 ······ 4

1.3.2　多元低密度校验码 ······ 5

1.3.3　多元低密度校验码的特点 ······ 6

1.3.4　多元低密度校验码的应用 ······ 7

本章小结 ······ 8

第2章　多元LDPC码基础 ······ 9

2.1　代数基础 ······ 9

2.1.1　有限交换群 ······ 9

2.1.2　有限域 ······ 12

2.2　线性分组码与二元LDPC码 ······ 14

2.3　多元LDPC码的基本概念与原理 ······ 15

2.4　多元LDPC码的译码(QSPA和FFT-QSPA) ······ 18

2.4.1　消息处理和传递算法的一般原理 ······ 18

2.4.2　基于多元低密度校验码的通信系统 ······ 20

2.4.3　多元和积算法(QSPA) ······ 21

2.4.4　基于快速傅里叶变换的QSPA ······ 25

本章小结 ······ 27

第3章　多元LDPC码的构造 ······ 28

3.1　代数构造 ······ 29

3.1.1　基于有限域的构造 ······ 29

3.1.2　基于有限几何的构造 ······ 33

3.1.3　基于Cage的构造 ······ 36

3.2　基于重复累加结构的多元LDPC码 ······ 41

3.2.1　多元IRA码的编码器与编码流程 ······ 42

3.2.2　多元IRA码的正规图与校验矩阵 ······ 43

3.2.3 多元 IRA 码的性能 …… 44
3.3 基于阵列的多元 LDPC 码 …… 45
3.3.1 阵列多元 LDPC 码的构造方法 …… 46
3.3.2 阵列多元 LDPC 码的性能 …… 48
3.4 CS-LDPC 码 …… 51
3.4.1 CS-LDPC 码的定义 …… 51
3.4.2 CS-LDPC 码快速编码算法和快速译码算法 …… 52
3.4.3 CS-LDPC 码的性能 …… 55
3.5 基于基模图的多元 LDPC 码 …… 59
3.5.1 基模图码的基本原理 …… 59
3.5.2 两种多元基模图 LDPC 码构造方法 …… 59
3.5.3 多元基模图 LDPC 码的性能 …… 62
3.6 多元速率兼容码的构造 …… 66
3.6.1 Kite 码的编码 …… 67
3.6.2 Kite 码的译码 …… 68
3.6.3 多元 Kite 码的性能 …… 68
本章小结 …… 73
第 4 章 多元 LDPC 码的低复杂度译码算法 …… 75
4.1 扩展最小和算法 …… 75
4.1.1 扩展最小和算法的基本原理 …… 75
4.1.2 扩展最小和算法 …… 76
4.1.3 扩展最小和算法的性能 …… 80
4.2 X-EMS 算法 …… 82
4.2.1 几种消息截断技术 …… 83
4.2.2 X-EMS 算法 …… 84
4.2.3 X-EMS 算法的性能与复杂度 …… 85
4.3 基于可靠度的译码算法 …… 87
4.3.1 广义大数逻辑译码算法 …… 87
4.3.2 广义大数逻辑译码算法的复杂度与性能 …… 90
本章小结 …… 92
第 5 章 基于多元 LDPC 码的编码调制系统 …… 93
5.1 一般编码调制系统 …… 94
5.1.1 编码调制系统的评价指标 …… 94
5.1.2 几类编码调制技术 …… 96
5.2 基于多元 LDPC 码的编码调制系统 …… 100
5.2.1 多元编码调制系统的发送端 …… 100

5.2.2 多元编码调制系统的接收端 …… 101
5.2.3 多元编码调制系统的性能 …… 102
5.3 面向高阶调制的低复杂度检测算法 …… 103
5.4 联合检测译码算法 …… 106
5.4.1 软迭代去噪译码算法 …… 107
5.4.2 硬迭代去噪译码算法 …… 114
5.4.3 迭代去噪译码算法的复杂度 …… 114
5.4.4 迭代去噪译码算法的性能 …… 115
5.5 信号星座成形 …… 121
5.5.1 编码增益与成形增益 …… 121
5.5.2 信号星座成形基本原理 …… 122
5.5.3 两种星座成形实现方法 …… 123
5.5.4 性能评估 …… 123
本章小结 …… 126
第6章 多元 LDPC 码的应用 …… 127
6.1 多元 LDPC 码在高速移动通信系统中的应用 …… 127
6.1.1 基于 OFDM 的高速移动通信系统模型 …… 128
6.1.2 多元 LDPC 编码的高移动通信系统及其性能 …… 129
6.2 多元 LDPC 码在深空通信系统中的应用 …… 132
6.2.1 深空通信中的编码与调制 …… 132
6.2.2 连续相位调制 …… 133
6.2.3 连续相位调制的波形仿真 …… 135
6.2.4 基于多元 LDPC 码的 SCCPM 系统 …… 139
6.2.5 基于多元 LDPC 码的 SCCPM 系统的性能 …… 144
6.3 多元 LDPC 码在存储系统中的应用 …… 148
6.3.1 码间串扰信道 …… 148
6.3.2 多元 LDPC 编码的存储系统的系统模型 …… 148
6.3.3 并节网格图表示 …… 150
6.3.4 低复杂度联合检测译码算法 …… 151
6.3.5 低复杂度联合检测译码算法的总结 …… 152
6.3.6 低复杂度联合检测译码算法的复杂度和性能 …… 153
本章小结 …… 157
参考文献 …… 158

第 1 章

绪论

作为物理层的一项关键技术，信道编码(channel codes)或纠错编码(error correction codes)是保障现代信息系统可靠性的重要手段，已在通信、计算和存储等现代信息系统中得到广泛应用。信道编码的种类繁多，每种编码都有其独特的优点。一般地，很难找到一种适用于所有应用场景的编码方式。因此，对于不同的通信系统，需针对性地设计适用于该系统的纠错编码。本书主要介绍当前流行的一类高性能纠错编码——多元低密度校验码(low-density parity-check code，LDPC 码)。多元低密度校验码主要适用于中短码长的数据传输，预期可用于控制类链路、实时性应用等场景。虽然本书面向多元低密度校验码，但是作者认为在详细了解该码之前有必要了解信道编码的发展历程。基于此目的，本章简要介绍纠错码的发展史，并简要对比几种流行的纠错码的优缺点。特别地，本章重点介绍多元低密度校验码的优点、适用场景以及其存在的问题，为后续章节做铺垫。

1.1 信道编码

数字通信系统以及数字存储系统已经成为现代社会最重要的基础设施之一。在无线通信系统中，信息从一个空间点传输到另一个空间点；在数字存储系统中，信息从一个时间点传输到另一个时间点。这些数字系统虽然特点各不相同，但它们都受到同一问题的困扰：由于噪声的干扰，接收者不能完整地接收到发送者发送的信息。为刻画噪声对传输能力的影响，1948 年，Shannon 在论文 *A Mathematical Theory of Communication* 中给出了著名的信道编码定理[1]。该定理是信息论[2]和信道编码[3]两个领域重要的基础定理。信道编码定理指出，对于任一给定的有噪信道，存在一个称为信道容量的量 C 且满足：如果传输的信息速率 R 小于 C，则一定存在一种编码方案，在典型序列译码算法下，误帧率可以趋向任意小。该定理给出了信道容量的定义并证明了存在逼近信道容量的码。然而，Shannon 并没有给出逼近容量的码的具体构造方法。因此，为最大限度地利用有限的频谱资源和能量资源，学术界和工业界一直在构造可逼近容量的码。

信道编码可分为线性分组码和卷积码。Hamming 码是一类线性分组码，它由贝尔实验室的科学家 Hamming 于 20 世纪 40 年代提出。Hamming 码可以纠正一个随机错误[4]，其在计算机总线通信中得到了应用。由于在信道编码等领域的开创性工作，Hamming 于 1968 年荣获图灵奖，缘由如下：

For his work on numerical methods, automatic coding systems, and error-detecting and error-correcting codes.

Hamming 码只能纠正一个随机错误，不能纠正多个随机错误。当发生多个随机错误时，Hamming 码会误纠，即错误输出另外一个码字。为解决这一缺陷，Golay 提出可以纠正 3 个随机错误的 Golay 码[5]。1977 年美国国家航空航天局发射的“旅行者一号”上采用了 Golay 码作为纠错编码方案实现彩色图像回传。截至 2020 年 2 月 11 日，“旅行者一号”已距离地球 13 810 089 533 英里(1 英里＝1.6093 千米)，关于“旅行者一号”的飞行信息可参见 NASA 网站：https://voyager.jpl.nasa.gov/mission/status。

随后，Muller 提出一类基于布尔代数的线性分组码，该码的最小距离大于 3，可纠正多个随机错误[6]。不久，Reed 设计了该码的一个简单译码算法[7]。此后，该码被称为 Reed-Muller 码。信道编码理论的一个重要突破是 BCH 码[8-9] 和 Reed-Solomon 码的发明[10]。Reed-Solomon 码的特点包括：

(1) 编码算法简单；

(2) Hamming 距离特性好（最大距离可分码）；

(3) 存在简单且有效的译码算法(Berlekamp-Messay 算法等)[11]。

因此，Reed-Solomon 码广泛应用于各类通信系统。几乎同一时期，Gallager 提出了低密度校验码[12]。然而受限于当时的计算能力，低密度校验码并没有引起太多的关注。卷积码是由 Elias 提出的。Wozencraf 给出了卷积码的序列译码算法。随后，Fano 改进了该译码算法。信道编码领域的另一个重要突破是 Viterbi 提出了 Viterbi 算法[13]。该算法是卷积码的最小化误帧率（frame error rate，FER)的译码算法。后来，IBM 研究人员提出了卷积码的最小化比特错误率(bit error rate，BER)的 BCJR 译码算法[14]。一方面，BCJR 算法的实现复杂度高于 Viterbi 译码算法；另一方面，对于卷积码，BCJR 算法的性能和 Viterbi 算法的性能几乎一致。因此，在早期的卷积码编码通信系统中均采用 Viterbi 算法。关于 Viterbi 算法和 BCJR 译码算法的性能和复杂度比较可参见文献[15]。卷积码和 BCJR 译码算法是 Turbo 码的重要组成元素。

1.2 现代信道编码理论与技术

卷积码具有良好的纠错性能，但其性能距离信道容量仍然较远。受 Reed-Solomon 码的启发，在随后的几十年里，编码学家试图利用代数理论构造结构化的码以逼近信道容量。然而，这一尝试并未取得显著的进展。在 1993 年的国际通信大会上，来自法国的学者 Berrou等人提出 Turbo 码[16]。他们的研究结果表明，在码率为 0.5 时，Turbo 码的性能距离二进制输入加性高斯白噪声信道(additive white gaussian noise channel，AWGN 信道)的容量仅为 0.7 dB。Turbo 码的发明开启了现代编码的时代。Turbo 码提出后，包括 JPL 在内的众多研究团队很快重现了文献[16] 中的仿真结果。然而，研究人员并不清楚 Turbo 码为什么具有如此突出的性能。Turbo 码是第一类可有效逼近信道容量的编码技术。由于其采用了并行级联结构，Turbo 码也被称为并行级联码(parallel concatenated codes，PCC)。

组成 Turbo 编码技术的三个重要元素为交织器、迭代和外信息。基于这三个元素，研究人员提出了多种可以逼近信道容量的码。受 Turbo 码的启发，研究人员开始重新研究 Gallager 博士在 20 世纪 60 年代提出的低密度校验码(low-density parity-check code，LDPC 码)[12，17]。研究人员发现，低密度校验码也可以逼近香农信道容量[17-19]。这一发现让沉寂了三十多年的 LDPC 码重新焕发出活力。Richardson 和 Urbanke 合著的书中详细介绍了现代信道编码技术，包括 LDPC 码的构造、译码、优化等。由于其优良的性能、较高的吞吐率，LDPC 码已经广泛应用于各种通信系统。在最新确定的 5G 标准中也选用了 LDPC 码，本书作者之一的白宝明教授的研究小组协同国内某企业提出的 LDPC 码已成功入选 5G 标准，东南大学与我国某企业提出的 LDPC 码也同时入选。可以看到，5G 标准中已有很多我国科研单位和企业的身影，我国在相关领域的话语权也越来越大。

Turbo 码的发明以及 LDPC 码的重新发现为逼近信道容量提供了非常多的选择。一般地，只能通过仿真表明 Turbo 码和 LDPC 码可有效逼近信道容量，并不能证明它们在给定的某译码算法下可以逼近或达到信道容量。21 世纪初，土耳其学者 Arikan 提出 Polar 码并证明了“基于顺序消除译码(successive cancellation decoding，SCD)算法，Polar 码可以达到二元输入对称信道的信道容量”。这使得 Polar 码成为第一种采用低复杂度译码算法译码仍可达到信道容量的编码方案。研究人员围绕 Polar 码展开了全方位的研究，包括构造适用于不同信道的极化方案、极化速率和错误指数等。虽然已经证明了 Polar 码可以达到信道容量，但在实际仿真中，特别是码长较短时，Polar 码的纠错性能略逊于低密度校验码。为改进 Polar 码在中短码长时的性能，Vardy 等设计了一类适用于 Polar 码的列表译码算法(list decoding algorithm)北京邮电大学的牛凯教授提出了基于循环冗余校验的列表译码算法。

可以看出，经过几十年的不懈努力，我们已经拥有多种可以逼近信道容量的编码方案。这些编码方案的特点各不相同，很难找到一个适用于所有通信系统的编码方案。因此在实际应用时，工程人员需要深刻了解当前系统的独有特点，并依据这些特点设计适用于该系统的高性能编码方案。当然，直到今天，研究人员还在寻找既可达到信道容量又具有良好的实际纠错性能的编码技术。目前流行的空间耦合(spatial-coupling，SC)技术[20-22]和分组马尔科夫叠加传输(block Markov superposition transmission，BMST)技术[23-25]就是其中的两种。

下面从各个方面比较这些高性能编码方案的优缺点：

Turbo 码编码最简单，适用于中短码长的应用场景。特别地，由于错误平层较高，Turbo 码只能用于误帧率要求不高的应用场景。

相对于 Turbo 码，LDPC 码的优点包括：

(1) LDPC 码编码时不需要复杂的交织器，降低了系统的实现复杂度和时延；

(2) LDPC 码具有更好的误帧率，更加适合于新一代无线通信系统；

(3) LDPC 码的错误平层较低，适用于一些要求极低误码率的通信系统，如磁存储系统和光通信系统；

(4) LDPC 码的译码复杂度与码长呈线性关系，译码器功耗更小，并行度更高，因此基于相同的资源，LDPC 码译码器的吞吐率更高。

一般地，传统通信业务可采用 Turbo 码，突发小包业务可采用 Polar 码和 LDPC 码，面向连续数据流的业务可采用 SC-LDPC 码。2016 年的 3GPP 会议确定了数据信道上行和下行的编码方案为 LDPC 码，而控制信道上行和下行的编码方案为 Polar 码。

1.3 多元 LDPC 码

1.3.1 二元低密度校验码

二元低密度校验码即二元 LDPC 码，最早由麻省理工学院的 Gallager 提出[12]。LDPC 码是一种线性分组码，由校验矩阵定义。二元 LDPC 码中的“低密度”没有一个严格的定义。一般地，“低密度”是指校验矩阵中非零元素的个数远远少于零元素的个数，即校验矩阵的大部分元素为“0”。在参考文献[12]中，Gallager 给出了几种二元 LDPC 码的构造方法。同时，他也给出了几种译码算法，包括比特翻转算法(bit-flipping algorithm，BFA)、和积算法(sum-product algorithm，SPA)和比特填充算法(bit-filling algorithm)。其中，BFA 和 SPA 可用于二进制对称信道和 AWGN 信道，比特填充算法适用于二进制删除信道。受限于当时的计算能力，Gallager 博士并未在其论文中给出码长较长的 LDPC 码的仿真性能。这也使得发现逼近容量的码的时间推迟了几十年。Gallager 还研究了二元 LDPC 码的距离特性。结果表明，由列重大于或等于 3 的校验矩阵定义的 LDPC 码的最小汉明距离随码长以$\sqrt{n}$ 的速度增长。该性质在一定程度上表明 LDPC 码是一类好码。

20 世纪 80 年代，Tanner 引入了二分图描述二元 LDPC 码[26]。目前，该二分图被称为 Tanner 图。在 Tanner 图的基础上，Weiberg 研究了定义在一般图上的码并分析了各种译码算法在这些图上的性能和性质[27]。在此期间，法国学者 Berrou 发明了 Turbo 码。受 Turbo 码的启发，剑桥大学的 Mackay 等开始重新研究 LDPC 码[28]。他们发现，采用 SPA 译码时，码长较长的 LDPC 码也可以逼近信道容量。文献[28]中给出了几种构造高性能 LDPC 码的方法，这些方法大部分属于随机构造算法。与 Turbo 码相比，LDPC 码的优势在于构造方法灵活、译码简单。但是 LDPC 码的编码复杂度高于 Turbo 码。另外，与 Turbo 码类似，早期构造的 LDPC 码也有较高的错误平层。

LDPC 码的一个重要突破是 Luby 等人引入了度分布的概念，并利用非规则的二分图研究和设计 LDPC 码[29]。研究表明，非规则二元 LDPC 码的性能优于规则二元 LDPC 码，然而非规则二元 LDPC 码的错误平层高于规则二元 LDPC 码。为分析二元 LDPC 码的极限性能，Richardson 等人将 Gallager 博士提出的密度进化算法推广到了加性高斯白噪声信道[18]。密度进化算法可有效地分析码长很长的 LDPC 码的极限性能。同时，密度进化算法也可用于优化二元 LDPC 码的度分布[19]，进而构造高性能 LDPC 码。目前，研究人员已经基于密度进化算法构造了很多高性能二元 LDPC 码。原始的密度进化算法涉及函数的拉普拉斯变换，实现复杂度较高，为降低密度进化算法的复杂度，研究人员提出了基于高斯近似的简化密度进化算法[30]。另一个优化构造 LDPC 码的工具是 Brink 等提出的 EXIT 图[31](extrinsic information transfer chart)。基于密度进化算法或 EXIT 图构造的 LDPC 码的非零元一般随机选取，不具有任何结构性，因此编码复杂度一般较高。为降低编码复杂度，可采用结构化校验矩阵构造 LDPC 码。第一类结构化的 LDPC 码是 Kou 等提出的基于有限几何的二元 LDPC 码[32]，该码为一类循环码，可采用简单的电路实现编码。此后很多研究人员致力于利用组合数学构造具有代数结构的 LDPC 码，如基于差集(difference set)和 BIBD 的构造。一般地，结构化的 LDPC 码瀑布区域的性能略差于密度进化算法优化设计的随机 LDPC 码，而其错误平层则低于随机 LDPC 码。

构造具有较低错误平层的二元 LDPC 码是一个较难的问题。研究表明，LDPC 码的错误平层主要由停止集(stopping set)、陷阱集(trapping set)和吸收集(absorbing set)等易错子结构引起。对于一般的 LDPC 码，很难确定其易错子结构，且对于不同的信道、不同的译码算法，易错子的结构也不一样。对于码长较短或者结构较强的 LDPC 码，已有枚举停止集、陷阱集和吸收集的低复杂度算法。文献 [33]分析了基于阵列(array)的 LDPC 码的吸收集。文献[34][35]分析了结构化 LDPC 码的陷阱集。

在 AWGN 信道中，二元 LDPC 码的译码算法为和积算法。通过适当的简化得到了 min-sum 算法（最小和算法）。在选取适当的缩放参数和偏移参数后，最小和算法相比于和积算法的性能损失大约为 0.2 dB。在二进制对称信道(binary symmetric channel，BSC)中，常用的译码算法有和积算法和比特翻转算法。比特翻转算法的复杂度低于和积算法。另外，在比特翻转算法中只涉及整数操作，因此硬件实现非常方便。在二进制删除信道中，常用的译码算法为比特填充算法。对于大数逻辑可译的二元 LDPC 码，文献 [36]中设计了一种低复杂度的译码算法，文献[37]中设计了一种具有较低错误平层的译码算法。

1.3.2 多元低密度校验码

二元 LDPC 码的校验矩阵中非零元全为“1”。若允许该校验矩阵的非零元取自一个更大的集合，则可以定义一个在更大符号集上的线性分组码。Gallager 提出将定义二元LDPC 码的模 2 运算扩展到模 m 运算，进而构造定义在 $\mathbb{Z}_m$上的分组码。同时，Gallager 还分析了该类多元 LDPC 码的重量分布。然而，尚未发现基于 $\mathbb{Z}_m$和模 m 运算的多元 LDPC 码的简单编码算法，因此该类码不具有实用价值。1998 年，剑桥大学的 Davey 和 Mackay 提出了基于有限域的多元 LDPC 码[38]，该类多元 LDPC 码可以和二元 LDPC 码一样通过高斯消元等算法进行编码。另外，他们还给出了该类多元 LDPC 码的译码算法，称为 Q 元和积译码算法(Q-ary sum-product algorithm，QSPA)。有限域的相关知识可参见本书第 2 章。若未做特别说明，本书后面提到的多元 LDPC 码均指定义在有限域上的多元 LDPC 码。

相关研究表明，列重为 2 的多元 LDPC 码可以逼近二进制输入 AWGN 信道的信道容量。同时，研究人员还发现，多元 LDPC 码的性能优于采用 Kotter-Vardy 算法译码的 Reed-Solomon 码的性能[39]。这一研究结果使得多元 LDPC 码极有可能在未来的应用中取代 Reed-Solomon 码，如磁存储和闪存。然而，多元 LDPC 码的译码复杂度较高，这一缺点限制了它在一些能量和复杂度受限的通信系统中的应用。为解决这一问题，研究人员开始设计适用于多元 LDPC 码的低复杂度译码算法。文献[40][41]中给出了基于快速傅里叶变换(fast Fourier transform，FFT)的 QSPA 算法（FFT-QSPA）。FFT-QSPA 的复杂度为 $O(q\log q)$，其值仍然较高。为进一步降低复杂度，Declercq 等将二元 LDPC 码的最小和算法推广到多元 LDPC 码，得到了扩展最小和算法(extended min-sum algorithm，EMS 算法)[42]。对于定义在阶数较高的有限域上的多元 LDPC 码，文献[43]提出了一种复杂度更低的译码算法。在文献[44]中，Ma 等人将文献[42]中的译码算法重新描述为网格（trellis）上的简化搜索算法。基于此描述，Ma 等人又给出了两个不同的 EMS 算法，分别叫作

D-EMS 算法和 T-EMS 算法。另一个多元 LDPC 码的简化译码算法是 min-max 译码算法[45]。Li 等人提出了多元 LDPC 码的并行 EMS 算法[46]。基于配置集合(configuration set)，Wang 等人提出了一种可靠度的估计方法，该方法大大简化了 EMS 算法的复杂度[47]。对于大数逻辑可译的多元 LDPC 码，Zhao 和 Wang 等人分别提出了两种低复杂度的算法[48-49]。

多元 LDPC 码的构造方法主要有随机构造和结构化构造方法。随机构造方法主要有随机填充算法和 PEG(progressive edge growth)算法。结构化构造方法主要有基于有限域的构造方法以及基于有限几何的构造方法。文献［50］中给出了准循环的多元低密度校验码的低复杂度的编码算法。结构化的多元低密度校验码的分析与构造可参见文献［51］。另外，Behzad 等人引入了多元吸收集的概念并借助它分析多元低密度校验码的错误平层[52]。多元 LDPC 码在多输入多输出(multiple-input multiple-output，MIMO)系统以及部分响应信道的应用可参见文献［53］和文献［54］。

1.3.3 多元低密度校验码的特点

相对于二元 LDPC 码，多元 LDPC 码具有如下优势和特点：

(1) 多元 LDPC 码的可选维度更大。在多元 LDPC 码中，既要确定非零元的位置还要确定非零元的取值。因此，可以预期，优化设计的多元 LDPC 码的性能将优于二元 LDPC 码。

(2) 多元 LDPC 码的列重往往较小，因此在构造时可以有效避免环长较小的环(环长是影响 LDPC 码性能的一个重要因素)。由于高性能多元 LDPC 码的校验矩阵一般比二元 LDPC 码的校验矩阵更加稀疏，因此多元 LDPC 码的最小环长一般高于等长的二元 LDPC 码。

(3) 多元 LDPC 码的错误平层往往较低，这在一些对误码性能要求特别高的场景中有应用，如磁记录信道。

(4) 多元 LDPC 码适合纠正突发错误。和 Reed-Solomon 码一样，多元 LDPC 码为面向符号的纠错编码方案。在很多情况下，多元 LDPC 码具有 Reed-Solomon 码的部分特点，如对抗突发错误。

(5) 多元 LDPC 码基于符号设计，可自然与高阶调制结合，因此多元 LDPC 码非常适用于高谱效编码调制系统。

为了在实际系统中应用，还需要解决一系列关于多元 LDPC 码的问题。此处列出两个最重要的问题，以引出本书的主要内容。

问题一：由于多元 LDPC 码的可选维度更大，因此多元 LDPC 码的优化难度明显高于二元 LDPC 码。比如，二元 LDPC 码的一个重要优化工具为密度进化算法，该算法涉及密度函数的变换等复杂运算。对于多元 LDPC 码，该操作将非常复杂。因此，多元 LDPC 码的构造与二元 LDPC 码有较大差别。本书关心的关于多元 LDPC 码构造的问题主要有：如何构造带一定特殊结构的高性能多元 LDPC 码，以便硬件实现；如何构造编码复杂度低的高性能多元 LDPC 码；如何分析引起多元 LDPC 码错误平层的因素并基于此构造错误平层极低的高性能多元 LDPC 码；如何构造无码率多元 LDPC 码。关于多元 LDPC 码构造方面的问题还有很多，在此列举几个：

(1) 构造多码率的多元 LDPC 码，即设计可用一套编码和译码器实现的“码率可变、码长固定”的多元 LDPC 码。

(2) 目前硬件工艺已经进入 10 nm 时代，此时基本处理单元和基本存储单位均不可靠。在这些系统中，处理单元和存储单位的内在错误也是影响系统性能的一个重要因素，因此有必要构造适用于该类系统的多元 LDPC 码。

(3) 如何分析量化对多元 LDPC 码性能的影响，包括量化对译码门限、瀑布区域性能和错误平层的影响。

问题二：实现复杂度的高低是是否采用一个编码方案的重要考量依据。多元 LDPC 码的译码复杂度非常高，为将其应用在实际系统中，亟需设计低复杂度的译码算法。首先，不同应用场景的译码复杂度需求不同，因此有必要设计一系列复杂度逐渐降低的译码算法。其次，由于不同系统的系统输出不一样，因此需要根据信道输出的不同设计不同的低复杂度译码算法。最后，由于一些系统内存在的约束，因此需要在译码时考虑这些约束。关于多元 LDPC 码译码方面的问题还有很多，在此列举几个：

(1) 分析采用量化消息的译码器的性能，包括采用量化消息的译码器的译码门限、瀑布区域性能和错误平层。

(2) 适用于非白噪声信道的多元 LDPC 码的译码算法。

(3) 列重为 2 或 3 的多元 LDPC 码的低复杂度译码算法。

1.3.4 多元低密度校验码的应用

作为一种具有良好性能的编码技术，多元 LDPC 码有希望广泛应用于各种通信系统，包括多天线无线通信系统、高速移动通信系统、高密度存储系统、水下通信系统、深空通信系统、光通信系统等。多元 LDPC 码的研究热点也从构造译码逐步转变为研究其在实际系统中的应用。早期研究中，研究人员主要考虑多元 LDPC 码在高斯白噪声信道中的应用。近年来，研究人员已经开始研究多元 LDPC 码在编码调制系统、快变通信系统、删除信道、存储信道、光通信系统以及水下通信系统中的应用。随着研究的深入，越来越多的研究结果表明，和高斯白噪声信道一样，中短码长的多元 LDPC 码在上述复杂通信系统中同样具有优越的纠错性能。因此，对于延迟要求严格、可靠性要求极高的通信系统，多元 LDPC 码将是一个很好的选择。然而，如前所述，多元 LDPC 码的译码复杂度非常高，这在一定程度上阻碍了其在实际通信系统中的应用。因此，有必要研究适用于多元 LDPC 码的低复杂度译码算法。需要特别指出的是，低复杂度译码算法往往在复杂度与性能之间进行折中，即在降低复杂度的同时会提升错误率。因此，很有必要探索在性能和复杂度上都优于二元 LDPC 码的多元 LDPC 码的低复杂度译码算法。

由于不同的通信系统有不同的特点，因此在设计低复杂度译码算法时需综合考虑各通信系统本身的特点。比如，对于有记忆的通信系统，需探索如何将多元译码和均衡有机结合。同时，当比较不同的编码方案在这些通信系统中的性能时，复杂度也是一个需重点考量的因素。特别地，在同样的译码复杂度下，多元码与二元码的性能优劣有待深入探索。另外，由于不同通信系统的业务需求存在差异，设计多元 LDPC 码的侧重点也会不同。比如，对于磁记录信道，需要设计错误平层极低的多元 LDPC 码；对于控制信道，需要设计码长较短的高性能多元 LDPC 码；对于光纤通信信道，需要设计码长较长、错误平层极低、译码复杂度极低、收敛速度极快的多元 LDPC 码。一般地，设计者需要在错误平层、译码复杂度、收敛速度等性能指标之间进行折中。

多元 LDPC 码的优化不仅涉及非零元位置的选取还涉及非零元的取值，因此多元 LDPC码的优化维度高于二元 LDPC 码。即使对于简单的高斯白噪声信道，多元 LDPC 码的优化难度也很高。因此，对于复杂通信系统，需要设计全新的优化框架用于构造高性能多元 LDPC 码。这里的一个关键点为：如何将信道的特性与多元 LDPC 码的参数和特性结合起来。目前，已经有一部分研究人员沿着该方向做出尝试，也取得了部分结果。2015 年，来自加州大学洛杉矶分校的学者针对磁记录信道设计了错误平层较低的多元 LDPC 码[55]。原有的研究结果表明，在高斯白噪声信道中，引起错误平层的一个主要因素是基本吸收集(elementary absorbing set，EAS)，即可以通过选择合适的非零元消去部分或全部 EAS 进而降低错误平层。然而，文献[55]的作者们发现，对于磁记录信道，不同的 EAS 在错误平层区域的贡献不同，即部分 EAS 在多元 LDPC 编码的磁记录信道中的影响低于其他 EAS。因此，在针对磁记录信道构造多元 LDPC 码时，首先需要消除这些更加容易引起错误的 EAS。基于以上方法，文献[55]得到了错误平层更低的多元 LDPC 码。

本章小结

本章重点介绍了低密度校验码，包括二元低密度校验码和多元低密度校验码。对比了多元 LDPC 码与多种现代信道编码技术，重点说明了多元 LDPC 码的优势、特点，以及存在的问题。经过近七十年的探索，信道编码领域已经取得了众多进展，相关技术已被广泛应用于现代通信、存储和计算系统。本书的主题为信道编码领域涌现的多元 LDPC 码。对经典信道编码技术感兴趣的读者可参读 F. MacWilliams 和 N. Sloane 合著的 *The Theory of Error-Correcting Codes* 以及 S. Lin 和 D. Costello 合著的 *Error Control Coding*。对现代编码技术感兴趣的读者可参读 W. Ryan 和 S. Lin 合著的 *Channel Codes：Classical and Modern*，该书已由白宝明老师和马啸老师翻译为中文版并由人民邮电出版社出版。关于现代编码的主要分析工具，读者可参读 T. Richardson 和 R. Urbanke 合著的 *Modern Coding Theory*。

第 2 章

多元 LDPC 码基础

第 1 章介绍了信道编码的发展历史并重点介绍了多元 LDPC 码的优缺点及其适用场景。本章将详细引入定义在有限域上的多元 LDPC 码及相关编译码算法。未特别指出，本书的多元 LDPC 码均指定义在有限域上的多元 LDPC 码。

本章的内容安排如下。

(1) 有限域是抽象代数的一个重要研究对象。为方便没有代数基础的读者，本章 2.1 节介绍本书用到的基本代数工具，包括群和有限域。特别地，我们将介绍有限域的几种表示方法，包括向量表示、幂指数表示和矩阵表示。这些表示方法将被用于多元 LDPC 码的构造和译码。同时，本章将介绍本书用到的一些交换群。我们将给出一些常用的规则信号星座的商群表示，这些基于商群的表示将被用于构造群上的多元无码率 LDPC 码。

(2) 本章 2.2 节介绍线性分组码和二元 LDPC 码。特别地，我们将在此引入本书常用的记号。

(3) 在二元 LDPC 码的基础上，本章 2.3 节引入定义在有限域上的多元 LDPC 码。

(4) 最大似然译码算法的实现复杂度太高，不具有实用性。实用的纠错编码都具有一个或多个高效的译码算法。比如，Reed-Solomon 码可用 BM 算法译码，卷积码可用 Viterbi 算法和 BCJR 算法译码，Turbo 码可用基于 BCJR 算法或 Max-Log-MAP 算法的迭代译码算法译码，二元 LDPC 算法可用和积算法或最小和算法译码。多元 LDPC 码也存在高效译码算法，如多元和积算法(QSPA)和基于快速傅里叶变换的 QSPA。本章 2.4 节重点介绍正规图上的一般迭代译码的基本原理，并基于该原理引入面向多元 LDPC 码的两类译码算法——QSPA 和基于快速傅里叶变换的 QSPA。建议不清楚正规图和迭代消息处理/传递原理的读者仔细阅读本章 2.4 节并通过实例掌握该原理。本书后续章节中将多次利用正规图和迭代信息处理原理设计检测和译码算法。另外，对于具备图表示的概率系统，读者也可以利用该一般原理设计推断算法。

2.1 代数基础

2.1.1 有限交换群

群是抽象代数的一个最基本概念，它由一个集合以及一个定义在该集合上的二元运算组成。本书只涉及有限群，即定义群的集合所包含的元素个数有限。特别地，本书涉及的群都是有限交换群(abelian 群)。有限交换群的定义如下：

设 G 是一个有限集合，$+$ 为定义在集合 G 上的一个二元运算，即

$$+: G\times G\rightarrow G$$

$(G, +)$ 是一个交换群当且仅当满足以下条件：

(1) 存在一个元素 $\theta\in G$，满足：对任意的 $\alpha\in G$，有 $\alpha+\theta=\alpha$。可以证明 θ 是唯一的。θ 一般称为群 G 的单位元(identity element)，并记为 0。

(2) 对于任意的 α、β、$\gamma\in G$，有 $(\alpha+\beta)+\gamma=\alpha+(\beta+\gamma)$，即该运算满足结合律。

(3) 对于任意的 α、$\beta\in G$，有 $\alpha+\beta=\beta+\alpha$，即该加法运算满足交换律。

(4) 对于任意的 $\alpha\in G$，存在一个 $\beta\in G$，满足 $\alpha+\beta=0$，称满足条件的 β 为 α 的逆元，并记作 $-\alpha$。

在本书中，群 G 上的一个变换 f 定义为从群 G 到群 G 的一个映射，即对任意的 $\alpha\in G$，$f(\alpha)$ 对应于群 G 中唯一的一个元素。群 G 上的所有变换构成的集合记为 T。群 G 的所有一一映射所构成的集合记为 S。一般地，由集合 G 定义的群也记为 G。若集合 G 的大小为 n，则我们称群的阶为 n，记为 $|G|=n$，则任意长度为 n 的置换都可以定义一个一一映射。如果一个变换 f 满足对任意的 α、$\beta\in G$，有 $f(\alpha+\beta)=f(\alpha)+f(\beta)$，则 f 称为群 G 的自同态(endomorphism)。如果群 G 的一个自同态同时也是一一映射，则称其为群 G 的自同构(automorphism)。群 G 的所有自同态组成的集合记为 $\mathrm{End}(G)$，零同态记作 0_G，单位同态记为 1_G。对于任意的 $\alpha\in G$，有 $0_G(\alpha)=0$ 和 $1_G(\alpha)=\alpha$。

有限交换群是编码理论常用的工具，基于有限交换群可定义群码(group code)。下面给出编码理论中常用的有限交换群。

(1) 整数模 m 的剩余类环 $\mathbb{Z}_m$ 的加法群，该群的运算为模 m 加法。一般地，$\mathbb{Z}_m$ 可记为

$$\mathbb{Z}_m=\{0, 1, \cdots, m-1\}$$

对于任意一个与 m 互素的元素 $\alpha\in\mathbb{Z}_m$，可以定义一个一一映射：

$$f_\alpha:\beta\mapsto\alpha\beta$$

其中，$\beta\in\mathbb{Z}_m$。需要指出的是，f_α 的定义中使用了剩余类环的模 m 乘法运算。当 $m=4$ 时，$\mathbb{Z}_4=\{0, 1, 2, 3\}$，其中，3 分别与 1 和 4 互素。基于 3 可定义一个一一映射 f_3，满足 $f_3(0)=0$，$f_3(1)=3$，$f_3(2)=2$，$f_3(3)=1$。基于 1 可定义一个一一映射 f_1，满足 $f_1(0)=0$，$f_1(1)=1$，$f_1(2)=2$，$f_1(3)=3$。可以看出，f_1 为群 $\mathbb{Z}_m$ 的单位同态。

(2) M-元相移键控(M-ary phase-shifting keying，MPSK)信号星座

$$\chi_M=\left\{\exp\left(\frac{2k\pi\sqrt{-1}}{M}\right), 0\leqslant k<M\right\}$$

很容易看出，χ_M 可以具有如下的循环表示：

记

$$\alpha=\exp\left(\frac{2\pi\sqrt{-1}}{8}\right)$$

则

$$\chi_M=\{\alpha^0, \alpha^1, \alpha^2, \alpha^3, \alpha^4, \alpha^5, \alpha^6, \alpha^7\}$$

一般地，如果一个 n 阶群 G 可以表示为

$$G=\{\alpha^0=\alpha^n, \alpha^1, \alpha^2, \cdots, \alpha^{n-1}\}$$

则称群 G 为循环群。此处，$\alpha^i=\underbrace{\alpha\otimes\alpha\otimes\cdots\otimes\alpha}_{i}$，$\otimes$为群 G 的运算。χ_M 为 M 阶循环群。$\mathbb{Z}_m$也为循环群，且

$$\mathbb{Z}_m=\{0=1^m,\ 1^1,\ 1^2,\ \cdots,\ 1^{m-1}\}$$

注意，在 Z_m 中，$1^i=\underbrace{1+1+\cdots+1}_{i}$。对于任意元素 $a\in\chi_M$，可以定义一个一一映射 $f_a:\beta\mapsto\alpha\beta$，其中，$\beta\in\chi_M$。当 $M=8$ 时，

$$\chi_8=\left\{1,\ \exp\left(\frac{2\pi\sqrt{-1}}{8}\right),\ \exp\left(\frac{4\pi\sqrt{-1}}{8}\right),\ \exp\left(\frac{6\pi\sqrt{-1}}{8}\right),\right.$$
$$\left.\exp\left(\frac{8\pi\sqrt{-1}}{8}\right),\ \exp\left(\frac{10\pi\sqrt{-1}}{8}\right),\ \exp\left(\frac{12\pi\sqrt{-1}}{8}\right),\ \exp\left(\frac{14\pi\sqrt{-1}}{8}\right)\right\}$$

当 $a=\exp\left(\frac{6\pi\sqrt{-1}}{8}\right)$时，

$$f_a(1)=\exp\left(\frac{6\pi\sqrt{-1}}{8}\right),$$
$$f_a\left(\exp\left(\frac{2\pi\sqrt{-1}}{8}\right)\right)=\exp\left(\frac{8\pi\sqrt{-1}}{8}\right),$$
$$f_a\left(\exp\left(\frac{4\pi\sqrt{-1}}{8}\right)\right)=\exp\left(\frac{10\pi\sqrt{-1}}{8}\right),$$
$$f_a\left(\exp\left(\frac{6\pi\sqrt{-1}}{8}\right)\right)=\exp\left(\frac{12\pi\sqrt{-1}}{8}\right),$$
$$f_a\left(\exp\left(\frac{8\pi\sqrt{-1}}{8}\right)\right)=\exp\left(\frac{14\pi\sqrt{-1}}{8}\right),$$
$$f_a\left(\exp\left(\frac{10\pi\sqrt{-1}}{8}\right)\right)=1,$$
$$f_a\left(\exp\left(\frac{12\pi\sqrt{-1}}{8}\right)\right)=\exp\left(\frac{2\pi\sqrt{-1}}{8}\right),$$
$$f_a\left(\exp\left(\frac{14\pi\sqrt{-1}}{8}\right)\right)=\exp\left(\frac{4\pi\sqrt{-1}}{8}\right)$$

(3) 设 $\Lambda\subset\mathbb{R}^m$是一个 m-维的格(lattice)，Λ_0 是它的一个子格(sub-lattice)。基于 Λ 和 Λ_0，可以定义商群 Λ/Λ_0。对于任意的 $a\in\Lambda/\Lambda_0$，可以定义一个一一映射 $f_a:\beta\mapsto a+\beta$，其中，$\beta\in\Lambda/\Lambda_0$。给定矩阵

$$\boldsymbol{G}=\begin{bmatrix}1 & 0\\ 0 & 1\end{bmatrix}$$

基于 $\boldsymbol{G}$ 可以定义一个二维格 $\Lambda=\{\boldsymbol{uG}:\boldsymbol{u}=(u_0,\ u_1)\in\mathbb{Z}^2\}$，它的一个子格为 $\Lambda_0=\{\boldsymbol{uG}':\boldsymbol{u}=(u_0,\ u_1)\in\mathbb{Z}^2\}$，其中，

$$\boldsymbol{G}'=2\boldsymbol{G}=\begin{bmatrix}2 & 0\\ 0 & 2\end{bmatrix}$$

则相应的商群为

$$\Lambda/\Lambda_0 = \{(0, 0)+\Lambda_0, (0, 1)+\Lambda_0, (1, 0)+\Lambda_0, (1, 1)+\Lambda_0\}$$

由 $a=(0, 1)+\Lambda_0$ 定义的一一映射为

$$f_a((0, 0)) = (0, 1)+\Lambda_0,\ f_a((0, 1)+\Lambda_0) = (0, 0)+\Lambda_0,$$
$$f_a((1, 0)+\Lambda_0) = (1, 1)+\Lambda_0,\ f_a((1, 1)+\Lambda_0) = (1, 0)+\Lambda_0$$

(4) 有限域$\mathbb{F}_q$的加法群。对于任意一个非零元 $a\in\mathbb{F}_q$，可以定义一个一一映射$f:\beta\mapsto a\beta$，其中，$\beta\in\mathbb{F}_q$。当 $q=4$ 时，$\mathbb{F}_4=\{0, 1, \alpha, \alpha^2\}$。对于 $a=\alpha^2$，相应的一一映射为

$$f_a(0) = 0,\ f_a(1) = \alpha^2,\ f_a(\alpha) = 1,\ f_a(\alpha^2) = \alpha$$

下面给出有限域的定义，不了解有限域的读者可以先弄清有限域的相关知识，然后验证上面定义的映射 f 的映射规则。

2.1.2 有限域

有限域是构造纠错码的一个重要的代数工具。对于一个有限集合$\mathbb{F}$，在其上定义两个二元操作+和×。三元组($\mathbb{F}$，+，×)是一个有限域当且仅当以下条件满足：

(1) ($\mathbb{F}$，+)是一个加法交换群。该群的单位元叫作加法单位元，记为0。

(2) ($\mathbb{F}\setminus\{0\}$，×)是一个乘法交换群。该群的单位元叫作乘法单位元，记为1。

(3) 对于任意的 α、β、$\gamma\in\mathbb{F}$，有 $\alpha\times(\beta+\gamma)=\alpha\times\beta+\alpha\times\gamma$。

最简单的有限域为$\mathbb{F}_2=\{0, 1\}$，相应的运算规则定义为

$$0+0=1+1=0,\ 0+1=1+0=1,$$
$$0\times 0=0\times 1=1\times 0=0,\ 1\times 1=1$$

很容易验证($\mathbb{F}_2$，+，×)为有限域。另外一类简单的有限域为模素数 p 有限域$\mathbb{F}_p$。模 p 有限域$\mathbb{F}_p$可表示为$\mathbb{F}_p=\{0, 1, 2, \cdots, p-1\}$，其上的加法和乘法分别为模 p 加法和模 p 乘法。当 $p=5$ 时，有$\mathbb{F}_p=\{0, 1, 2, 3, 4\}$。其上的加法和乘法运算法则如下：

+	0	1	2	3	4
0	0	1	2	3	4
1	1	2	3	4	0
2	2	3	4	0	1
3	3	4	0	1	2
4	4	0	1	2	3

×	0	1	2	3	4
0	0	0	0	0	0
1	0	1	2	3	4
2	0	2	4	1	3
3	0	3	1	4	2
4	0	4	3	2	1

对于一个有限域($\mathbb{F}$，+，×)，若集合$\mathbb{F}$中包含 q 个元素，即 $|\mathbb{F}|=q$，则称($\mathbb{F}$，+，×)是一个大小为 q 的有限域。为了方便，通常将($\mathbb{F}$，+，×) 记为$\mathbb{F}_q$。有限域$\mathbb{F}_q$的特征(characteristic) 定义为使等式$\sum_1^t 1=0$成立的最小正整数 t。很容易证明有限域的特征只能为素数。有限域($\mathbb{F}_2$，+，×) 的特征为 2，模 p 素数域的特征为 p。

下面几个定理描述了有限域的基本性质。

定理 2.1 对于有限域$\mathbb{F}$，如果 $|\mathbb{F}|=q$，则 q 为某个素数的正整数次幂，即 $q=p^m$，其中，p 是一个素数，m 为正整数。

定理 2.2 乘法群($\mathbb{F}_q\setminus\{0\}$，×) 是循环群，即

$$\mathbb{F}_q\setminus\{0\} = \{1=\alpha^{q-1}, \alpha^1, \alpha^2, \cdots, \alpha^{q-2}\}$$

其中，α 为该循环群的生成元，也称为有限域$\mathbb{F}_q$的本原元。在此特别指出，一个有限域的本原元不唯一。比如，对于有限域$\mathbb{F}_5$，有 $2^0=1$，$2^1=2$，$2^2=4$，$2^3=3$，即$\mathbb{F}_5=\{0, 2^0, 2^1, 2^2, 2^3\}$。读者可自行验证素数域$\mathbb{F}_5$的另一个本原元为 3。本书只关心特征为 2 的有限域，即 $q=2^p$，其中，p 为正整数。

定义 2.1　给定一个有限域$\mathbb{F}_2$上的 p 次不可约多项式

$$f(x) = f_0 + f_1 x + \cdots + f_{p-1}x^{p-1} + x^p \in \mathbb{F}_2[x]$$

如果有限域$\mathbb{F}_q$的一个本原元 α 为 $f(x)$的根，则称 $f(x)$为$\mathbb{F}_2$上的一个 p 次本原多项式。

有限域$\mathbb{F}_{2^p}$可以由一个 p 次本原多项式的剩余类环构造得到。假设有限域$\mathbb{F}_q$是通过本原多项式 $f(x)=f_0+f_1x+\cdots+f_{p-1}x^{p-1}+x^p\in\mathbb{F}_2[x]$构造得到的，$\alpha$ 为对应的本原元（即 $f(\alpha)=0$）。对于上述有限域，有如下性质（更多性质可参见文献[56]）。

(1) 每一个元素 $\beta\in\mathbb{F}_q$都可表示为一个 p 长的二进制向量，即

$$\boldsymbol{b}(\beta) = (b_0, b_1, \cdots, b_{p-1})$$

它所代表的意思为

$$\beta = \sum_{0\leqslant i\leqslant p-1} b_i\alpha^i$$

称 $\boldsymbol{b}(\beta)$为域元素 β 的向量表示（vector representation）。

(2) 每一个非零元素 $\beta\in\mathbb{F}_q$都可以表示为 $\beta=\alpha^i$，其中，$i(0\leqslant i\leqslant q-2)$由 β 决定，称 α^i 为域元素 β 的指数表示。

(3) 多项式 $f(x)$的伴随矩阵（companion matrix）为

$$\boldsymbol{A} = \begin{pmatrix} 0 & 1 & 0 & \cdots & 0 \\ 0 & 0 & 1 & \cdots & 0 \\ 0 & 0 & 0 & \cdots & \vdots \\ \vdots & \vdots & \vdots & & 1 \\ f_0 & f_1 & f_2 & \cdots & f_{p-1} \end{pmatrix} \tag{2.1}$$

则有

$$\mathbb{F}_q \cong \{0, \boldsymbol{A}^i, 0\leqslant i\leqslant q-2\}$$

其中，$\alpha^i\leftrightarrow\boldsymbol{A}^i$。矩阵 $\boldsymbol{A}^i$ 称为域元素 α^i 的矩阵表示（matrix representation）。

(4) 假设向量 $\boldsymbol{b}$ 为域元素 $\beta\in\mathbb{F}_q$的向量表示，则域元素 $\alpha^i\beta$ 的向量表示为 $\boldsymbol{bA}^i$。

下面举例说明上述几条性质。

多项式 $f(x)=1+x+x^4$ 是$\mathbb{F}_2$上的一个 4 次不可约多项式。设 $f(x)$的一个根为 α，即 $f(\alpha)=0$。基于 $f(x)$可以构造有限域$\mathbb{F}_{16}=\{0, 1, \alpha, \alpha^2, \cdots, \alpha^{14}\}$。多项式 $f(x)$对应的伴随矩阵为

$$\boldsymbol{A} = \begin{pmatrix} 0 & 1 & 0 & 0 \\ 0 & 0 & 1 & 0 \\ 0 & 0 & 0 & 1 \\ 1 & 1 & 0 & 0 \end{pmatrix} \tag{2.2}$$

表 2.1 给出了有限域$\mathbb{F}_{16}$的向量表示和指数表示以及这两种表示之间的对应关系。取向量 $\boldsymbol{b}=(0\ 0\ 1\ 1)$，由表 2.1 可知向量 $\boldsymbol{b}$ 对应的域元素的指数表示为 $\beta=\alpha^6$，则 $\alpha^2\beta=\alpha^8$ 的向量表示为 $\boldsymbol{bA}^2=(1\ 0\ 1\ 0)$，其中，

$$\boldsymbol{A}^2 = \begin{pmatrix} 0 & 0 & 1 & 0 \\ 0 & 0 & 0 & 1 \\ 1 & 1 & 0 & 0 \\ 0 & 1 & 1 & 0 \end{pmatrix} \tag{2.3}$$

对于$\mathbb{F}_{16}$，有

$$\boldsymbol{A}^3 = \begin{pmatrix} 0 & 0 & 0 & 1 \\ 1 & 1 & 0 & 0 \\ 0 & 1 & 1 & 0 \\ 0 & 0 & 1 & 1 \end{pmatrix}, \boldsymbol{A}^4 = \begin{pmatrix} 1 & 1 & 0 & 0 \\ 0 & 1 & 1 & 0 \\ 0 & 0 & 1 & 1 \\ 1 & 1 & 0 & 1 \end{pmatrix}, \boldsymbol{A}^5 = \begin{pmatrix} 0 & 1 & 1 & 0 \\ 0 & 0 & 1 & 1 \\ 1 & 1 & 0 & 1 \\ 1 & 0 & 1 & 0 \end{pmatrix},$$

$$\boldsymbol{A}^6 = \begin{pmatrix} 0 & 0 & 1 & 1 \\ 1 & 1 & 0 & 1 \\ 1 & 0 & 1 & 0 \\ 0 & 1 & 0 & 1 \end{pmatrix}, \boldsymbol{A}^7 = \begin{pmatrix} 1 & 1 & 0 & 1 \\ 1 & 0 & 1 & 0 \\ 0 & 1 & 0 & 1 \\ 1 & 1 & 1 & 0 \end{pmatrix}, \boldsymbol{A}^8 = \begin{pmatrix} 1 & 0 & 1 & 0 \\ 0 & 1 & 0 & 1 \\ 1 & 1 & 1 & 0 \\ 0 & 1 & 1 & 1 \end{pmatrix},$$

$$\boldsymbol{A}^9 = \begin{pmatrix} 0 & 1 & 0 & 1 \\ 1 & 1 & 1 & 0 \\ 0 & 1 & 1 & 1 \\ 1 & 1 & 1 & 1 \end{pmatrix}, \boldsymbol{A}^{10} = \begin{pmatrix} 1 & 1 & 1 & 0 \\ 0 & 1 & 1 & 1 \\ 1 & 1 & 1 & 1 \\ 1 & 0 & 1 & 1 \end{pmatrix}, \boldsymbol{A}^{11} = \begin{pmatrix} 0 & 1 & 1 & 1 \\ 1 & 1 & 1 & 1 \\ 1 & 0 & 1 & 1 \\ 1 & 0 & 0 & 1 \end{pmatrix},$$

$$\boldsymbol{A}^{12} = \begin{pmatrix} 1 & 1 & 1 & 1 \\ 1 & 0 & 1 & 1 \\ 1 & 0 & 1 & 0 \\ 1 & 0 & 0 & 0 \end{pmatrix}, \boldsymbol{A}^{13} = \begin{pmatrix} 1 & 0 & 1 & 1 \\ 1 & 0 & 1 & 0 \\ 1 & 0 & 0 & 0 \\ 0 & 1 & 0 & 0 \end{pmatrix}, \boldsymbol{A}^{14} = \begin{pmatrix} 1 & 0 & 1 & 0 \\ 1 & 0 & 0 & 0 \\ 0 & 1 & 0 & 0 \\ 0 & 0 & 0 & 1 \end{pmatrix}$$

更多关于有限域的性质，读者可参见文献[56]。

表 2.1 有限域$\mathbb{F}_{16}$的两种表示方式及其对应关系

指数表示	向量表示	指数表示	向量表示	指数表示	向量表示	指数表示	向量表示
0	(0 0 0 0)	α^3	(0 0 0 1)	α^7	(1 1 0 1)	α^{11}	(0 1 1 1)
1	(1 0 0 0)	α^4	(1 1 0 0)	α^8	(1 0 1 0)	α^{12}	(1 1 1 1)
α^1	(0 1 0 0)	α^5	(0 1 1 0)	α^9	(0 1 0 1)	α^{13}	(1 0 1 1)
α^2	(0 0 1 0)	α^6	(0 0 1 1)	α^{10}	(1 1 1 0)	α^{14}	(1 0 0 1)

2.2 线性分组码与二元 LDPC 码

设$\mathcal{A}$为包含q个元素的有限交换群，$\mathcal{A}$上的运算记作＋。基于$\mathcal{A}$可按如下方式定义分组码：定义在$\mathcal{A}$上的长度为n、维度为k的分组码由q^k个定义在$\mathcal{A}$上的n维向量组成，分组码记作$C_{\mathcal{A}}(n, k)$，集合$C_{\mathcal{A}}(n, k)$中的元素称为码字。一般地，这q^k个向量互不相同。这里的符号集$\mathcal{A}$可为群、环、域。根据符号集的不同，可分别定义群上的分组码、环上的分组码和域上的分组码。若符号集$\mathcal{A}$为群且对任意两个

码字 $\boldsymbol{c}_1 \in C_{\mathcal{A}}(n, k)$和 $\boldsymbol{c}_2 \in C_{\mathcal{A}}(n, k)$，有 $\boldsymbol{c}_1 + \boldsymbol{c}_2 \in C_{\mathcal{A}}(n, k)$，则 $C_{\mathcal{A}}(n, k)$为群码。

给定有限域$\mathbb{F}_q$，一个定义在其上的分组码 $C(n, k)$为线性分组码，当且仅当 q^k 个码字向量构成 n 维向量空间$\mathbb{F}_q^n$的一个 k 维子空间。通常，我们将 n 称为线性分组码的码长，k 称为线性分组码的维度，k/n 称为线性分组码的码率。线性分组码 $C(n, k)$的一个重要性质是：任意两个码字按分量求和得到的序列仍是一个码字。线性分组码可由校验矩阵 $\boldsymbol{H}$ 或生成矩阵 $\boldsymbol{G}$ 定义。一个线性分组码定义为它的生成矩阵 $\boldsymbol{G}$ 的所有行所张成的线性空间。同时，该线性分组码也可由它的校验矩阵 $\boldsymbol{H}$ 的零空间所定义。典型的线性分组码包括汉明码(Hamming 码)、里德穆勒码(Reed-Muller 码)、里德所罗门码(Reed-Solomon 码)、Golay 码、Turbo 码、LDPC 码和极化码(Polar 码)。定义在二元有限域$\mathbb{F}_2$上的线性分组码称为二元线性分组码。二元线性分组码可通过$\mathbb{F}_2$上的校验矩阵或生成矩阵定义。典型的二元线性分组码包括二元汉明码、里德穆勒码、Turbo 码、二元 LDPC 码和二元 Polar(极化)码。

下面简单介绍二元 LDPC 码。二元 LDPC 码 $C(n, k)$由一个 $m \times n$ 稀疏矩阵 $\boldsymbol{H}$ 的零空间(null space)定义，其中，矩阵 $\boldsymbol{H}$ 的第(i, j)个元素满足 $h_{i,j} \in \mathbb{F}_2$。注意，对于稀疏的定义很难统一。一般地，稀疏指矩阵 $\boldsymbol{H}$ 中非零元素的个数远远小于零元素的个数。从最小汉明重量的角度看，稠密的校验矩阵定义的线性分组码具有较大的最小汉明重量，因此具有良好的最大似然性能。然而，当采用和积算法译码时，稠密的校验矩阵往往性能较差。对于 LDPC 码，一个 n 维向量 $\boldsymbol{v} = (v_0, v_1, \cdots, v_{n-1}) \in \mathbb{F}_2^n$是二元 LDPC 码 $C[n, k]$的一个码字，当且仅当 $\boldsymbol{H}\boldsymbol{v}^{\mathrm{T}} = \boldsymbol{0}$。二元 LDPC 码 $C[n, k]$的码率为 $r = \frac{k}{n}$，其中，$k = n - \mathrm{rank}(\boldsymbol{H})$(rank($\boldsymbol{H}$)表示矩阵 $\boldsymbol{H}$ 的秩)。如果矩阵 $\boldsymbol{H}$ 同时满足每一行仅包含 ρ 个非零元素、每一列仅包含 λ 个非零元素，则称 C 为规则(regular)LDPC 码，记为(λ, ρ)-规则 LDPC 码。若上述两个条件中有一个不满足，则称 C 为非规则(irregular)LDPC 码。本书中矩阵 $\boldsymbol{H}$ 中非零元素的个数记为 δ，对于(λ, ρ)-规则 LDPC 码，有 $\delta = m\rho = n\lambda$。

下面的矩阵 $\boldsymbol{H}$ 可定义一个二元 LDPC 码：

$$\boldsymbol{H} = \begin{pmatrix} 1 & 0 & 1 & 0 & 1 & 0 & 0 & 0 \\ 1 & 0 & 0 & 1 & 0 & 1 & 0 & 0 \\ 0 & 1 & 1 & 0 & 0 & 0 & 1 & 0 \\ 0 & 1 & 0 & 1 & 0 & 0 & 0 & 1 \\ 0 & 0 & 0 & 0 & 1 & 1 & 1 & 1 \end{pmatrix}$$

该矩阵的每一列都包含 2 个非零元。将矩阵 $\boldsymbol{H}$ 的前 4 行相加得到矩阵 $\boldsymbol{H}$ 的最后一行，而该矩阵前四行构成的子矩阵的秩为 4，因此矩阵 $\boldsymbol{H}$ 的秩为 4，它的零空间定义一个码率为 0.5 的二元线性分组码 $C(8, 4)$。对于一般的校验矩阵 $\boldsymbol{H}$，可通过高斯消元算法计算它的秩，用高斯消元算法计算秩的过程中会涉及行交换和列交换。

2.3　多元 LDPC 码的基本概念与原理

一个定义在有限域$\mathbb{F}_q$上的多元 LDPC 码记为 $C_q[n, k]$，其中，下标 q 表示有限域的大小。多元码 $C_q[n, k]$定义为一个 $m \times n$ 多元稀疏矩阵 $\boldsymbol{H}$ 的零空间(null space)，其中，矩阵

$\boldsymbol{H}$ 的第(i,j)个元素 $h_{i,j}$ 满足 $h_{i,j}\in\mathbb{F}_q$。若未特别指出，本书中只讨论特征为 2 的有限域，$q=2^p$。向量 $\boldsymbol{v}=(v_0, v_1, \cdots, v_{n-1})\in\mathbb{F}_q^n$ 是多元 LDPC 码 $C_q[n, k]$的一个码字，当且仅当 $\boldsymbol{H}\boldsymbol{v}^{\mathrm{T}}=\boldsymbol{0}\in\mathbb{F}_q^n$。和二元 LDPC 码一样，多元 LDPC 码 $C_q[n, k]$的码率记为 $r=\frac{k}{n}$，其中，$k=n-\mathrm{rank}(\boldsymbol{H})$。如果多元 LDPC 码 $C_q[n, k]$的校验矩阵 $\boldsymbol{H}$ 的每一行有 ρ 个非零元素、每一列有 λ 个非零元素，则称 $C_q[n, k]$为规则多元 LDPC 码，记为(λ, ρ)-规则多元 LDPC 码。同样地，多元 LDPC 码的校验矩阵 $\boldsymbol{H}$ 中非零元素的个数记为 δ。

可用正规图描述一个多元 LDPC 码。给定 $m\times n$ 校验矩阵 $\boldsymbol{H}$，多元 LDPC 码的正规图表示如图 2.1 所示。正规图中包含 n 个变量结点(variable node，V-node)，图 2.1 中表示为⊜，每个变量结点对应于矩阵 $\boldsymbol{H}$ 的一列。若矩阵 $\boldsymbol{H}$ 的第 j 列包含 λ_j 个非零元，则第 j 个变量结点的度(degree)为 λ_j+1。正规图中包含 m 个校验结点(check node，C-node)，图 2.1 中表示为⊕，每个校验结点对应于矩阵 $\boldsymbol{H}$ 的一行。若矩阵 $\boldsymbol{H}$ 的第 i 行包含 ρ_i 个非零元，则第 i 个校验结点的度为 ρ_i。当矩阵 $\boldsymbol{H}$ 的第(i,j)个元素非零时，第 i 个校验结点与第 j 个变量结点通过一个 H 结点相连。正规图中共有 δ 个 H 结点，H 结点的度为 2。正规图中的每个结点都对应一种约束，每条边都对应一个随机变量。对于多元 LDPC 码的正规图，变量结点的约束为所有边(随机变量)相等；校验结点的约束为所有边(随机变量)的和为 $0\in\mathbb{F}_q$；H 结点的约束为一条边上的变量通过该边的有限域元素定义的置换变换后的值与另一条边的变量相等。

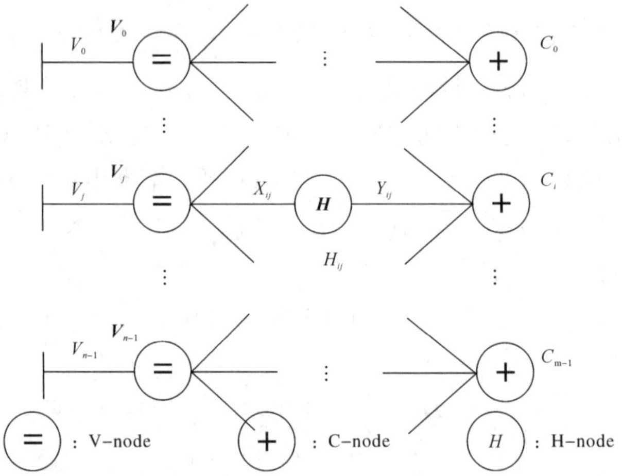

图 2.1　多元 LDPC 码的一个正规图实现

下面通过一个实例说明多元 LDPC 码的正规图表示。给定一个定义在有限域$\mathbb{F}_4$上的校验矩阵：

$$\boldsymbol{H}=\begin{bmatrix}1&0&1&0&1&3\\2&2&0&2&0&1\\0&1&3&3&3&0\end{bmatrix}\tag{2.4}$$

它所对应的正规图如图 2.2 所示。该图中有 6 个变量结点、3 个校验结点和 12 个 H 结点。校验矩阵 $\boldsymbol{H}$ 的秩为 3，因此该矩阵的零空间定义了一个长为 6、维度为 3 的多元码 $C_4[6, 3]$。

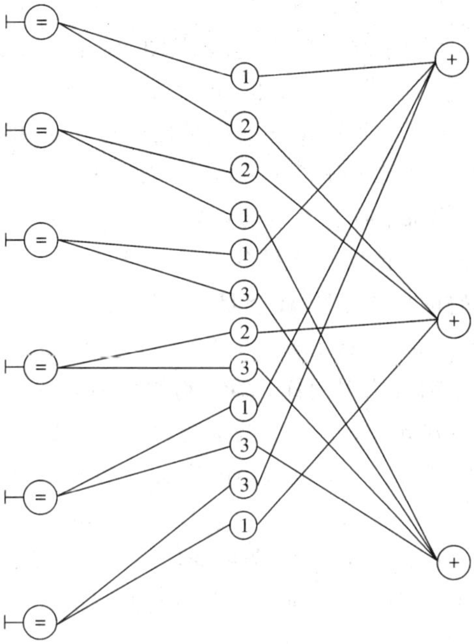

图 2.2　一个定义在$\mathbb{F}_4$上的多元 LDPC 码的正规图实现

给定$\mathbb{F}_q$上的一个矩阵 $\boldsymbol{H}$，可通过如下方式定义矩阵 $\boldsymbol{H}$ 的邻接矩阵(adjacency matrix)$\boldsymbol{H}_a$：将 $\boldsymbol{H}$ 中的每个非零元素替换为 1，零元素保持不变，得到 $\boldsymbol{H}_a$。很显然，多元 LDPC 码 $C_q[n, k]$的正规图的图性质(连接性质、环长、环重数等)完全由 $\boldsymbol{H}_a$ 决定。式(2.4)中给出的校验矩阵 $\boldsymbol{H}$ 的邻接矩阵为

$$\boldsymbol{H}=\begin{bmatrix}1&0&1&0&1&1\\1&1&0&1&0&1\\0&1&1&1&1&0\end{bmatrix}$$

可用度分布(degree distribution)$\hat{\lambda}(x)$和 $\hat{\rho}(x)$描述非规则多元 LDPC 码：

$$\hat{\lambda}(x)=\sum_{i=2}^{d_\mathrm{v}}\hat{\lambda}_i x^{i-1},\qquad \hat{\rho}(x)=\sum_{i=2}^{d_\mathrm{c}}\hat{\rho}_i x^{i-1}$$

其中，$\hat{\lambda}_i$ 表示连接到度为 i 的变量结点的边的比例，$\hat{\rho}_i$ 表示连接到度为 i 的校验结点的边的比例，x 为中间变量，d_v 为最大列重，d_c 为最大行重。显然 $\hat{\lambda}(1)=1.0$，$\hat{\rho}(1)=1.0$。例如，一个(3，6)-规则多元 LDPC 码的度分布为

$$\hat{\lambda}(x)=x^2,\qquad \hat{\rho}(x)=x^5$$

式(2.4)中定义的多元 LDPC 的度分布为

$$\hat{\lambda}(x)=x,\qquad \hat{\rho}(x)=x^3$$

下面引入一类由具有特殊性质的校验矩阵定义的多元 LDPC 码。若校验矩阵 $\boldsymbol{H}$ 的任意两行(或者两列)都没有两个以上的位置同为非零的元素，则由 $\boldsymbol{H}$ 定义的多元 LDPC 码的最小环长大于 4 且该多元 LDPC 码是大数逻辑可译的(majority-logic decodable)，这一性质称为行列约束(Row-Column constraint，RC 约束)。该性质可保证码的正规图中没有长度为 4 的环，即由具备 RC 约束的校验矩阵定义的多元 LDPC 码的正规图的环长至少为 6。一般

地，构造高性能多元 LDPC 码时，要尽量避免长度为 4 的环，因此 RC 约束是高性能多元 LDPC 码的一个基本条件。实际中很容易构造满足 RC 约束的多元 LDPC 码，如基于 PEG 算法构造[57]或基于代数结构构造[58-64]。当然，也存在一些具有长度为 4 的环且性能较好的 LDPC 码，如基于有限几何中两个不同维度的超平面构造的 LDPC 码[65]。这里需要指出的是，对于多元 LDPC 码，并不是最小环长越大性能越好。除最小环长外，影响多元 LDPC 码性能的因素有很多，包括度分布、环分布、结点连接性质、有限域大小、非零元素取值等。如何综合考虑以上影响元素，设计性能优异的多元 LDPC 码一直是一个难题。

如果一个多元 LDPC 码的校验矩阵 $\boldsymbol{H}$ 满足 RC 约束且最小列重为 $\lambda_{\min}$，则可证明一步大数逻辑译码算法(one step majority-logic decoding algorithm，OSMLD)可以纠正错误个数小于或等于 $\lfloor\lambda_{\min}/2\rfloor$ 的任意随机错误图样，即该码的最小重量大于或等于 $\lambda_{\min}+1$。如果一个多元 LDPC 码的校验矩阵满足 RC 约束，我们称该多元码具有大数逻辑可译性。一般地，若校验矩阵满足 RC 约束且列重较大，由该矩阵定义的多元 LDPC 码称为大数逻辑可译多元 LDPC 码(majority-logic decodable nonbinary LDPC code)。基于大数逻辑可译性可设计适用于大数逻辑可译多元 LDPC 码的低复杂度译码算法。一般地，列重越大，该类低复杂度译码算法的性能损失越小。因此构造列重较大的大数逻辑可译多元 LDPC 码是一个非常有趣的研究问题。

目前文献中已经涌现出多种大数逻辑可译多元 LDPC 码的构造方法[58-63]。比如，基于有限几何可构造多元 LDPC 码 $C_{2^{2s}}[2^{2s}-1,\ 2^{2s}-3^{s}]$，其中，$s$ 为一个大于或等于 2 的整数。该码的校验矩阵的列重为 2^{s}，因此该码的最小汉明重量为 $2^{s}+1$。当 $s=3$ 时，可构造多元码 $C_{64}[63,\ 37]$，该码的校验矩阵的列重为 8，最小符号重量为 9。因此，一步大数逻辑译码算法可纠正任意错误个数小于或等于 4 的随机错误图样。

为了方便，引入如下两类集合：

$$\mathcal{N}_{\mathrm{v}}(i)=\{j \mid h_{i,j}\neq 0,\ 0\leqslant j<n\}$$
$$\mathcal{N}_{\mathrm{c}}(j)=\{i \mid h_{i,j}\neq 0,\ 0\leqslant i<m\}$$

集合 $\mathcal{N}_{\mathrm{v}}(i)$ 由校验矩阵中在第 i 行取值非零的所有列的列号组成，集合 $\mathcal{N}_{\mathrm{c}}(j)$ 由校验矩阵中在第 j 列取值非零的所有行的行号组成。对于$(\lambda,\ \rho)$-规则多元 LDPC 码，有 $\delta=m\rho=n\lambda$。在本书中，若未特别指出，所涉及的多元 LDPC 码均为规则多元 LDPC 码。

2.4 多元 LDPC 码的译码(QSPA 和 FFT-QSPA)

2.4.1 消息处理和传递算法的一般原理

图是一类重要的建模工具，通过图及图上的算法可描述多种系统及相关算法[66]。基于图的方法广泛应用于统计学、计算机科学、电子通信等领域。特别地，很多信道编码技术都具有相应的图表示，相应的编码和译码算法则可描述为该图上的消息处理算法。比如，状态转移图和网格图可用于描述卷积码[11, 67]，基于网格图可描述 Viterbi 译码算法；网格图可描述一般的线性分组码，基于网格图可描述该码的最大后验概率译码算法和最大似然译码算法[11, 67]；Tanner 图可用于描述 LDPC 码，基于 Tanner 图可描述 LDPC 码的和积译码算法[26]；正规图可用于描述一般的级联编码和调制系统，基于正规图可描述适用于级联系统的迭代检测或迭代译码算法[68]。给定一个系统的图表示，可通过定义该图中点的消息处理/计算方式以及边上的消息扩散方式描述适用于该系统的信号处理算法。在编码传输系统中，主要的算法有译码算法、检测算法和联合检测译码算法等。特别地，常用的检测和译码算法可描述为图上的消息处理和传递算法(message-processing/passing algorithm)。

本书主要基于正规图[68](normal graph)描述编码调制系统的检测和译码算法，因此，我们在此重点介绍基于正规图的消息处理和传递算法的基本原理。正规图不是唯一可以用来描述编码调制系统的图表示，目前编码系统最常用的图表示还有 Tanner 图[26]和因子图[69](factor graph)。一个正规图包括结点、只连一个结点的边以及连接两个结点的边。一般将只连接一个结点的边称为半边。在一个正规图中，边代表随机变量，结点代表约束。半边所代表的变量表示系统的输入或输出，即半边用于刻画系统的外部影响；其余边上的变量对应于系统的内部变量。因此一个系统被描述为随机变量之间的约束关系以及与外部系统的交互关系。

综上可知，在一个正规图描述的系统中，一个随机变量最多参与两个约束，这有别于一般的因子图。文献[68]中证明，任意的因子图都可通过正规化操作变为正规图。因此，采用正规图描述系统并不存在局限性。

为便于描述，本书只考虑基于离散变量的正规图。我们定义与一个离散随机变量相关的消息(message)为该随机变量的概率质量函数(probability mass function，PMF)。比如，设 X 表示一个定义在有限域$\mathbb{F}_q$上的随机变量，与 X 相关的消息则表示为一个 q 维的实数向量$(P_X(0), P_X(1), \cdots, P_X(q-1))$，其中，$P_X(x)\in\mathbb{R}$，且满足 $P_X(i)\geqslant 0.0$ 和 $\sum\limits_{i=0}^{q-1}P_X(i)=1.0$。为了方便，也可将该消息向量记为 $\boldsymbol{P}_X(x)$，$x\in\mathbb{F}_q$。图 2.3 中给出了一个典型的正规图的一部分，它包括约束结点 A 以及 d 个与之相连的约束结点 $B_j(0\leqslant j\leqslant d-1)$，其中，结点 A 和结点 B_j 通过一条边相连，与该边相关联的随机变量记为 Z_j，该随机变量定义在有限域$\mathbb{F}_q$上。假设已知从 B_j 到 A 的消息向量为 $\boldsymbol{P}_{Z_j}^{B_j\to A}(z)$(这里采用箭头表示该消息向量的方向，$\boldsymbol{P}_{Z_j}^{B_j\to A}(z)$表示从结点 B_j 传递到结点 A 的关于随机变量 Z_j 的消息向量)，给定 $\boldsymbol{P}_{Z_0}^{B_0\to A}(z)$，…，$\boldsymbol{P}_{Z_{d-1}}^{B_{d-1}\to A}(z)$，以及结点 A 的约束，拟估计从结点 A 到结点 B_j关于随机变量 Z_j 的消息向量 $\boldsymbol{P}_{Z_j}^{A\to B_j}(z)$。在迭代消息处理中，一般采用外信息处理准则，即估计消息向消息向量 $\boldsymbol{P}_{Z_j}^{A\to B_j}(z)$时不利用从结点 B_j到结点 A 的消息向量 $\boldsymbol{P}_{Z_j}^{B_j\to A}(z)$。具体来讲，对于随机变量 Z_j，消息向量 $\boldsymbol{P}_{Z_j}^{A\to B_j}(z)$的计算由结点 A 完成，具体算法为

$$\boldsymbol{P}_{Z_j}^{A\to B_j}(z) \propto \Pr\{\text{结点 } A \text{ 满足约束} \mid Z_j = z\},\ z\in\mathbb{F}_q \tag{2.5}$$

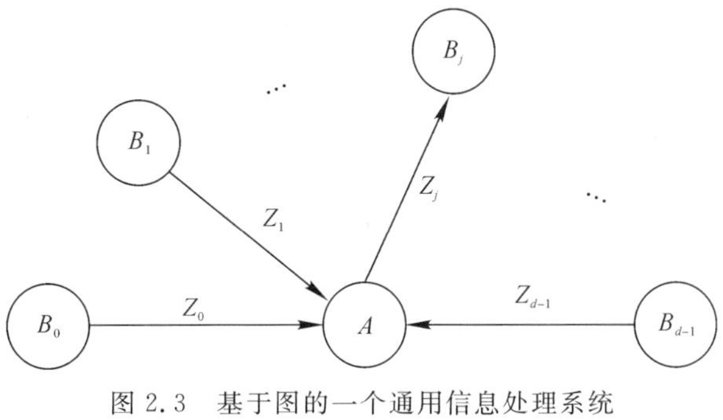

图 2.3　基于图的一个通用信息处理系统

由式(2.5)可知，$\boldsymbol{P}_{Z_j}^{A\to B_j}(z)$与事件{结点 A 满足约束$|Z_j=z$}的似然值成正比。可以看出，该消息不依赖于输入消息 $\boldsymbol{P}_{Z_j}^{B_j\to A}(z)$。因此，该信息称为外信息(extrinsic message)。外信息 $\boldsymbol{P}_{Z_j}^{A\to B_j}(z)$被结点$B_j$作为输入信息，用于计算全信息(full message)或其他的外信息。可以看出，随着迭代的进行，某一条边上的消息向量将会扩散到图中的其他结点。如果一个正规图中包含长度较小的环，则该环上一条给定边上的消息会很快通过该环重新传递至该边，破坏消息处理的独立性，进而影响译码算法的性能。因此，为保证算法的性能，一般要求正规图具有较大的最小环长且最小环的重数较小。

以上是消息处理和传递算法的一般原理。下面基于该原理介绍 Q_- 元和积算法(QSPA)，并举例说明迭代消息传递/处理算法的基本原理。假设有 $d=3$ 个结点与 A 相连，离散随机变量 Z_0、Z_1、Z_2 可能的取值为$\mathbb{F}_4=\{0, 1, 2, 3\}$。结点 A 的约束为

$$Z_0+Z_1+Z_2=0\in\mathbb{F}_4$$

其中，加法为有限域$\mathbb{F}_4$的加法。由式(2.5)可知，外信息 $P_{Z_2}^{A\to B_2}(0)$的计算方式为

$$\begin{aligned}P_{Z_2}^{A\to B_2}(0)\propto\ &\Pr\{\text{结点 }A\text{ 满足约束}\mid Z_2=0\}\\
=\ &\Pr\{\{Z_0=0\cap Z_1=0\}\cup\{Z_0=1\cap Z_1=1\}\cup\\
&\{Z_0=2\cap Z_1=2\}\cup\{Z_0=3\cap Z_1=3\}\mid Z_2=0\}\\
=\ &\Pr\{\{Z_0=0\cap Z_1=0\}\mid Z_2=0\}+\Pr\{\{Z_0=1\cap Z_1=1\}\mid Z_2=0\}+\\
&\Pr\{\{Z_0=2\cap Z_1=2\}\mid Z_2=0\}+\Pr\{\{Z_0=3\cap Z_1=3\}\mid Z_2=0\}\\
=\ &\Pr\{Z_0=0\}\Pr\{Z_1=0\}+\Pr\{Z_0=1\}\Pr\{Z_1=1\}+\\
&\Pr\{Z_0=2\}\Pr\{Z_1=2\}+\Pr\{Z_0=3\}\Pr\{Z_1=3\}\end{aligned}$$

在上面的计算中，需假设随机变量 Z_0、Z_1、Z_2 是独立的。同理可知，$\boldsymbol{P}_{Z_2}^{A\to B_2}(1)$的计算方式为

$$\begin{aligned}P_{Z_2}^{A\to B_2}(1)\propto\ &\Pr\{Z_0=0\}\Pr\{Z_1=1\}+\Pr\{Z_0=1\}\Pr\{Z_1=0\}+\\
&\Pr\{Z_0=2\}\Pr\{Z_1=3\}+\Pr\{Z_0=3\}\Pr\{Z_1=2\}\end{aligned}$$

$P_{Z_2}^{A\to B_2}(2)$的计算方式为

$$\begin{aligned}P_{Z_2}^{A\to B_2}(2)\propto\ &\Pr\{Z_0=0\}\Pr\{Z_1=2\}+\Pr\{Z_0=2\}\Pr\{Z_1=0\}+\\
&\Pr\{Z_0=1\}\Pr\{Z_1=3\}+\Pr\{Z_0=3\}\Pr\{Z_1=1\}\end{aligned}$$

$P_{Z_2}^{A\to B_2}(3)$的计算方式为

$$\begin{aligned}P_{Z_2}^{A\to B_2}(3)\propto\ &\Pr\{Z_0=0\}\Pr\{Z_1=3\}+\Pr\{Z_0=3\}\Pr\{Z_1=0\}+\\
&\Pr\{Z_0=1\}\Pr\{Z_1=2\}+\Pr\{Z_0=2\}\Pr\{Z_1=1\}\end{aligned}$$

2.4.2 基于多元低密度校验码的通信系统

为便于描述 QSPA，本小节介绍基于多元 LDPC 码的通信系统的发送和接收模型。相对于二元 LDPC 码，多元 LDPC 码的一个重要特点是可以直接和高阶调制结合。本小节介绍一类具有一定一般性的多元 LDPC 编码调制系统，在此，我们要求星座大小与有限域大小相一致。因此，该系统也可用于描述某些采用低阶调制的编码调制系统。设 $C_q[n, k]$为一个定义在$\mathbb{F}_q$上的多元 LDPC 码。一个基于 $C_q[n, k]$的编码调制系统包含四个功能模块，分别为编码、映射、信道及解调与译码。下面详细描述各个模块的功能。

1) 编码

设 $\boldsymbol{u}=(u_0, u_1, \cdots, u_{k-1})\in\mathbb{F}_q^k$为需要传输的信息序列。将信息序列 $\boldsymbol{u}$ 输入多元码

$C_q[n, k]$的一个编码器得到码字 $\boldsymbol{v}=(v_0, v_1, \cdots, v_{n-1})\in\mathbb{F}_q^n$。

2）映射

码字序列 $\boldsymbol{v}$ 通过信号星座映射变为信号序列 $\boldsymbol{x}=(x_0, x_1, \cdots, x_{n-1})$，其，$x_i=\phi(c_i)\in\mathbb{R}^{\ell}$，是一个 ℓ 维的信号，ϕ 为调制映射方式。一般地，当 $\alpha\neq\beta$ 时，有 $\phi(\alpha)\neq\phi(\beta)$。因此，信号星座 $\chi\triangleq\{\phi(\alpha), \alpha\in\mathbb{F}_q\}$的大小为 q，它所包含的信号点由所选的调制方式决定。比如，对于一个基于 16 元多元 LDPC 码的编码调制系统，若采用 16 QAM 调制，则 $\ell=2$，$\chi=\{\pm1, \pm3\}^2$；若采用 BPSK 调制，则 $\ell=4$，$\chi=\{-1, +1\}^4$。由于假设信号星座的大小与有限域的大小一致，因此对于一个给定的多元 LDPC 码，本小节的模型不适用于所有的信号星座。比如，对于 16 QAM 调制，欲将其与定义在有限域 $\mathbb{F}_8$ 上的多元码结合，需采用比特交织编码调制技术。此时，多元 LDPC 码的优势在一定程度上可能会被削弱。同时需要指出，一般来说，如果调制映射 ϕ 是一个一一映射，则该映射的选择对整个多元 LDPC 编码调制系统性能的影响不大。如果调制映射 ϕ 不是一一映射，映射方式的选择可能会影响到编码调制系统的性能。常见的具备多对一性质的调制映射有基于概率成形(probabilistic shaping)的信号星座[70]。

3）信道

在本书中，若未特别指出，我们都假设信道为加性高斯白噪声(additive white Gaussian noise, AWGN)信道。假设信号序列 $\boldsymbol{x}$ 通过一个 AWGN 信道得到的接收序列为 $\boldsymbol{y}=(y_0, y_1, \cdots, y_{n-1})$，其中，$y_i=x_i+z_i$，$z_i$ 为 ℓ 维的高斯白噪声的一个实现。

4）解调与译码

当接收端收到序列 $\boldsymbol{y}$ 时，它将试图恢复信息序列 $\boldsymbol{u}$。恢复信息序列 $\boldsymbol{u}$ 通常需要两步：

（1）硬输出解调或软输出解调，即计算概率分布函数 $\mathrm{Pr}_{V_i}\{V_i=\alpha|\boldsymbol{y}\}$，其中，$\alpha\in\mathbb{F}_q$，$V_i$ 为编码序列 $\boldsymbol{v}$ 的第 i 个分量 v_i 对应的随机变量。若采用硬输出解调，对于第 i 个分量，$\mathrm{Pr}_{V_i}\{V_i=\alpha|\boldsymbol{y}\}$中有且仅有一个分量为 1.0，其余分量均为 0.0。

（2）将解调输出 $\mathrm{Pr}_{V_i}\{V_i=\alpha|\boldsymbol{y}\}(0\leqslant i<n)$输入多元 LDPC 码的译码器进行译码，常用的译码器有 QSPA、FFT-QSPA、EMS 算法、广义大数逻辑译码算法和基于(符号或比特)可靠度的译码算法。不同的译码算法对译码输入的要求不同。因此，在译码前，通常还需对解调输出 $\mathrm{Pr}_{V_i}\{V_i=\alpha|\boldsymbol{y}\}$进行预处理。

在本书中，若未特别指出，都假设信道为有限输入无记忆信道(finite-input memoryless channel)。本书第 6 章将介绍多元 LDPC 码在一些复杂信道(如码间串扰信道)的应用，码间串扰信道为有记忆信道。

2.4.3　多元和积算法(QSPA)

2.3 节给出了一个多元 LDPC 码的正规图描述(详情参见图 2.1)。一个多元 LDPC 码的正规图的构成如下：三类结点(约束)——校验结点、变量结点、H 结点；两类边——半边和连接两个结点的边。其中，半边表示多元 LDPC 编码系统与信源和信道的接口。下面基于消息处理和传递算法的一般原理描述著名的多元和积算法(QSPA)。假设 A 和 B 为

图 2.1中任意两个相连的结点，记连接它们的边上的随机变量为 X。为方便算法描述，用 $\boldsymbol{P}_X^{A\to B}$ 表示从结点 A 传递到结点 B 的消息向量，消息向量 $P_X^{A\to B}$ 在 $x\in\mathbb{F}_q$ 处的取值为 $\boldsymbol{P}_X^{A\to B}(x)$。对于任意的 $x\in\mathbb{F}_q$，需根据信道接收值计算译码器输入 $P_{V_j}^{\mapsto V_j}(x)$。特别地，对于 QSPA算法，软判决解调信息为

$$P_{V_j}^{\mapsto V_j}(x)=\Pr\{V_j=x\mid \boldsymbol{y}\}\propto\exp\left(-\frac{\|\phi(x)-\boldsymbol{y}\|_2^2}{2\sigma^2}\right),\ x\in\mathbb{F}_q$$

其中，$\|\cdot\|_2$ 表示二范数，σ 为高斯噪声的标准差。为更好地理解 QSPA 以及本书第 4 章的译码算法，读者需充分掌握多元 LDPC 码的正规图表示以及正规图中各类结点的约束。QSPA 主要包含五个步骤，分别为计算变量结点到 H 结点的外信息、从左向右信息置换、计算校验结点到 H 结点的外信息、从右向左信息置换、全信息计算和硬判决。下面具体描述各个步骤的细节。为便于理解该算法，读者需同时参考图 2.1 中的正规图。

1. 计算变量结点到 H 结点的外信息

在多元 LDPC 的正规图中，变量结点的约束为所有与之相连的边上的随机变量均取相同的值。比如，对于变量结点 ν_j，有$\{V_j=X_{ij},\ i\in\mathcal{N}_c(j)\}$，其中，$X_{ij}$ 表示变量结点 ν_j 与 H 结点H_{ij}相连边上的随机变量，V_j 代表半边上的随机变量。此处的 H 结点 H_{ij} 的度为 2，分别与变量结点 V_j 和校验结点 C_i 相连。在迭代译码过程中，需要计算从变量结点 V_j 到 H 结点 H_{ij} 的消息，即与随机变量 X_{ij} 相关的外信息。特别地，变量结点 V_j 的约束为：如果 $X_{ij}=x$，则事件：

$$\{V_j=x\}\cap\left(\bigcap_{k\in\mathcal{N}_c(j)\setminus\{i\}}\{x_{ki}=x\}\right)\tag{2.6}$$

必须成立。基于消息处理和传递算法的一般原理，结点 V_j 到结点 H_{ij} 的外信息计算方式为

$$P_{X_{ij}}^{\nu_j\to H_{ij}}(x)\propto P_{V_j}^{\mapsto\nu_j}(x)\prod_{k\in\mathcal{N}_c(j)\setminus\{i\}}P_{X_{kj}}^{H_{kj}\to\nu_j}(x),\ x\in\mathbb{F}_q\tag{2.7}$$

其中，消息向量 $\boldsymbol{P}_{X_{kj}}^{H_{kj}\to\nu_j}$ 初始化为均匀分布，即 $P_{X_{kj}}^{H_{kj}\to\nu_j}(x)=\frac{1}{q}$。对于一个度为 $d+1$ 的变量结点，可基于网格图计算其输出外信息，该网格图包含 q 个状态，共 d 节，每节包含 q 条边。因此，基于网格图外信息计算方法的计算复杂度为 $O(qd)$。

2. 从左向右信息置换

在多元 LDPC 的正规图中，H 结点的约束为一条边上的随机变量等于另一条边上的随机变量与该结点对应的有限域非零元的乘积。比如，对于 H 结点 H_{ij}，有 $h_{ij}X_{ij}=Y_{ij}$，其中，h_{ij} 为 H 结点 H_{ij} 处的非零元，Y_{ij} 为结点 H_{ij} 与结点 C_j 的边上的随机变量。当计算与 Y_{ij} 相关的外信息时，结点 H_{ij} 处的约束为：若 $Y_{ij}=y$，则事件：

$$\{X_{ij}=h_{ij}^{-1}y\}$$

必须成立。基于消息处理和传递算法的一般原理，结点 H_{ij} 到结点 C_j 的外信息为

$$P_{Y_{ij}}^{H_{ij}\to C_i}(y)=P_{X_{ij}}^{\nu_j\to H_{ij}}(h_{ij}^{-1}y),\ y\in\mathbb{F}_q\tag{2.8}$$

从式(2.8)可以看出，H 结点只对外信息 $\boldsymbol{P}_{X_{ij}}^{\nu_j\to H_{ij}}$ 进行置换。显然，消息置换的计算复杂度为 $O(q)$。

3. 计算校验结点到 H 结点的外信息

在多元 LDPC 的正规图中，校验结点的约束为所有输入边上的随机变量的和为 $0\in\mathbb{F}_q$。

此处的加法运算为有限域加法。即对于校验结点 C_i，有 $\sum_{j\in\mathcal{N}_v(i)} Y_{ij}=0$。当计算与 Y_{ij} 相关的外信息时，结点 C_i 处的约束为：当 $Y_{ij}=y$ 时，事件

$$\left\{y+\sum_{k\in\mathcal{N}_v(i)\backslash(j)} Y_{ik}=0\right\}$$

必须成立。基于消息处理和传递算法的一般原理，结点 C_i 到结点 H_{ij} 的外信息为

$$P_{Y_{ij}}^{C_i\to H_{ij}}(y)=\sum_{\substack{y+\sum y_{ik}=0\\ k\in\mathcal{N}_v(i)\backslash\{j\}}}\prod P_{Y_{ik}}^{H_{ik}\to C_i}(y_{ik}),\ y\in\mathbb{F}_q \tag{2.9}$$

式(2.9)计算了事件 $\{y+\sum_{k\in\mathcal{N}_v(i)\backslash\{j\}} Y_{ik}=0\}$ 的似然值。该概率恰为所有样本点的概率的和。在此特别指出，计算校验结点的外信息时，实际上计算了一系列连乘积的和，因此该算法也称为和积算法(SPA)。由于该算法中的消息均为 q 元消息向量，因此该算法称为多元和积算法(QSPA)。对于一个度为 d 的校验结点，若不做任何简化，计算外信息的复杂度为 $O(q^d)$。可以看出，对于定义在高阶有限域上的多元 LDPC 码，校验结点的计算复杂度非常高；同时，对于校验结点度较大的多元 LDPC 码，译码复杂度也非常高。一般地，对于码率高的多元 LDPC 码，其校验结点度也比较高。

综上可知，在 QSPA 中，计算校验结点的消息时复杂度非常高。目前，有很多学者针对多元 LDPC 码设计了低复杂度译码算法，这些算法均致力于降低校验结点的计算复杂度。比较著名的低复杂度译码算法有基于快速傅立叶变换和基于消息截断(message truncation)的计算方法。另外，也可通过基于网格图的算法计算校验结点的消息。多元 LDPC码的高效译码算法大多基于消息截断，即在进行消息计算时，只计算消息向量中可靠度靠前的分量。在消息传递的过程中，这些低复杂度算法也只传递截断的消息向量，因此降低了每个结点的输入信息的维度，从而降低了计算复杂度。另外，采用消息截断技术还可降低存储复杂度。本书第 4 章将重点介绍多元 LDPC 码的几类典型的低复杂度译码算法。

4. 从右向左信息置换

如前所述，在多元 LDPC 码的正规图中，H 结点的约束为一条边上的随机变量等于另一条边上的随机变量乘以该结点对应的非零域元素。特别地，对于 H 结点 H_{ij}，有 $X_{ij}=h_{ij}^{-1}Y_{ij}$。当计算与 X_{ij} 相关的外信息时，结点 H_{ij} 处的约束为：如果 $X_{ij}=x$，则事件$\{Y_{ij}=h_{ij}x\}$必须成立。基于消息处理和传递算法的一般原理，结点 H_{ij} 到结点 V_j 的外信息为

$$P_{X_{ij}}^{H_{ij}\to V_j}(x)=P_{Y_{ij}}^{C_i\to H_{ij}}(h_{ij}x),\ x\in\mathbb{F}_q \tag{2.10}$$

可以看出，式(2.10)计算了事件$\{Y_{ij}=h_{ij}x\}$的似然值。由于 h_{ij} 是有限域中的一个非零元，其定义的映射为一一映射。因此，式(2.10)实际上只完成了消息向量置换，其计算复杂度为 $O(q)$。

5. 全信息计算和硬判决

由正规图的定义可知，变量结点与码字分量对应。在译码过程中，需要对码字的每一个分量进行判决，此时需要计算变量结点 ν_j $(0\leqslant j\leqslant N-1)$处的全信息(full message)$\boldsymbol{P}_{V_j}$。对于 $V_j=x$，结点 V_j 处的全信息 $P_{V_j}(x)$为事件：

$$\{V_j=x\}\cap\left(\bigcap_{k\in\mathcal{N}_c(j)}\{X_{kj}=x\}\right) \tag{2.11}$$

的似然值。该似然值的计算方式为

$$P_{V_j}(x) \propto P_{V_j}^{\mapsto \nu_j}(x) \prod_{i \in \mathcal{N}_c(j)} P_{X_{ij}}^{H_{ij} \to V_j}(x),\ x \in \mathbb{F}_q \tag{2.12}$$

给定以上全信息，第 j 个分量判决为使全信息向量 $\boldsymbol{P}_{V_j}$ 取得最大值的 $x \in \mathbb{F}_q$，即判决方式为

$$\hat{v}_j = \underset{x \in \mathbb{F}_q}{\operatorname{argmax}} P_{V_j}(x) \tag{2.13}$$

对于码字的每一个分量，都执行以上判决，则得到估计的码字序列 $\hat{\boldsymbol{v}} = (\hat{v}_0, \cdots, \hat{v}_{n-1})$。如果 $\boldsymbol{H}\hat{\boldsymbol{v}}^{\mathrm{T}} = \boldsymbol{0}$，则宣称译码成功并将 $\hat{\boldsymbol{v}}$ 作为译码结果输出。在算法实现中，可同时计算式(2.12)中的全信息和式(2.7)中的外信息。因此，全信息计算的复杂度可忽略不计。式(2.13)的计算复杂度为 $O(q)$。

6. QSPA 的总结

从前面的介绍可知，QSPA 是基于正规图的迭代译码算法。本小节介绍了多元 LDPC 码的正规图中每个结点的消息处理方式。给定这些消息处理方式后，还需要确定译码算法在迭代过程中访问结点的顺序，即不同结点的处理顺序(schedule)。不同的处理顺序主要影响算法的性能和收敛速率。常用的处理顺序有泛洪顺序(flooding schedule)和异步顺序。算法 2.1 给出了基于泛洪顺序的 QSPA。

✻ 算法 2.1　QSPA

(1) 初始化。通过接收序列计算初始化消息 $P_{V_j}^{\mapsto \nu_j}(x)$。将正规图中其他变量的消息初始化为均匀分布。设定最大迭代次数 $\mathcal{L}$，并令 $\ell = 0$。

(2) 迭代。如果 $\ell < \mathcal{L}$，执行如下步骤：

步骤 1：根据式(2.7)计算从变量结点到 H 结点的外信息。

步骤 2：根据式(2.8)计算 H 结点到校验结点的外信息。

步骤 3：根据式(2.9)计算从校验结点到 H 结点的外信息。

步骤 4：根据式(2.10)计算 H 结点到变量结点的外信息。

步骤 5：根据式(2.12)计算全信息并进行判决。若 $\boldsymbol{H}\hat{\boldsymbol{v}}^{\mathrm{T}} = \boldsymbol{0}$，则宣布译码成功并输出码字。

步骤 6：令 $\ell = \ell + 1$。

(3) 译码结束。如果 $\ell = \mathcal{L}$，则译码失败。

除了执行顺序外，最大迭代次数 $\mathcal{L}$ 对算法性能也有很大的影响。一般地，最大迭代次数越大，算法性能越好。显然，当最大迭代次数增加到一定值后，译码性能的改善会非常小。然而，增大最大迭代次数将使得译码复杂度变高。在实际通信系统中，最大迭代次数通常设置为 5 次或 10 次。需要指出的是，QSPA 的收敛速度和多元 LDPC 码的性质相关。为实现低复杂度编译码，有必要选用收敛速度快的多元 LDPC 码。因此，设计收敛速率快的多元 LDPC 码具有非常重要的应用意义。算法收敛速率与码的很多性质相关，包括度分布、是否包含冗余行、环连接性等。一般地，随机构造的多元 LDPC 码的收敛速率较慢，而代数构造的多元 LDPC 码的收敛速率较快。这主要得益于代数构造的多元 LDPC 码有较多的冗余行以及较好的环连接性。本书第 3 章将介绍几种基于代数结构的多元 LDPC 码构造方法。另外，也可通过 EXIT 图设计收敛速率较快的多元 LDPC 码。基于 EXIT 图的方法需在

给定最大迭代次数下最大化互信息。

2.4.4　基于快速傅里叶变换的 QSPA

1. 基本原理

QSPA 的计算复杂度主要集中在校验结点。当单独计算每条边上的外信息时，一个度为 d 的校验结点的计算复杂度为 $O(dq^d)$。采用基于网格图的计算方法，可将校验结点的计算复杂度降低至 $O(dq^2)$。一般地，当 $q\leqslant 256$ 时，定义多元码的有限域越大，优化设计的多元 LDPC 码的性能就越好。因此，为构造性能较好的多元 LDPC 码，一般采用阶数较高的有限域。由于多元 LDPC 码的译码复杂度与有限域的大小呈平方关系，因此，定义在高阶域上的多元码的译码复杂度非常高，这在很大程度上限制了多元 LDPC 码在实际系统中的应用。为解决该问题，国内外众多研究团队长期致力于多元 LDPC 码的低复杂度译码算法的研究，基于快速傅里叶变换的 QSPA（fast fourier transformation based QSPA），FFT-QSPA就是众多低复杂度译码算法中的一个。下面首先给出 FFT-QSPA 的一个直观说明，然后给出该算法的流程。

校验结点的约束为与之相连的随机变量的和等于零，此处的加法运算为有限域的加法。因此，对于一个度为 d 的校验结点，计算某条边上的外信息即基于 $d-1$ 个似然函数和相关约束计算输出的似然函数。下面以一个简单的例子说明该计算过程。给定一个度为 3 的校验结点，相关的随机变量定义在有限域 $\mathbb{F}_2$ 上。记与该校验结点相连的三个二元随机变量分别为 X_1、X_2、X_3，它们对应的消息分别为 $\boldsymbol{P}_{X_1}=(p_1,\ 1-p_1)^{\mathrm{T}}$、$\boldsymbol{P}_{X_2}=(p_2,\ 1-p_2)^{\mathrm{T}}$ 和 $\boldsymbol{P}_{X_3}=(p_3,\ 1-p_3)^{\mathrm{T}}$，其中，$p_i$ 代表事件 $\{X_i=0\}$ 的概率。根据校验结点的约束，有 $X_1+X_2+X_3=0\in\mathbb{F}_2$。显然，对于这个简单的校验结点，第一条边上的外信息为

$$(p_2p_3+(1-p_2)(1-p_3),\ p_2(1-p_3)+(1-p_2)p_3)$$

下面介绍一种通过概率变换计算上述外信息的方法。对于一个概率分布函数 $\boldsymbol{P}_X=(\nu,\ \mu=1-\nu)^{\mathrm{T}}$，可得到向量 $\hat{\boldsymbol{P}}_X=(\nu+\mu,\ \nu-\mu)^{\mathrm{T}}=(1,\ 2\nu-1)^{\mathrm{T}}$。显然，一个概率向量 $\boldsymbol{P}_X$ 与对应的向量 $\hat{\boldsymbol{P}}_X$ 存在一一对应关系。向量 $\hat{\boldsymbol{P}}_X$ 称为随机变量 X 在变换域上的分布。对于随机变量 X_2 和 X_3，它们的变换域分布分别为 $\hat{\boldsymbol{P}}_{X_2}$ 和 $\hat{\boldsymbol{P}}_{X_3}$。将这两个变换域分布的对应分量相乘，得到如下向量：

$$(1,\ 2p_2-1)(2p_3-1)^{\mathrm{T}}$$

可以看出，相乘后得到的向量也是一个变换域分布，该变换域分布对应的概率分布为

$$(p_2p_3+(1-p_2)(1-p_3),\ p_2(1-p_3)+p_3(1-p_2))^{\mathrm{T}}$$

可以看出，该二元概率分布正好为 X_1 的外信息。上面的简单示例表明，可以通过变换方法计算校验结点的外信息。

下面针对特征为 2 的有限域说明基于傅里叶变换的外信息的计算方法。在多元 LDPC 码中，一个度为 d 的校验结点的 d 条输入边分别对应 d 个定义在 $\mathbb{F}_q(q=2^p)$ 上的随机变量 Z_0，Z_1，…，Z_{d-1}（读者可参见图 2.3），其中，结点A 为校验结点。记与随机变量 Z_i 相关的输入消息为 $\boldsymbol{P}_{Z_i}^{B_i\to A}(0\leqslant i<d)$。记维数为 $q=2^p$ 的 Hardamard 矩阵为 $\boldsymbol{H}_p$（其中的元素为 $+1$ 或 -1）。矩阵 $\boldsymbol{H}_p$ 可由如下递归关系定义：

$$\boldsymbol{H}_1 = \begin{bmatrix} 1 & 1 \\ 1 & -1 \end{bmatrix}, \boldsymbol{H}_r = \begin{bmatrix} \boldsymbol{H}_{r-1} & \boldsymbol{H}_{r-1} \\ \boldsymbol{H}_{r-1} & -\boldsymbol{H}_{r-1} \end{bmatrix}, r > 1 \tag{2.14}$$

对于一个定义在$\mathbb{F}_q$上的随机变量 Z 的分布 $\boldsymbol{P}_Z$，可通过如下方式定义它的变换域分布：

$$\hat{\boldsymbol{P}}_X = \boldsymbol{H}_p \boldsymbol{P}_X \tag{2.15}$$

由于 $\boldsymbol{H}_p \boldsymbol{H}_p = q\boldsymbol{I}_q$（$\boldsymbol{I}_q$ 为维度为 q 的单位矩阵），有 $\boldsymbol{P}_X = \frac{1}{q}\boldsymbol{H}_p \hat{\boldsymbol{P}}_X$。式(2.15)中的 $\hat{\boldsymbol{P}}_X$ 可利用快速傅里叶变换计算得到，其计算复杂度为 $O(q\log q)$。需要指出的是，这里的快速计算算法也称为快速哈达马变换(fast hadamard transform，FHT)。图 2.4 中给出了 $q=4$ 时的计算过程。

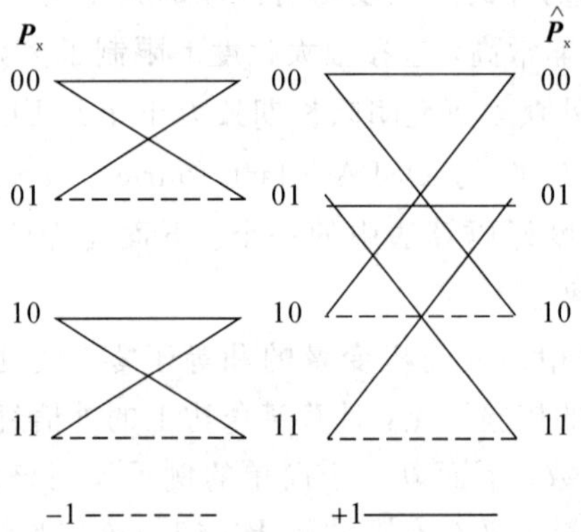

图 2.4　当 $q=4$ 时计算 $\hat{\boldsymbol{P}}_X$ 的蝶型图

给定所有 d 个输入信息对应的变换域分布，可以通过如下方式计算与随机变量 Z_i 相关的外信息：

$$\boldsymbol{P}_{Z_i}^{A\to B_i} = \frac{1}{q}\boldsymbol{H}_p \prod_{j\neq i} \hat{\boldsymbol{P}}_{Z_j} \tag{2.16}$$

其中，$\prod$ 操作为向量分量相乘操作。式(2.16)主要涉及矩阵 $\boldsymbol{H}_p$ 和向量的乘法，该乘法可通过快速傅里叶变换(FFT)实现，复杂度为 $O(q\log q)$。可以看出，如果在校验结点采用基于 FFT 的外信息计算方法，QSPA 的实现复杂度将大大降低。

2. FFT-QSPA 算法总结

可以看出，在 FFT-QSPA 中，快速傅里叶变换主要用于降低校验结点的计算量。FFT-QSPA的其他步骤与 QSPA 一致。下面的算法 2.2 给出了 FFT-QSPA 的具体步骤。为便于理解，读者可与算法 2.1 进行对比。

✲ 算法 2.2　FFT-QSPA

(1) 初始化。通过接收序列计算初始化消息 $P_{V_j}^{\mapsto \nu_j}(x)$。将正规图中其他变量的消息初始化为均匀分布。设定最大迭代次数 $\mathcal{L}$，并令 $\ell=0$。

(2) 迭代。如果 $\ell<\mathcal{L}$，执行如下步骤：

步骤 1：根据式(2.7)计算从变量结点到 H 结点的外信息。

步骤 2：根据式(2.8)计算 H 结点到校验结点的外信息。

步骤 3：根据式(2.15)计算变换后的外信息。

步骤 4：根据式(2.16)计算从校验结点到 H 结点的外信息。

步骤 5：根据式(2.10)计算 H 结点到变量结点的外信息。

步骤 6：根据式(2.12)计算全信息并进行判决。若 $\boldsymbol{H}\hat{\boldsymbol{v}}^{\mathrm{T}}=\mathbf{0}$，则宣布译码成功并输出码字。

步骤 7：令 $\ell=\ell+1$。

(3) 译码结束。如果 $\ell=\mathcal{L}$，则译码失败。

本章小结

本章重点介绍了多元 LDPC 码的基础知识。首先介绍了本书用到的代数知识，包括交换群和有限域。然后介绍了多元 LDPC 码的定义和正规图表示。最后介绍了多元 LDPC 码的译码算法，包括 QSPA 和 FFT-QSPA。本章还介绍了迭代消息处理算法的一般原理，该原理可用于理解大部分的迭代译码算法。

第 3 章

多元 LDPC 码的构造

一个多元 LDPC 码可由一个 $\mathbb{F}_q$ 上的稀疏矩阵的零空间定义。因此，构造一个多元LDPC码需确定非零元的位置以及非零元的取值。一般地，该构造过程可分为两步：首先构造邻接矩阵，即确定非零元的位置；然后确定非零元的取值。当然，也可同时确定非零元的位置和取值。多元 LDPC 码的构造方法分为随机构造和结构化构造。随机构造多元 LDPC 码一般分为如下步骤：首先通过密度进化等方法确定具有良好极限性能的度分布；然后采用随机算法构造满足该度分布的校验矩阵；最后确定非零元的取值。随机构造的多元LDPC码具有良好的纠错性能，然而随机构造的码由于非零元的位置不具有结构性，将影响译码器的布线等，因此较难实现高吞吐量。因此实际系统中一般采用有结构的多元 LDPC 码。常用的结构有循环结构、准循环结构、基模图结构。

本章主要介绍结构化多元 LDPC 码的构造方法，主要内容如下。

(1) 代数结构是经典代数编码的基础，如 Reed-Solomon 码和 BCH 码均基于有限域及其性质。本章 3.1 节介绍几类基于代数结构的多元 LDPC 码的构造方法及其相关性质。代数构造的多元 LDPC 码的主要特点如下：

① 基于代数结构的多元 LDPC 码构造简单，构造过程无需复杂的优化。

② 基于代数结构的多元 LDPC 码具有良好的结构特性，该类码的正规图一般不包含长度为 4 的环，该类码的环的互连特性较好，最小符号距离和最小汉明距离较大，陷阱集和停止集特性较好。因此，该类码的错误平层一般较低，非常适用于可靠性要求极高的通信系统。

③ 基于代数结构的多元 LDPC 码的校验矩阵一般含有较多的冗余行，因此其译码收敛速度较快，这使得该类码非常适用于译码资源受限的通信系统。

(2) 一般多元 LDPC 码的编码复杂度较高。因此，构造性能好、编码简单的多元 LDPC 码具有重要的实际意义。现有研究结果表明，重复和累加可用于构造编码简单的高性能二元 LDPC 码。本章 3.2 节介绍基于重复累加结构的高性能多元 LDPC 码，该类码的编码器可用移位寄存器实现，具有较低的编码复杂度。

(3) 本章 3.3 节介绍一类较灵活的多元 LDPC 码的构造方法，即基于阵列(array)的构造方法。

(4) 本章 3.4 节介绍 CS-LDPC 码。CS-LDPC 码的校验矩阵可表示为一个二元矩阵和一个多元对角矩阵的乘积，因此 CS-LDPC 码存在高效率的编码和译码算法。

(5) 本章 3.5 节介绍基模图多元 LDPC 码。当吞吐率要求较高时，可选用基模图多元

LDPC 码。本节介绍两种基于基模图的多元 LDPC 码的构造方法。

(6) 本章 3.6 节介绍一种速率自适应多元 LDPC 码的方法，该类码可用于信道时变通信系统。

3.1 代数构造

3.1.1 基于有限域的构造

考虑 q 元有限域 $\mathbb{F}_q$，其中，$q=2^p$，$\mathbb{F}_q$ 的一个本原元记为 α。由有限域的指数表示可知 $\mathbb{F}_q=\{0, \alpha^0, \alpha^1, \cdots, \alpha^{q-2}\}$。对于一个非零元 α^j，可以定义一个 $q-1$ 维的位置向量 $\boldsymbol{z}(\alpha^j)=(z_0, z_1, \cdots, z_{q-2})$，其中，$z_j=\alpha^j$，对于 $i\neq j$，$z_i=0$。对于有限域的零元素，定义 $\boldsymbol{z}(0)=(0, 0, \cdots, 0)$。显然，一个有限域的元素和它所定义的位置向量一一对应，即一个元素对应于一个唯一的位置向量且一个位置向量对应于一个唯一的有限域元素。需要指出的是，位置向量中非零元的取值和位置是相关的。进一步，任意一个有限域元素 $\beta\in\mathbb{F}_q$ 可以唯一地表示为一个 $(q-1)\times(q-1)$ 方阵 $\boldsymbol{M}(\beta)$。该方阵的构造过程如下：矩阵 $\boldsymbol{M}(\beta)$ 的第 $i(0\leqslant i\leqslant(q-2))$ 行为位置向量 $\boldsymbol{z}(\alpha^i\beta)$。通过上述构造方式，一个有限域的元素可以唯一确定一个维度为 $(q-1)\times(q-1)$ 的稀疏矩阵。本书将稀疏矩阵 $\boldsymbol{M}(\beta)$ 称为有限域元素 β 的扩展矩阵表示。对于有限域的非零元，其扩展矩阵的密度均为 $\dfrac{1}{q-1}$。

给定一个定义在 $\mathbb{F}_q$ 上 $\gamma\times\lambda$ 的矩阵 $\boldsymbol{B}$，可以通过如下方法构造一个有限域 $\mathbb{F}_q$ 上的稀疏矩阵 $\boldsymbol{H}$。矩阵 $\boldsymbol{H}$ 为一个 $\gamma\times\lambda$ 的分块矩阵，它的第 (i, j) 块由矩阵 $\boldsymbol{B}$ 的第 (i, j) 个元素 $b_{i,j}$ 通过扩展得到，即分块矩阵 $\boldsymbol{H}$ 的第 (i, j) 块为扩展矩阵 $\boldsymbol{M}(b_{i,j})$。当 q 较大时，矩阵 $\boldsymbol{H}$ 是一个稀疏矩阵，矩阵 $\boldsymbol{H}$ 的零空间定义一个多元 LDPC 码。矩阵 $\boldsymbol{H}$ 由矩阵 $\boldsymbol{B}$ 通过扩展得到，上述扩展过程称为散列(dispersion)。由于矩阵 $\boldsymbol{B}$ 完全决定了矩阵 $\boldsymbol{H}$ 的性质，矩阵 $\boldsymbol{B}$ 称为基矩阵。这里没有对基矩阵 $\boldsymbol{B}$ 的稀疏性做任何假设，即基矩阵可以是稠密多元矩阵。通过上述方法构造的多元 LDPC 码称为基于有限域的多元 LDPC 码。给定一个基矩阵，该构造方法可同时确定非零元的位置和取值。

基于以上散列方法，多元 LDPC 码的构造问题可转换为基矩阵 $\boldsymbol{B}$ 的构造问题。如前所述，性能较好的多元 LDPC 码的正规图的最小环长较大或小环的重数较低，因此一个有效的构造高性能多元 LDPC 码的方法为构造最小环长较大的校验矩阵。当然，多元 LDPC 码的性能和很多因素相关，包括环的数目、环的方式以及非零元的取值等。实际中，最小环长为 6 的多元 LDPC 码已经具有较好的纠错性能。如果一个多元 LDPC 码的校验矩阵满足 RC 约束，则相应的多元 LDPC 码的最小环长至少为 6。因此，一个可行的构造高性能多元 LDPC 码的方法是设计满足 RC 约束的校验矩阵。RC 约束是校验矩阵的一个性质。在上述基于散列的构造方法中，校验矩阵完全由基矩阵决定。因此有必要探讨与 RC 约束相对应的基矩阵的性质。揭示了该对应关系后，则构造满足 RC 约束的校验矩阵可转换为构造满足相应性质的基矩阵。设矩阵 $\boldsymbol{H}$ 由基矩阵 $\boldsymbol{B}$ 通过散列操作得到，定理 3.1 给出了矩阵 $\boldsymbol{H}$ 的最小环长为 6 的充分必要条件。

定理 3.1　将基矩阵 $\boldsymbol{B}$ 通过散列操作得到校验矩阵 $\boldsymbol{H}$，矩阵 $\boldsymbol{H}$ 的正规图没有长度为 4

的环的充分必要条件是基矩阵 $\boldsymbol{B}$ 的任意 2×2 子矩阵至少包含一个零元素或满秩。

此处省略定理 3.1 的证明。有兴趣的读者可参见文献[63]。由定理 3.1 可知，可以首先构造满足条件的基矩阵，进而构造满足 RC 约束的校验矩阵。文献[58]中给出了基矩阵的几种构造方法，下面以其中一种方法为例详细说明。对于有限域 $\mathbb{F}_q$，定义如下形式的 $(q-1)\times(q-1)$ 的矩阵：

$$\boldsymbol{B}=\begin{bmatrix} \alpha^0-1 & \alpha-1 & \alpha^2-1 & \cdots & \alpha^{q-2}-1 \\ \alpha^{q-2}-1 & \alpha^0-1 & \alpha^1-1 & \cdots & \alpha^{q-3}-1 \\ \vdots & \vdots & \vdots & & \vdots \\ \alpha-1 & \alpha^2-1 & \alpha^3-1 & \cdots & \alpha^0-1 \end{bmatrix} \tag{3.1}$$

其中，α 为 $\mathbb{F}_q$ 的本原元。可以看出，矩阵 $\boldsymbol{B}$ 的对角元素全部为 $0\in\mathbb{F}_q$。可以证明，该矩阵的任意 2×2 子矩阵要么包含一个零元素要么满秩。因此选取矩阵 $\boldsymbol{B}$ 的任意子矩阵作为基矩阵都可构造满足 RC 约束的多元 LDPC 码。同时可以证明，由式(3.1)的任意子矩阵通过散列操作构造的多元 LDPC 码是准循环 LDPC 码。码长和码率是否灵活可调是衡量一个编码构造方案的重要指标。上述构造方法适用于任意有限域，通过选取不同的有限域以及不同的子矩阵，利用该方法可构造出一系列码长不同、码率不同的多元 LDPC 码。

然而，基于有限域构造的多元 LDPC 码的码长必须是 $q-1$ 的倍数。由于有限域的阶数 q 的取值受限(必须为素数或者素数的整数次幂)，因此基于有限域的多元 LDPC 码的码长也受限。另外，在上述散列构造中，基于有限域 $\mathbb{F}_q$ 只能构造定义在有限域 $\mathbb{F}_q$ 上的多元LDPC 码。读者会发现，上述构造过程更加关注校验矩阵的环性质，即非零元的位置。定理 3.1 并不涉及非零元的取值。因此，通过简单的推广，可以构造定义在任意有限域上的多元 LDPC 码，具体构造过程如下：首先通过散列方法确定非零元的位置，然后选取非零元的取值，即散列操作只用于确定非零元的位置信息。上述推广在一定程度上增强了基于有限域的多元码构造方法的灵活性。算法 3.1 总结了基于有限域的多元 LDPC 码的构造流程。

※算法 3.1　基于有限域的多元 LDPC 码的构造流程

步骤 1：给定有限域 $\mathbb{F}_q$，构造满足充要条件的矩阵 $\boldsymbol{B}$；

步骤 2：选取矩阵 $\boldsymbol{B}$ 的一个子矩阵作为基矩阵；

步骤 3：通过散列操作扩展基矩阵得到校验矩阵。

从算法 3.1 可以看出，基于有限域的构造方法的关键步骤为矩阵 $\boldsymbol{B}$ 的构造和子矩阵的选择。文献[58，63]中给出了多种构造矩阵 $\boldsymbol{B}$ 的方法，每种构造方法均可得到一类多元 LDPC 码。另外，子矩阵的选择方式对多元 LDPC 码的性能也有较大的影响。对于同一个矩阵 $\boldsymbol{B}$，在不同位置选取大小相同的子矩阵可构造不同的多元 LDPC 码。比如，对于式(3.1)中的矩阵 $\boldsymbol{B}$，它的左上角的子矩阵和右上角的子矩阵构造的多元 LDPC 码的度分布不一样。如何选择最优的子矩阵是一个难题，本书将不做讨论，有兴趣的读者可自行探索。

另外，基矩阵 $\boldsymbol{B}$ 的零空间也可以定义一个线性分组码，该码也可以通过正规图进行描述。很容易看出，如果基矩阵 $\boldsymbol{B}$ 的正规图没有长度为 4 的环，则其对应的扩展矩阵 $\boldsymbol{H}$ 的正规图也没有长度为 4 的环。因此，如果某个多元矩阵不满足定理 3.1 中的充要条件，可对该矩阵进行掩模(masking)操作使其满足条件，进而构造高性能多元 LDPC 码(这里的掩模操作指将原矩阵的一些非零元置为零)。对于一个多元矩阵 $\boldsymbol{B}$，优化掩模操作是一个很难的问题，需要综合考虑度分布、环分布、陷阱集等多种因素。针对该问题，文献中仅出现了一些简单的方法，尚待进一步研究。

例 3.1　设 $q=4$，式(3.1)定义的矩阵为

$$\boldsymbol{B}=\begin{bmatrix} 0 & \alpha-1 & \alpha^2-1 \\ \alpha^2-1 & 0 & \alpha-1 \\ \alpha-1 & \alpha^2-1 & 0 \end{bmatrix}=\begin{bmatrix} 0 & \alpha^2 & \alpha^1 \\ \alpha^1 & 0 & \alpha^2 \\ \alpha^2 & \alpha^1 & 0 \end{bmatrix} \tag{3.2}$$

将矩阵 $\boldsymbol{B}$ 选为基矩阵进行散列操作，可得到如下校验矩阵：

$$\boldsymbol{H}=\left[\begin{array}{c|c|c} \boldsymbol{M}(0) & \boldsymbol{M}(\alpha^2) & \boldsymbol{M}(\alpha^1) \\ \hline \boldsymbol{M}(\alpha^1) & \boldsymbol{M}(0) & \boldsymbol{M}(\alpha^2) \\ \hline \boldsymbol{M}(\alpha^2) & \boldsymbol{M}(\alpha^1) & \boldsymbol{M}(0) \end{array}\right]=\left[\begin{array}{ccc|ccc|ccc} 0 & 0 & 0 & 0 & 0 & \alpha^2 & 0 & \alpha & 0 \\ 0 & 0 & 0 & 1 & 0 & 0 & 0 & 0 & \alpha^2 \\ 0 & 0 & 0 & 0 & \alpha & 0 & 1 & 0 & 0 \\ \hline 0 & \alpha & 0 & 0 & 0 & 0 & 0 & 0 & \alpha^2 \\ 0 & 0 & \alpha^2 & 0 & 0 & 0 & 1 & 0 & 0 \\ 1 & 0 & 0 & 0 & 0 & 0 & 0 & \alpha & 0 \\ \hline 0 & 0 & \alpha^2 & 0 & \alpha & 0 & 0 & 0 & 0 \\ 1 & 0 & 0 & 0 & 0 & \alpha^2 & 0 & 0 & 0 \\ 0 & \alpha & 0 & 1 & 0 & 0 & 0 & 0 & 0 \end{array}\right] \tag{3.3}$$

读者可验证式(3.3)中的矩阵 $\boldsymbol{H}$ 对应的正规图没有长度为 4 的环。

例 3.1 展示了基于有限域的多元 LDPC 码的基本构造流程。下面通过两个例子展示基于有限域的多元 LDPC 码在 AWGN 信道下的纠错性能。在所有的仿真中，均假设信道为 AWGN 信道，采用的调制有 BPSK 调制和 16 QAM 调制，译码算法为 FFT-QSPA，最大迭代次数为 50 次。

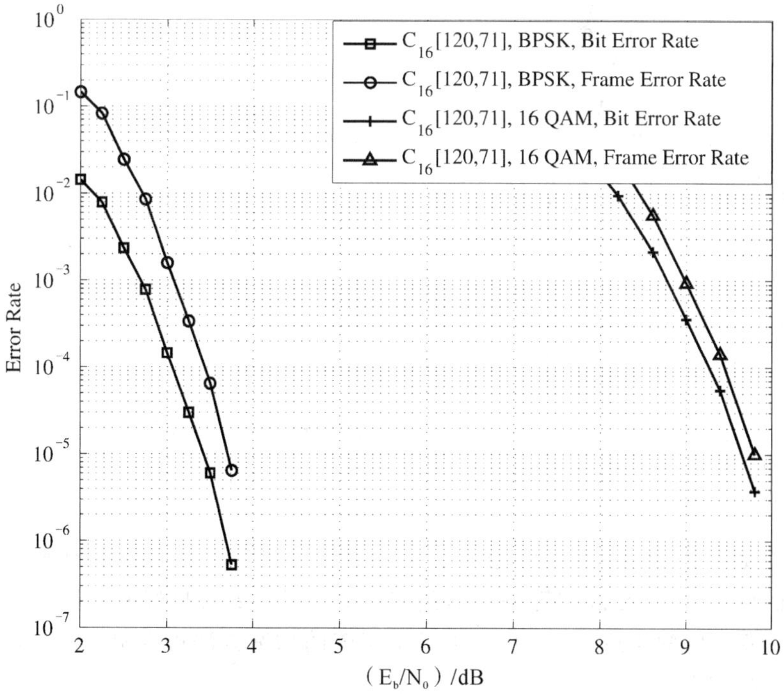

图 3.1　例 3.2 中基于有限域的多元 LDPC 码 $C_{16}[120, 71]$的误码性能

例 3.2 设 $q=16$，基于式(3.1)，可以构造定义在$\mathbb{F}_{16}$上的多元 LDPC 码。特别地，选取式(3.1)右上角的 4×8 的子矩阵作为基矩阵。通过散列操作，得到一个 60×120 的多元矩阵 $\boldsymbol{H}$，该矩阵的秩为 49，即该矩阵不满秩。矩阵 $\boldsymbol{H}$ 的零空间定义了多元 LDPC 码 $C_{16}[120, 71]$。可以看出，矩阵 $\boldsymbol{H}$ 的列重为 4，行重为 8。

多元码 $C_{16}[120, 71]$在 AWGN 信道下的误比特率(bit error rate)和误帧率(frame error rate)如图 3.1 所示。仿真中采用的译码算法为 FFT-QSPA，最大迭代次数为 50，且仿真了 BPSK 调制和 16 QAM 调制。从图 3.1 中可以看出，基于有限域的多元 LDPC 码具有良好的纠错性能，在误比特率为 10^{-6}时未见错误平层。

例 3.3 设 $q=32$，基于式(3.1)，可以构造定义在$\mathbb{F}_{32}$上的多元 LDPC 码。特别地，选取式(3.1)的整个矩阵作为基矩阵。通过散列操作，得到一个 961×961 的多元矩阵 $\boldsymbol{H}$，该矩阵的秩为 240，即该矩阵不满秩。矩阵 $\boldsymbol{H}$ 的零空间定义了多元 LDPC 码 $C_{32}[961, 721]$。可以看出，矩阵 $\boldsymbol{H}$ 的列重为 30，行重为 30。

多元码 $C_{32}[961, 721]$在 AWGN 信道下的误比特率和误帧率如图 3.2 所示。可以看出，该码具有良好的纠错性能，虽然校验矩阵的大小为 961×961，但是其秩只有 240，即该矩阵拥有大量的冗余行，这一特性使得该码的收敛速度非常快。有兴趣的读者可重现该码并观察其在 5 次迭代和 10 次迭代下的纠错性能。

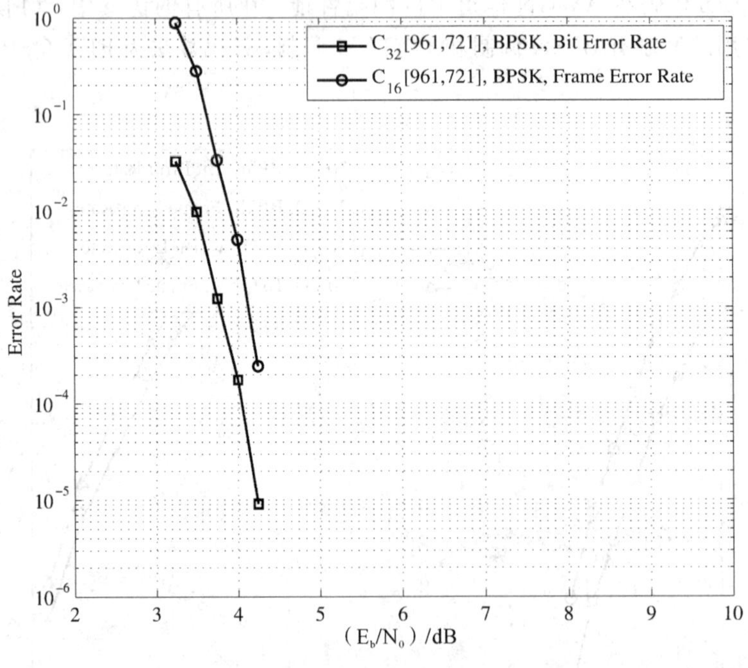

图 3.2 例 3.3 中基于有限域的多元 LDPC 码 $C_{32}[961, 72]$的误码性能

从上面的例子可以看出，基于有限域的多元 LDPC 码具有良好的纠错性能。式(3.1)给出的只是一种基矩阵的构造方式，更多关于基矩阵的构造方法可参见文献[58]。另一种构造基矩阵的方法如下。

对于有限域$\mathbb{F}_q$，记 $q-1$ 整数分解得到的最大素数为 m，即有 $q-1=cm$。设 $\beta=\alpha^c$，其中，α 为有限域$\mathbb{F}_q$的一个本原元。由 β 定义的$\mathbb{F}_q$的一个乘法循环子群为$\{1, \beta, \beta^2, \cdots,$

$\beta^{c-1}\}$。构造如下基矩阵：

$$\boldsymbol{B}=\begin{bmatrix} \beta^0 & \beta^1 & \beta^2 & \cdots & \beta^{c-1} \\ \beta^0 & (\beta^2)^1 & (\beta^2)^2 & \cdots & (\beta^2)^{m-1} \\ \vdots & \vdots & \vdots & & \vdots \\ \beta^0 & (\beta^{m-1})^1 & (\beta^{m-1})^2 & \cdots & (\beta^{m-1})^{m-1} \end{bmatrix} \tag{3.4}$$

读者可验证该基矩阵满足定理 3.1 的充要条件。基于式(3.4)中的矩阵 $\boldsymbol{B}$，可以构造另一类基于有限域的多元 LDPC 码。

3.1.2 基于有限几何的构造

基于有限域构造的多元 LDPC 码是准循环的，下面给出一种基于有限几何(finite geometry)构造循环多元 LDPC 码的方法。本书采用 EG(m, q)表示定义在有限域 $\mathbb{F}_q$ 上的 m 维有限几何。有限几何和欧几里德几何类似，由点、线、面和超平面等构成。在有限几何中，若干个点构成线，若干条线构成面。有限几何的一些性质和欧几里德几何类似。在有限几何中，若两条线没有公共点，则称这两条线平行；否则称这两条线相交。在有限几何中，两条线要么平行、要么相交，且两条相交的线拥有唯一的一个公共点。若两条线拥有两个公共点，则将这两条线定义为同一条线。更多关于有限几何的性质可参见文献[12]。

下面给出有限几何的具体表示。一个 m 维的有限几何 EG(m, q)可用有限域 $\mathbb{F}_{q^m}$ 表示。显然，有限域 $\mathbb{F}_{q^m}$ 等价于定义在 $\mathbb{F}_q$ 上的 m 维向量空间，该向量空间的零维子空间及其陪集构成有限几何 EG(m, q)的点，一维子空间及其陪集构成 EG(m, q)的线，二维子空间及其陪集构成 EG(m, q)的面。有限域 $\mathbb{F}_{q^m}$ 的零元是有限几何 EG(m, q)的原点。显然有限几何 EG(m, q)中的一条线包含 q 个点，若这 q 个点不包含原点，则称这条线为不过原点的线。下面基于所有不过原点的线构造多元 LDPC 码，参见文献[59]。

设 $L=\{\alpha^{j_1}, \alpha^{j_2}, \cdots, \alpha^{j_q}\}$为有限几何 EG($m$, q)中一条不过原点的线，其中，α 为 $\mathbb{F}_{q^m}$ 的本原元。对于线 L，可以定义它的关联向量(incidence vector)$\boldsymbol{z}(L)=(z_0, z_1, \cdots, z_{q^m-2})$。关联向量的定义为：若 $\alpha^i\in L$，则 $z_i=\alpha^i$；若 $\alpha^i\notin L$，则 $z_i=0$。很容易证明线和它的关联向量存在一一对应关系。将有限几何 EG(m, q)中所有不过原点的线的关联向量作为行构造校验矩阵 $\boldsymbol{H}$。该矩阵是一个定义在有限域 $\mathbb{F}_{q^m}$ 上的多元矩阵。基于有限几何的性质，矩阵 $\boldsymbol{H}$ 的每行包含 q 个非零元素，即行重为 q。一个 m 维有限几何中共有 $J=(q^{m-1}-1)(q^m-1)/(q-1)$条不过原点的线，因此矩阵 $\boldsymbol{H}$ 的行数为 $J=(q^{m-1}-1)(q^m-1)/(q-1)$。另外，除原点外，$m$ 维有限几何中还有 q^m-1 个点，因此矩阵 $\boldsymbol{H}$ 的列数为 q^m-1。矩阵 $\boldsymbol{H}$ 的零空间可定义一个 $\mathbb{F}_{q^m}$ 上的多元低密度校验码。这一类码称为有限几何多元 LDPC 码。从上面的构造过程可以看出，有限几何多元 LDPC 码在构造时同时确定非零元的位置和取值。同时，给定有限几何，定义多元 LDPC 码的有限域也随之确定。通过选取不同的有限几何，如选择不同的维数、不同的有限域，可构造不同的多元 LDPC 码。下面重点关注基于二维有限几何的多元 LDPC 码，并证明该类码的一个重要性质。

当 $m=2$ 时，对于有限域 $\mathbb{F}_q$，矩阵 $\boldsymbol{H}$ 的维度为$(q^2-1)\times(q^2-1)$，列重和行重均为 q。矩阵 $\boldsymbol{H}$ 的零空间可定义一个有限域 $\mathbb{F}_{q^2}$ 上的多元 LDPC 码。对于一条线 $L=\{\alpha^{j_1}, \alpha^{j_2}, \cdots, \alpha^{j_q}\}$，可定义它的 α-循环组 $\mathcal{L}=\{L, \alpha L, \alpha^2 L, \cdots, \alpha^{q^2-2}L\}$。一条线的 α-循环组刚好包含所有不过原点的线。可以看出，矩阵 $\boldsymbol{H}$ 的行具有循环结构，因此二维有限几何多元 LDPC 码是循环码。

例 3.4　设 $q=2$，EG(2, 2)的所有的点为$\{0, 1, \alpha, \alpha^2\}$。EG(2, 2)包含 3 条过原点的

线，分别为

$$L_0 = \{0, 1\}, L_1 = \{0, \alpha\}, L_2 = \{0, \alpha^2\}$$

以及 3 条不过原点的线，分别为

$$L_3 = \{1, \alpha\}, L_4 = \{\alpha, \alpha^2\}, L_5 = \{1, \alpha^2\}$$

可以看出，$L_1 = \alpha L_0$，$L_2 = \alpha L_1$，$L_4 = \alpha L_3$，$L_5 = \alpha^2 L_4$。读者可自行验证，任意两条线至多包含一个公共点。基于 EG(2, 2)的不过原点的线可构造如下校验矩阵：

$$\boldsymbol{H} = \begin{bmatrix} 1 & \alpha & 0 \\ 0 & \alpha & \alpha^2 \\ 1 & 0 & \alpha^2 \end{bmatrix}$$

该矩阵的行重和列重均为 2。显然，该矩阵对应的正规图没有长度为 4 的环。

上面的例子简单展示了有限几何多元 LDPC 码的基本构造流程。下面通过两个更为复杂的例子展示有限几何多元 LDPC 码在 AWGN 信道下的纠错性能。在所有的仿真中，均假设信道为 AWGN 信道，译码算法为 FFT-QSPA，最大迭代次数为 50 次，仿真中采用多种调制方式，包括 BPSK、16 QAM、64 QAM。

例 3.5 设 $q=8$，基于 2 维有限几何 EG(2, 8)可构造定义在 $\mathbb{F}_{64}$ 上的多元 LDPC 码。除原点外，有限几何 EG(2, 8)包含 63 个点和 63 条不过原点的线。因此可构造一个码长为 63 的循环多元LDPC 码。通过高斯消元可得该矩阵的秩为 26，因此基于 EG(2, 8)可构造多元 LDPC 码 $C_{64}[63, 37]$。该校验矩阵的行重和列重均为 7，它的正规图的最小环长为 6。若采用大数逻辑译码算法，该码可纠正任意错误个数小于或等于 3 的随机错误图样。多元 LDPC 码 $C_{64}[63, 37]$在 AWGN 信道下的误比特率和误帧率如图 3.3 所示。从图 3.3 中可以

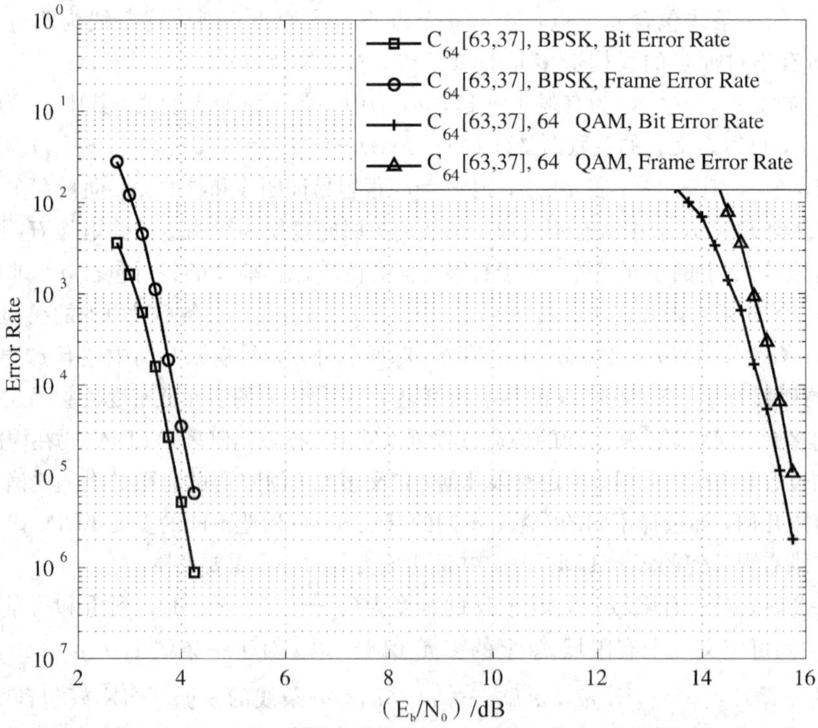

图 3.3 例 3.5 中有限几何多元 LDPC 码 $C_{64}[63, 37]$的性能

看出，该码的错误平层较低。另外，该校验矩阵包含 37 个冗余行。拥有大量冗余行的校验矩阵定义的多元 LDPC 码的一个重要特点是译码收敛速度快，因此在实际应用时有较强的吸引力。

例 3.6　设 $q=16$，基于 2 维有限几何 EG(2，16)可构造定义在 $\mathbb{F}_{256}$ 上的多元 LDPC 码。除原点外，有限几何 EG(2，16)包含 255 个点和 255 条不过原点的线。因此可构造一个码长为 255 的循环多元 LDPC 码。通过高斯消元可得该矩阵的秩为 80，因此基于 EG(2，16)可构造多元 LDPC 码 $C_{256}[255, 175]$。该校验矩阵的行重和列重均为 15，它的正规图的最小环长为 6。若采用大数逻辑译码算法，该码可纠正任意错误个数小于或等于 7 的随机错误图样。多元 LDPC 码 $C_{256}[255, 175]$ 在 AWGN 信道下的误比特率和误帧率如图 3.4 所示。仿真中采用的译码算法为 FFT-QSPA，采用的调制包括 BPSK 调制和 16 QAM，最大迭代次数为 50。从图 3.4 中可以看出，该码具有良好的纠错性能。

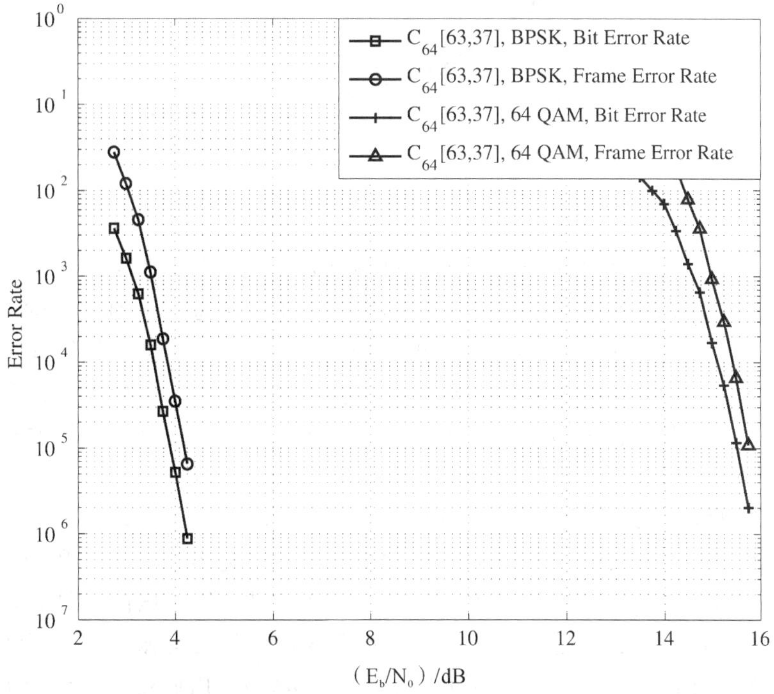

图 3.4　例 3.6 中有限几何多元 LDPC 码 $C_{256}[255, 175]$ 的性能

和例 3.5 类似，该码的校验矩阵的行数为 255，秩为 80，因此该矩阵的冗余行个数为 175。如前所述，该码的收敛速度快。为说明这一优点，图 3.5 中给出了采用 BPSK 调制时该码的平均迭代次数(average iteration number)。可以看出，在信噪比较高时，该码平均只需要 1.8 次即可译码成功。

从上面的构造实例可以看出，有限几何可以用于构造性能高、收敛速率快的循环多元 LDPC 码。这一类码的两大特点如下：

(1) 具有循环特性，易于编码实现；

(2) 校验矩阵具有大量的冗余行，译码收敛速率快。

因此，在需要采用多元 LDPC 码的系统中，这一类码具有明显的优势。一般地，一个多元码的校验矩阵的冗余行越多，译码收敛速度越快。由于实际系统选用的最大译码次数一

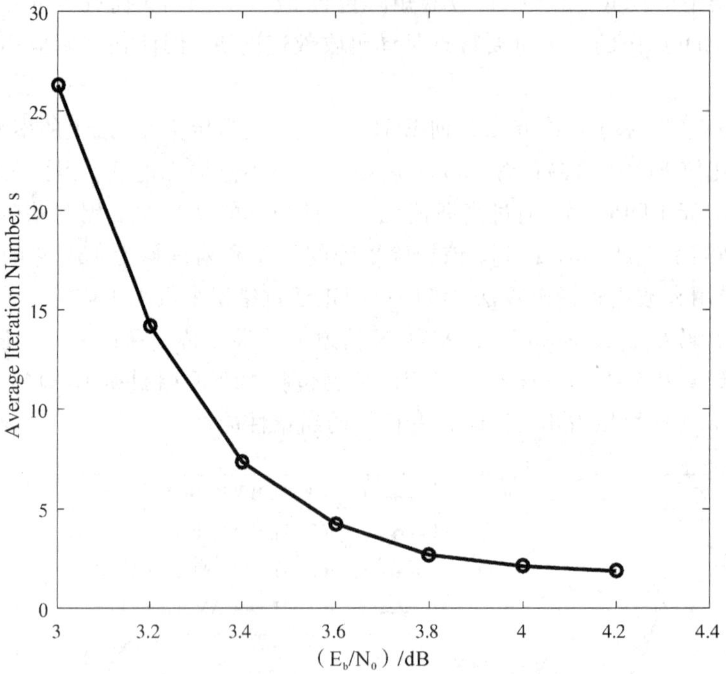

图 3.5　例 3.6 中有限几何多元 LDPC 码 C_{256}[255，175]的平均迭代次数

般受限，因此，构造冗余行数较多的多元 LDPC 码具有实际意义。通过密度进化等算法优化设计的随机多元 LDPC 码虽然具有较好的译码门限，然而，当码长较短或最大译码次数受限时，随机多元 LDPC 码的性能往往较差。目前已知的构造冗余行较多的多元 LDPC 码的方法并不多。现有的方法一般基于代数结构，本节给出的基于有限几何的构造方法是其中的一种。另外，还有基于拉丁环的构造方法，具体可参见文献[71]。

上面的实例只讨论了基于 2 维有限几何构造多元 LDPC 码。高维有限几何同样可用于构造多元 LDPC 码。当基于高维有限几何中的点线关系构造多元 LDPC 码时，得到的多元码将不再是循环多元 LDPC 码，而是准循环多元 LDPC 码，该类码同样具有较低的编码复杂度。另外，上述构造方法可进行如下扩展：对于一个 m 维的有限几何，可利用它的 μ 维平面和 $\mu-1$ 维平面的关系构造校验矩阵，其中，$1<\mu\leqslant m$。由此得到的校验矩阵将不满足 RC 约束，其对应的正规图将包含大量长度为 4 的环。

3.1.3　基于 Cage 的构造

当 $q\leqslant 256$ 时，优化设计的多元 LDPC 码的纠错性能随着域阶数的增大而变好。另外，域阶数越大，优化设计的多元 LDPC 码的校验矩阵包含越多列重为 2 的列。特别地，研究表明，当 $q=256$ 时，列重为 2 的规则多元 LDPC 码具有非常好的纠错性能。基于此发现，本节单独讨论列重为 2 的规则多元 LDPC 码，这一类码也称为多元 Cycle 码。在多元 Cycle 码中，长度为 $2g$ 的环可能对应一个符号重量为 g 的码字。如果一个多元 Cycle 码的最小环长为 $2g_{\min}$，则该多元 Cycle 码的最小符号重量至少为 $g_{\min}$。然而，并不是所有长度为 $2g_{\min}$ 的环都会对应于一个符号重量为 $g_{\min}$ 的码字。通过选择非零元的取值，可使得多元 Cycle 码的最小符号重量大于 $g_{\min}$。由上可知，构造多元 Cycle 码的一般步骤如下：

(1) 确定非零元的位置，使得正规图具有尽量大的最小环长；

(2) 选择非零元的取值，使得部分(或全部)长度最小的环不生成符号重量较小(或比特重量较小)的码字。

通过上述步骤构造的多元 Cycle 码一般具有良好的纠错性能。本小节介绍基于上述步骤构造的多元 Cycle 码，更多内容可参见文献[72]。

设矩阵 $\boldsymbol{H}$ 定义一个多元 Cycle 码，即矩阵 $\boldsymbol{H}$ 的列重为 2。记矩阵 $\boldsymbol{H}$ 的邻接矩阵为$\boldsymbol{H}_a$，显然邻接矩阵$\boldsymbol{H}_a$的每一列刚好有两个“1”，基于$\boldsymbol{H}_a$可定义一个二元 LDPC 码。在该码的正规图中，长度为 $2g$ 的环刚好对应一个比特重量为 g 的码字。多元 Cycle 码的邻接矩阵的列重都为 2，可用另一种图表示该矩阵。该图的定义为：邻接矩阵$\boldsymbol{H}_a$的每一行对应一个结点；两个结点相连当且仅当它们在同一列取值为“1”。由于$\boldsymbol{H}_a$的一列仅包含两个“1”，因此该图的边与矩阵$\boldsymbol{H}_a$的列存在一一映射关系，该图称为$\boldsymbol{H}_a$的关联图。显然，给定关联图可完全确定邻接矩阵$\boldsymbol{H}_a$。因此，一个多元 Cycle 码的关联图可以完全确定该码的正规图结构。下面举例说明邻接矩阵的正规图和它的关联图之间的关系。一个定义在 $\mathbb{F}_4$ 上的多元 Cycle 码的校验矩阵为

$$\boldsymbol{H}=\begin{bmatrix}\alpha^0&0&0&\alpha^2&0&0&\alpha^2&0&0\\0&\alpha^1&0&0&\alpha^0&0&0&\alpha^2&0\\0&0&\alpha^2&0&0&\alpha^2&0&0&\alpha^1\\\alpha^2&0&0&0&\alpha^1&0&0&0&\alpha^0\\0&\alpha^0&0&0&0&\alpha^0&\alpha^2&0&0\\0&0&\alpha^2&\alpha^0&0&0&0&\alpha^0&0\end{bmatrix}\tag{3.5}$$

其中，α 为 $\mathbb{F}_4$ 的本原元。$\boldsymbol{H}$ 的邻接矩阵为

$$\boldsymbol{H}_a=\begin{bmatrix}1&0&0&1&0&0&1&0&0\\0&1&0&0&1&0&0&1&0\\0&0&1&0&0&1&0&0&1\\1&0&0&0&1&0&0&0&1\\0&1&0&0&0&1&1&0&0\\0&0&1&1&0&0&0&1&0\end{bmatrix}$$

图 3.6 中给出了邻接矩阵$\boldsymbol{H}_a$的正规图和关联图表示。关联图中有 6 个结点，与矩阵$\boldsymbol{H}_a$的行数相同。由于关联图和正规图之间存在一一映射关系，可按如下步骤构造多元Cycle 码：

(1) 构造一个关联图；

(2) 构造相应的邻接矩阵；

(3) 确定非零元的取值。

下面讨论正规图和关联图之间的结构关系。

对于$(2, v)$-规则多元 LDPC 码，其关联图的结点度均为 v，这种图称为 v-规则图。若一个 v-规则图的围长为 g，则该图称为(v, g)-图。关联图和正规图的环长之间存在如下关系：正规图中一个长度为 $2g$ 的环对应于关联图中一个长度为 g 的环。特别地，给定一个(v, g)-图，可构造一个围长为 $2g$ 的多元 Cycle 码。因此，为构造围长大的多元 Cycle 码，可先构造围长 g 较大的(v, g)-图。Moore 界给出了一个(v, g)-图包含的结点数的下界，即一个(v, g)-图包含的结点数至少为

$$M(v, g)=\begin{cases}\dfrac{v(v-1)^{(g-1)/2}-2}{v-2}, & g \text{ 为奇数}\\ \dfrac{2(v-1)^{g/2}-2}{v-2}, & g \text{ 为偶数}\end{cases} \tag{3.6}$$

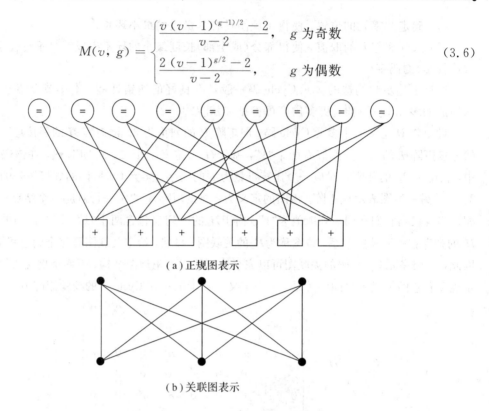

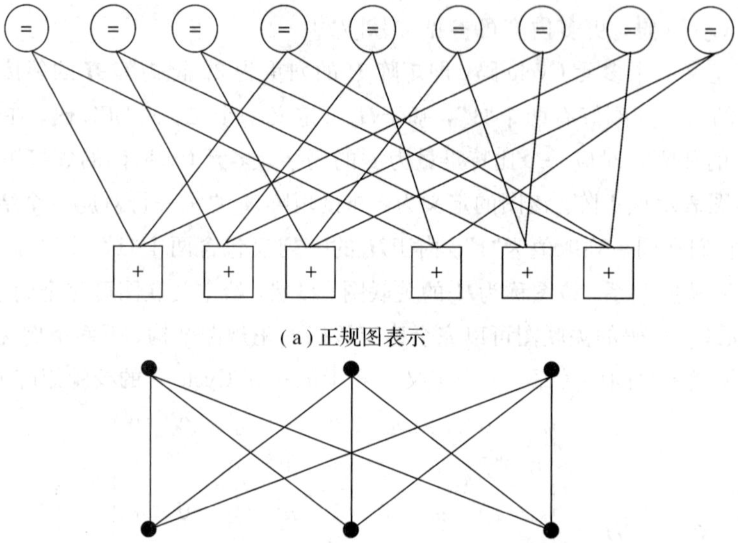

(a) 正规图表示

(b) 关联图表示

图 3.6 多元 Cycle 码的邻接矩阵的两种图表示

达到上述下界的 (v, g)-图称为 Moore 图，上述下界不是处处可达的。给定参数 v 和 g，结点个数最小的 (v, g)-图称为 (v, g)-Cage。对于大多数参数，不存在结点个数达到 Moore 界的 (v, g)-图。因此大多数 (v, g)-Cage 都不是 Moore 图。基于 (v, g)-Cage 可构造围长为 $2g$ 的多元 Cycle 码，该码的正规图的校验结点度为 v、变量结点度为 2，围长为 $2g$。确定 (v, g)-Cage 是一个较难的组合问题。目前尚不能确定所有的 (v, g)-Cage。表 3.1 中总结了目前已发现的 Cage 及其主要性质，其中，$m(v, g)$ 表示该 Cage 的结点数目。

表 3.1 已知的 Cage 及其性质

参数对 (v, g)	结点数	结构特点	正规图特点
$(v\geqslant 2, g=4)$	$2v$	完全二分图	块循环结构
$(q+1, 6)$(q 为素数幂)	$2(q^2+q+1)$	有限投影几何	块循环结构
$(q+1, 8)$(q 为素数幂)	$2(q+1)(q^2+1)$	广义四边形(部分几何)	块循环结构
$(q+1, 12)$	$2(q^3+1)(q^2+q+1)$	广义六边形	基模图结构
(3, 6)	14	Heawood 图	块循环结构
(3, 8)	30	Tutte-Coxeter 图	块循环结构
(3, 10)	70	共 3 个(3, 10)-Cage	块循环结构
(3, 12)	126	Benson 图	块循环结构

续表

参数对(v, g)	结点数	结构特点	正规图特点
(7, 6)	90	Baker elliptic semiplane	块循环结构
(v=2, g≥3)	g	环	
(v≥2, g=3)	v+1	完全图	
(3, 5)	10	Petersen 图	块循环结构
(3, 7)	24	McGee 图	
(3, 9)	58	共 18 个(3, 9)-Cage	
(3, 11)	112	Balaban 11-Cage	
(4, 5)	19	Robertson-图	
(5, 5)	30	共 4 个(5, 5)-Cage	块循环结构
(6, 5)	40		块循环结构
(7, 5)	50	Hoffman-Singleton 图	块循环结构
(4, 7)	67		

例 3.7　记 $\boldsymbol{\sigma}$ 为 $p\times p$ 循环矩阵

$$\boldsymbol{\sigma}=\begin{bmatrix}0 & 0 & \cdots & 0 & 1\\ 1 & 0 & \cdots & 0 & 0\\ 0 & 1 & \cdots & 0 & 0\\ \vdots & \vdots & & \vdots & \vdots\\ 0 & 0 & \cdots & 1 & 0\end{bmatrix}$$

(3.5)-Cage 的关联图如图 3.7 所示，该图是著名的 Petersen 图，它的邻接矩阵为

$$\boldsymbol{H}_a=\begin{bmatrix}\boldsymbol{I}+\boldsymbol{\sigma}^4 & \boldsymbol{I} & \boldsymbol{0}\\ 0 & \boldsymbol{I} & \boldsymbol{I}+\boldsymbol{\sigma}^3\end{bmatrix}$$

其中矩阵 $\boldsymbol{\sigma}$ 为 5×5 的循环矩阵，$\boldsymbol{I}$ 为 5 阶单位阵。从上面的结果可以看出，(3, 5)-Cage 定义的多元 Cycle 码的邻接矩阵具有块循环的性质。

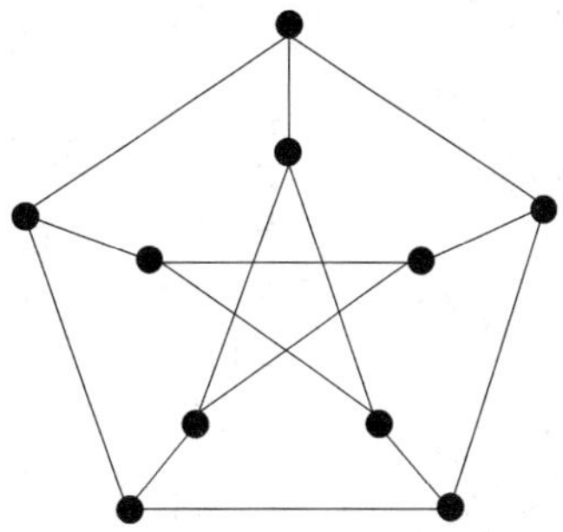

图 3.7　(3, 5)-Cage 的关系图

给定邻接矩阵 $\boldsymbol{H}_a$，通过选择非零元可构造多元 Cycle 码。文献[72]分析了表 3.1 中 Cage 的结构特性。有兴趣的读者可以发掘更多关联图和正规图之间的结构关系。例 3.7 展示了基于 Cage 的多元 Cycle 码的基本构造流程。下面通过一个例子展示基于 Cage 的多元 Cycle 码在 AWGN 信道下的纠错性能。在所有的仿真中，假设信道为 AWGN 信道，调制为 BPSK 调制，译码算法为 FFT-QSPA，最大迭代次数为 50 次。

例 3.8　基于(4, 8)-Cage 可构造一个定义在有限域$\mathbb{F}_{256}$上的多元 Cycle 码 $C_{256}[160, 80]$。该码包含 1620 个长度为 16 的环，5184 个长度为 20 的环，43 200 个长度为 24 的环。因此该码的最小符号重量至少为 8。通过选择合适的非零元，可增大该码的最小符号重量。通过合适的

行列置换，多元 Cycle 码的长度为 $2g$ 的环对应的子矩阵可转换为如下 $g\times g$ 的矩阵：

$$\mathbf{W}=\begin{bmatrix} w_0 & & & \\ w_1 & w_2 & & \\ & w_3 & \ddots & \\ & & \ddots & w_{2g-2} \\ & & & w_{2g-1} \end{bmatrix}$$

其中，w_i 为有限域中的一个非零元。当选择合适的非零元时，该矩阵不会生成一个符号重量为 g 的码字。该子矩阵生成一个符号重量为 g 的码字的必要条件为

$$\prod_{i=0}^{g-1} w_{2i}=\prod_{i=0}^{g-1} w_{2i+1}$$

利用上述必要条件可增大多元 Cycle 码的最小符号重量/最小比特重量。文献[72]中给出了一种优化多元 Cycle 码的最小比特重量的方法。通过该方法优化后，得到的多元 Cycle 码的最小比特重量估计为 30。图 3.8 给出了该码在高斯白噪声信道下的误帧率。图 3.8 中标为“Cage-(4，8)，Optimized”的性能曲线对应于优化非零元取值得到的多元 LDPC 码，标为“Cage-(4，8)，Random”的性能曲线对应于随机选取非零元得到的多元 LDPC 码，而标为“PEG，Random”的性能曲线对应于基于 PEG 算法构造的多元 LDPC 码。仿真中采用的调制为 BPSK 调制，译码算法为 FFT-QSPA。从图 3.8 中可以看出：

(1) 基于 Cage 的多元 LDPC 码在瀑布区域的性能与基于 PEG 算法的多元 LDPC 码相当；

(2) 基于 Cage 的多元 LDPC 码在错误平层区域的性能优于基于 PEG 算法的多元 LDPC 码；

(3) 优化非零元取值可进一步降低基于 Cage 的多元 LDPC 码的错误平层。

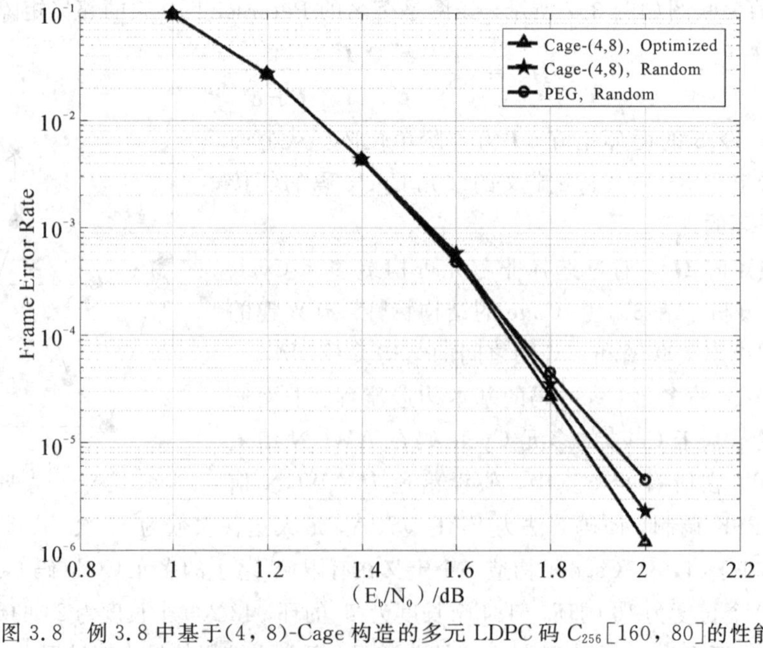

图 3.8　例 3.8 中基于(4，8)-Cage 构造的多元 LDPC 码 C_{256}[160，80]的性能

3.2　基于重复累加结构的多元 LDPC 码

随机构造的多元 LDPC 码的编码复杂度较高。为了解决这一问题，可构造具备一定结构的多元 LDPC 码。准循环多元 LDPC 码是一类典型的结构化多元 LDPC 码，其编码器可基于移位寄存器，硬件实现复杂度低。本章第 1 节给出了基于代数结构的结构化多元LDPC码的构造方法。为进一步降低多元 LDPC 码的编码复杂度，可考虑基于重复累积(repeat-accumulate，RA)结构[73]和非规则重复累加(irregular RA，IRA)结构[74]构造的多元 RA 码和多元 IRA 码(Q-ary IRA code，QIRA 码)。由于具有稀疏校验矩阵，多元 IRA 码可看作多元 LDPC 码。同时，多元 IRA 码也可看作由 q 元重复码和码率为 1 的 q 元卷积码构成的串行级联码，即 IRA 码是 Turbo 类码(Turbo-like code)。考虑编码时，可将多元 IRA 码看作一类级联码(非规则重复码与码率为 1 的卷积码的串行级联)，此时可采用串行级联的方式先后对 q 元重复码和 q 元卷积码进行编码，从而降低编码运算的复杂度；考虑译码时，可将多元 IRA 码看作一类多元 LDPC 码，采用正规图上的迭代译码算法进行译码，从而实现较低的译码复杂度和较高的译码并行度。

在介绍多元 IRA 码之前，首先简单地回顾一下二元 IRA 码的历史。1998 年，加州理工大学和喷气推进实验室的 Jin 和 Divsalar 等人在 Turbo 码的基础上提出了一种重复累加码[73]，他们将该类码称为 Turbo 类码。2000 年，他们提出了非规则 RA 码[74]。由于 RA 码和 IRA 码具有编码简单、易于分析、性能较好等优点，引起了学术界和工业界的广泛关注。有兴趣的读者可参见文献[75 - 79]，其中包含 RA 码和 IRA 码的优化设计方法以及推广。IRA 码可看作一类非规则的 LDPC 码，亦可以看作一类级联码。和 RA 码类似，IRA 码可采用基于正规图的迭代算法进行译码，也可采用串行级联结构进行编码。图 3.9 为典型的 IRA 码的编码器架构，其中，$\boldsymbol{u}=(u_1, u_2, \cdots, u_K)$为信息比特序列，$\boldsymbol{p}=(p_1, p_2, \cdots, p_M)$为校验比特序列。图 3.10 为该 IRA 码的正规图表示。IRA 码可在该正规图上进行并行迭代译码。下面将系统地介绍多元 IRA 码的编码器结构、编码算法、校验矩阵和正规图，并仿真多元 IRA 码的纠错性能。

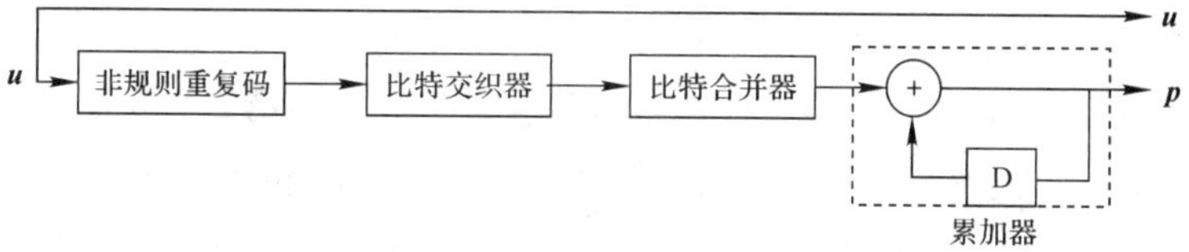

图 3.9　二元 IRA 码的编码器

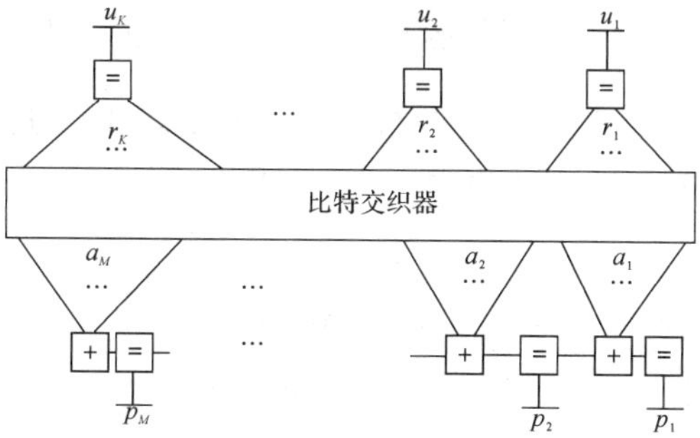

图 3.10　二元 IRA 码的正规图表示

3.2.1 多元 IRA 码的编码器与编码流程

二元 IRA 码采用二元重复码和二元累加器，而多元 IRA 码采用多元重复码和多元累加器。由于有限域 $\mathbb{F}_q$ 的非零元不唯一，因此累加前可以选择不同的非零元对寄存器的域符号进行变换。相对于二元 IRA 码，多元 IRA 码具有更高的设计自由度。多元 IRA 码的设计方式有多种，本节详细描述其中一种。图 3.11 为多元 IRA 码的编码器框图，其中包含六个功能模块，分别为重复器、符号交织器、GF(q)加权器（Ⅰ和Ⅱ）、合并器、累加器和复用器。下面详细介绍多元 IRA 码的编码过程并介绍各个模块的功能。

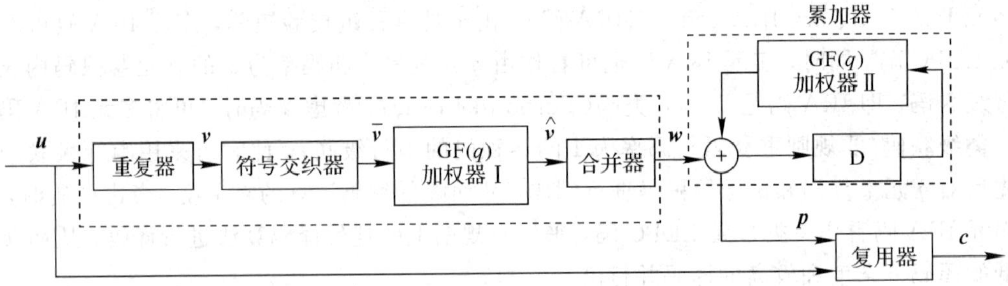

图 3.11 多元 IRA 码的编码器

多元 IRA 码的码长为 N、信息符号长度为 K、校验符号长度为 $M=N-K$。多元 IRA 编码器首先将长度为 $K\text{lb}q=Kp$ 的待编码比特序列合并为长度为 K 的信息符号序列 $\boldsymbol{u}=(u_1, u_2, \cdots, u_K)\in\mathbb{F}_q^K$，重复器对各符号的平均重复次数记为 r。多元 IRA 码的具体编码流程如下：

(1) 重复器对信息符号序列 $\boldsymbol{u}$ 中的各符号进行重复，得到长为 rK 的符号序列：

$$\boldsymbol{v}=(\overbrace{u_1, \cdots, u_1}^{r_1}, \overbrace{u_2, \cdots, u_2}^{r_2}, \cdots, \overbrace{u_K, \cdots, u_K}^{r_K}) \tag{3.7}$$

其中，r_i 表示第 i 个信息符号 $u_i(1\leqslant i\leqslant K)$的重复次数。

(2) 符号交织器对 $\boldsymbol{v}$ 进行交织，得到：

$$\bar{\boldsymbol{v}}=(\bar{v}_1, \bar{v}_2, \cdots, \bar{v}_{rK})=(u_{\pi(1)}, u_{\pi(2)}, \cdots, u_{\pi(rK)}) \tag{3.8}$$

其中，交织器为 $\boldsymbol{\Pi}=(\pi(1), \pi(2), \cdots, \pi(rK))$。

(3) $\mathbb{F}_q$ 加权器Ⅰ对符号序列 $\bar{\boldsymbol{v}}$ 进行逐符号加权，即将 $\bar{\boldsymbol{v}}$ 的第 i 个分量同加权系数序列 β 的第 i 个分量相乘，得到符号序列 $\hat{\boldsymbol{v}}$ 的第 i 个分量。加权系数序列记为

$$\beta=(\beta_{1,1}, \cdots, \beta_{1,a_1}, \beta_{2,1}, \cdots, \beta_{2,a_2}, \cdots, \beta_{M,1}, \cdots, \beta_{M,a_M}) \tag{3.9}$$

其中，$\sum_{i=1}^{K} r_i=\sum_{i=1}^{M} a_i$。在推导 IRA 码校验矩阵时将会进一步说明上述加权操作。

(4) 合并器对 $\hat{\boldsymbol{v}}$ 中的各符号按合并系数 $a_1, a_2, \cdots, a_M$ 依次进行合并，得到长为 M 的符号序列 $\boldsymbol{w}=(w_1, w_2, \cdots, w_M)$，具体操作为

$$\begin{aligned} w_1 &= \hat{v}_1 \oplus \hat{v}_2 \oplus \cdots \oplus \hat{v}_{a_1} \\ w_2 &= \hat{v}_{a_1+1} \oplus \hat{v}_{a_1+2} \oplus \cdots \oplus \hat{v}_{a_1+a_2} \\ &\vdots \\ w_M &= \hat{v}_{a_1\cdots+a_{M-1}+1} \oplus \hat{v}_{a_1\cdots+a_{M-1}+2} \oplus \cdots \oplus \hat{v}_{a_1+\cdots+a_M} \end{aligned} \tag{3.10}$$

其中，$\oplus$表示有限域$\mathbb{F}_q$上的加法运算，而 $a_1+a_2+\cdots+a_M=rK$。

（5）$\mathbb{F}_q$加权器Ⅱ的加权系数序列为

$$(\gamma_1, \gamma_2, \cdots, r_{M-1})$$

将符号序列 $\boldsymbol{w}$ 进入累加器，得到校验符号序列 $\boldsymbol{p}=(p_1, p_2, \cdots, p_M)$。校验序列的具体计算方式为

$$\begin{aligned} p_1 &= w_1 \\ p_i &= \gamma_{i-1} p_{i-1} \oplus w_i,\ 2 \leqslant i \leqslant M \end{aligned} \tag{3.11}$$

（6）复用器将信息符号序列 $\boldsymbol{u}$ 和校验符号序列 $\boldsymbol{p}$ 复用为编码器，最终输出码字：

$$\boldsymbol{c} = (u_1, u_2, \cdots, u_K, p_1, p_2, \cdots, p_M)$$

从上面的编码过程可以看出，多元 IRA 码的编码计算复杂度随码长线性增长，因此多元 IRA 码具有很低的平均编码运算复杂度。另外，其编码器的硬件实现十分简便。下面讨论多元 IRA 码的正规图表示，该表示可用于多元 IRA 译码。

3.2.2　多元 IRA 码的正规图与校验矩阵

第 2 章已经详细说明了多元 LDPC 码的正规图表示，本小节重点描述多元 IRA 码的正规图表示和校验矩阵表示。相对于一般的多元 LDPC 码，多元 IRA 码的正规图和校验矩阵均有一些特殊结构。图 3.12 为一个典型的多元 IRA 码的正规图，其中，$l=rK-a_K+1$，$m=a_1+a_2$，u_1，u_2，…，u_K 为信息符号所对应的变量节点，p_1，p_2，…，p_M 为校验符号所对应的变量节点。在正规图中，r_i 表示第 i 个信息符号 u_i 的重复次数，符号交织器对应于编码器中的符号交织器，a_1，a_2，…，a_M 表示合并器中的合并系数。基于该正规图，多元 IRA 码可采用多元 LDPC 码的迭代译码算法（QSPA 或 EMS 算法）进行并行迭代译码。

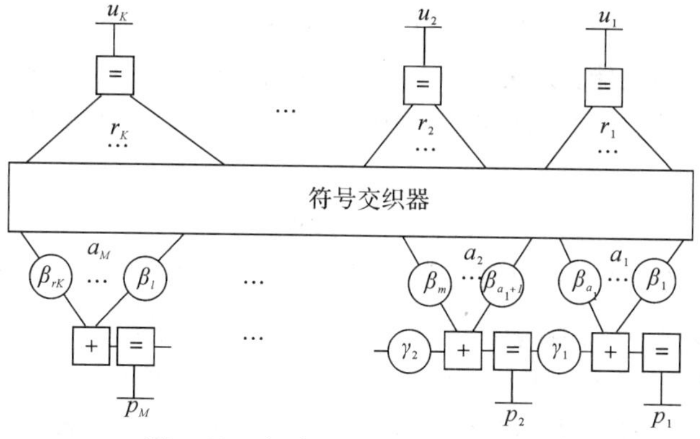

图 3.12　多元 IRA 码的正规图表示

类似于传统的二元 IRA 码，多元 IRA 码的校验矩阵可分为两部分，即 $\boldsymbol{H}=[\boldsymbol{H}_u, \boldsymbol{H}_p]$，其中

$$\boldsymbol{H}_u = \begin{bmatrix} \cdots & \beta_{1,1} & \cdots & \beta_{1,a_1} & \cdots \\ \cdots & \beta_{2,1} & \cdots & \beta_{2,a2} & \cdots \\ \vdots & & & & \vdots \\ \cdots & \beta_{M,1} & \cdots & \beta_{M,a_M} & \cdots \end{bmatrix}_{M\times K} \tag{3.12}$$

矩阵 $\boldsymbol{H}_u$ 是一个 $M\times K$ 矩阵，对应于编码器中的重复器、符号交织器、$\mathbb{F}_q$加权器Ⅰ和合并

器，$\beta_{i,j}$为$\boldsymbol{H}_u$中第i行的第j个$\mathbb{F}_q$非零元素，其在$\boldsymbol{H}_u$中的列记为$h_{i,j}$。矩阵$\boldsymbol{H}_u$第k列的列重为r_k，它对应于重复器中的重复次数。矩阵$\boldsymbol{H}_u$第i行的行重为a_i，它对应于合并器中的符号合并系数。编码器中的交织器则由$\boldsymbol{H}_u$中非零元素的位置所决定，其交织规则具体为

$$\begin{aligned}\boldsymbol{\Pi} &= (\pi(1), \pi(2), \cdots, \pi(rK)) \\ &= (h_{1,1}, \cdots, h_{1,a_1}, h_{2,1}, \cdots, h_{2,a_2}, \cdots, h_{M,1}, \cdots, h_{M,a_M})\end{aligned} \tag{3.13}$$

GF(q)加权器Ⅰ中的加权系数序列(3.9)即为将$\boldsymbol{H}_u$中的有限域非零元素逐行排列而得。

矩阵$\boldsymbol{H}_p$为具有双对角结构的$M\times M$方阵，即

$$\boldsymbol{H}_p = \begin{bmatrix} 1 & & & & & \\ \gamma_1 & 1 & & & & \\ & \gamma_2 & \ddots & & & \\ & & \ddots & 1 & & \\ & & & \gamma_{M-2} & 1 & \\ & & & & \gamma_{M-1} & 1 \end{bmatrix} \tag{3.14}$$

可见，$\boldsymbol{H}_p$对应于编码器中的累加器部分。在矩阵$\boldsymbol{H}_p$中，“1”表示$\mathbb{F}_q$中的单位元，而(γ_1，γ_2，…，γ_{M-1})为 GF(q)加权器Ⅱ中的加权系数序列，其余位置则全部为有限域的零元素“0”。

给定上述校验矩阵$\boldsymbol{H}$，可采用多元 LDPC 码的一般优化技术优化多元 IRA 码。本书不讨论多元 IRA 码的优化问题，有兴趣的读者可自行探索。本书将采用 PEG 算法确定矩阵$\boldsymbol{H}_u$中非零元的位置，矩阵$\boldsymbol{H}$中的所有非零元素则随机生成。和多元 Cage 码类似，基于重量谱分析优化非零元选取也可构造性能更好的多元 IRA 码。

3.2.3 多元 IRA 码的性能

本小节通过一个实例验证多元 IRA 码的性能。特别地，比较多元 IRA 码、3GPP(3rd generation mobile group)Turbo 码和 3GPP LTE(long term evolution)提案中的二元 LDPC 码在不同调制方式下的性能，并在比较中尽量保证各个码具有相近的比特级码长。

例 3.9 在$\mathbb{F}_{64}$上构造两个码长不同而码率均为 1/2 的多元 IRA 码，它们的校验矩阵$\boldsymbol{H}$的度分布均为

$$\hat{\lambda}(x) = 0.92x^2 + 0.07x^3 + 0.01x^4$$

需要注意的是，矩阵$\boldsymbol{H}_p$最末列的列重为 1，仿真表明，在 AWGN 信道下，该列对多元 IRA 码的性能影响可忽略不计。因此，在度分布$\hat{\lambda}(x)$中可忽略该列。

图 3.13 中给出了三个码率为 1/2 的码在 AWGN 信道下的误比特率和误帧率。这三个码分别为基于$\mathbb{F}_{64}$的多元 IRA 码(QIRA 码)、3GPP Turbo 码和 3GPP LTE 提案中的二元 LDPC 码。仿真中选用的调制均为 BPSK 调制。为了使该比较尽可能公平，图中多元 IRA 码的码长为 168 符号(1008 比特)，而 Turbo 码和二元 LDPC 码的码长均为 1140 比特，多元 IRA 码和二元 LDPC 码的译码最大迭代次数均设为 80 次，Turbo 码的迭代次数为 8 次。如图 3.13 所示，虽然所选的 Turbo 码和二元 LDPC 码在该码长和码率下均具有优异的差错控制性能，但是本节所构造的$\mathbb{F}_{64}$上的多元 IRA 码的误比特率和误帧率均优于这两个二元码。

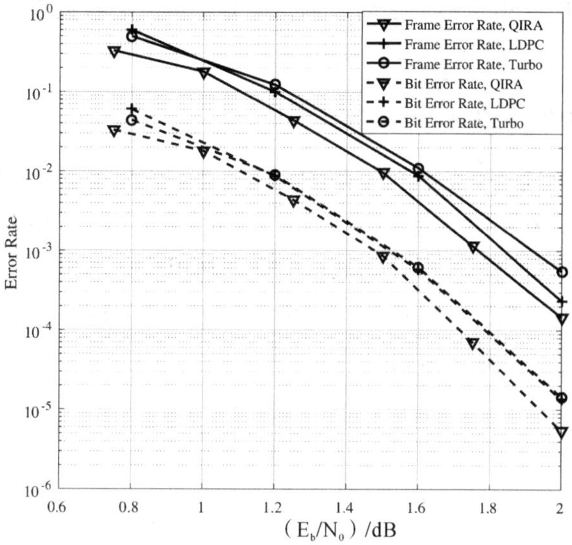

图 3.13 例 3.9 中的多元 IRA 码在 BPSK 调制下的性能

图 3.14 是码长为 672 符号(4032 比特)、码率为 1/2 的多元 IRA 码与参数相同的 3GPP Turbo 码在 AWGN 信道下的误比特率和误帧率。仿真中选用的调制均为 64QAM。由图 3.14 可见，当误比特率为 10^{-5} 时，该多元 IRA 码的性能比 Turbo 码好约 0.4 dB；当误帧率为 10^{-4} 时，该多元 IRA 码的性能比 Turbo 码好约 0.5 dB。可见，在高阶调制下，多元 IRA 码相比二元码的性能优势更加突出。另外，相对于 Turbo 码，多元 IRA 码的一个重要优点是它具有更低的错误平层。因此，在可靠度要求较高的通信系统中，多元 IRA 码的优势更加明显。

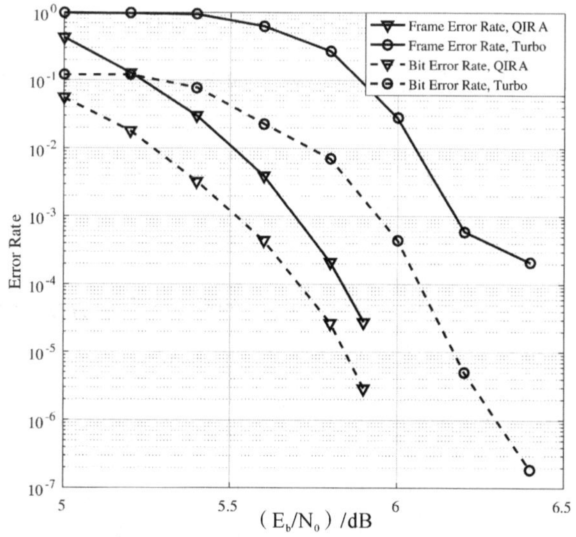

图 3.14 例 3.9 中的多元 IRA 码在 64 QAM 调制下的性能

3.3 基于阵列的多元 LDPC 码

3.1 节给出了几类基于代数结构的多元 LDPC 码。由于代数结构本身的约束，这一类多元 LDPC 码的码长、码率均受到一定的限制。本节介绍一类参数更加灵活、构造更加简单的多元 LDPC 码，即基于阵列的(array-based)多元 LDPC 码。

3.3.1 阵列多元 LDPC 码的构造方法

对于一个定义在有限域 $\mathbb{F}_q$ 上的校验矩阵 $\boldsymbol{H}$，可定义它的邻接矩阵，矩阵 $\boldsymbol{H}$ 的正规图和它的邻接矩阵的正规图具有相同的图结构。和多元 Cage 码类似，阵列多元 LDPC 码的构造也是先确定非零元的位置再确定非零元的取值，首先利用阵列确定非零元的位置，然后随机产生非零元。基于阵列的多元 LDPC 码 $C_{p,\gamma}^q$ 的邻接矩阵定义如下。

给定一个奇数 p，定义矩阵 $\boldsymbol{\sigma}$ 为如下的 $p\times p$ 循环置换矩阵：

$$\boldsymbol{\sigma}=\begin{bmatrix}0 & 0 & \cdots & 0 & 1\\ 1 & 0 & \cdots & 0 & 0\\ 0 & 1 & \cdots & 0 & 0\\ \vdots & \vdots & & \vdots & \vdots\\ 0 & 0 & \cdots & 1 & 0\end{bmatrix}$$

对于 $\ell\geqslant 0$，矩阵 $\boldsymbol{\sigma}$ 的 ℓ 次幂记为 $\boldsymbol{\sigma}^{\ell}$，该矩阵也是一个大小为 $p\times p$ 的循环置换矩阵，它的第一列的非零位置在 ℓ。例如，当 $p=5$、$\ell=3$ 时，有

$$\boldsymbol{\sigma}^2=\begin{bmatrix}0 & 0 & 1 & 0 & 0\\ 0 & 0 & 0 & 1 & 0\\ 0 & 0 & 0 & 0 & 1\\ 1 & 0 & 0 & 0 & 0\\ 0 & 1 & 0 & 0 & 0\end{bmatrix}$$

基于阵列的多元 LDPC 码 $C_{p,\gamma}^q$ 的邻接矩阵为如下的 $\gamma\times p$ 分块矩阵：

$$\boldsymbol{A}_{p,\gamma}=\begin{bmatrix}\boldsymbol{\sigma}^{f(0,0)} & \boldsymbol{\sigma}^{f(0,1)} & \cdots & \boldsymbol{\sigma}^{f(0,p-1)}\\ \boldsymbol{\sigma}^{f(1,0)} & \boldsymbol{\sigma}^{f(1,1)} & \cdots & \boldsymbol{\sigma}^{f(1,p-1)}\\ \vdots & \vdots & & \vdots\\ \boldsymbol{\sigma}^{f(\gamma-1,0)} & \boldsymbol{\sigma}^{f(\gamma-1,1)} & \cdots & \boldsymbol{\sigma}^{f(\gamma-1,p-1)}\end{bmatrix} \tag{3.15}$$

其中，$f(i,j)=i\times j$，q 表示定义多元码的有限域的阶，γ 表示分块矩阵 $\boldsymbol{A}_{p,\gamma}$ 的行分块数，p 表示分块矩阵 $\boldsymbol{A}_{p,\gamma}$ 的列分块数。例如，取 $p=3$，$\gamma=3$，有

$$\boldsymbol{A}_{3,3}=\begin{bmatrix}1&0&0&1&0&0&1&0&0\\ 0&1&0&0&1&0&0&1&0\\ 0&0&1&0&0&1&0&0&1\\ 1&0&0&0&0&1&0&1&0\\ 0&1&0&1&0&0&0&0&1\\ 0&0&1&0&1&0&1&0&0\\ 1&0&0&0&1&0&0&0&1\\ 0&1&0&0&0&1&1&0&0\\ 0&0&1&1&0&0&0&1&0\end{bmatrix} \tag{3.16}$$

矩阵 $\boldsymbol{A}_{p,\gamma}$是由循环置换矩阵构成的二维阵列，该二维阵列的行标为$\{0, 1, \cdots, \gamma-1\}$，列标为$\{0, 1, \cdots, p-1\}$。为构造一个多元 LDPC 码，需将分块矩阵 $\boldsymbol{A}_{p,\gamma}$中的非零元“1”替换为有限域$\mathbb{F}_q$中的非零元。替换后的矩阵为一个多元矩阵，记为 $\boldsymbol{H}_{p,\gamma}$，该矩阵的零空间可定义一个多元 LDPC 码。下面介绍两种替换方法。第一种方法，将同一个循环置换矩阵中的 p 个非零元替换为相同的域元素，由此得到的多元码是准循环多元 LDPC 码。第二种方法，随机独立产生每一个非零元。和多元 Cage 码一样，也可以通过选取非零元提高阵列多元 LDPC 码的最小符号重量和最小比特重量。

由于阵列多元 LDPC 码具有特殊结构，可以利用组合和图技术分析该码的性质。下面介绍阵列多元 LDPC 码的代数性质，用 $G_{p,\gamma}^q$表示矩阵$\boldsymbol{A}_{p,\gamma}$对应的正规图。在正规图 $G_{p,\gamma}^q$中，变量结点的度为 γ，校验结点的度为 p。由于矩阵 $\boldsymbol{A}_{p,\gamma}$是一个二维阵列，可用唯一的下标对$(j, k)$表示一个变量结点，其中，$j(0\leqslant j<p)$表示该变量结点所在列组的列标，$k(0\leqslant k<p)$表示该变量结点在该列组中的位置。同理，可用唯一的下标对(j, k)表示一个校验结点，其中，$j(0\leqslant j<\gamma)$表示该校验结点所在行组的行标，$k(0\leqslant k<p)$表示该校验结点在该行组中的位置。对于基于阵列的多元 LDPC 码，有如下四条重要性质。

(1) 比特一致性。给定一个变量结点，其所有邻接的校验结点都属于不同的行组。

(2) 校验一致性。给定一个校验结点，记与其相连的 p 个变量结点分别为(j_1, k_1)，(j_2, k_2)，…，(j_p, k_p)，则所有的 j_ℓ 均不同。

(3) 模式一致性。循环置换矩阵具有如下性质：矩阵 $\boldsymbol{\sigma}^i$ 的第(r, k)个元素非零当且仅当 $r-k\equiv i \bmod p$；对于在同一行组的两个循环置换矩阵 $\boldsymbol{\sigma}^{ij_1}$ 和 $\boldsymbol{\sigma}^{ij_2}$，如果 σ^{ij_1} 在位置(r, k_1)的元素非零，则 σ^{ij_2} 在位置(r, k_2)的元素也非零，其中，$k_1+ij_1\equiv k_2+ij_2\equiv r \bmod p$。

(4) 环一致性。考虑 $G_{p,\gamma}^q$ 中一个长度为 $2t$ 的环，记该环的 t 个变量结点为(j_1, k_1)，(j_2, k_2)，…，(j_t, k_t)，t 个校验结点为 i_1，i_2，…，i_t，其中变量结点(j_s, k_s)和(j_{s+1}, k_{s+1})与校验结点 i_s 相连。对于该环，有

$$(i_1 j_2 - i_1 j_1) + (i_2 j_3 - i_2 j_2) + \cdots + (i_t j_1 - i_t j_t) \equiv 0 \bmod p$$

整理后为

$$i_1(j_2 - j_1) + i_2(j_3 - j_2) + \cdots + i_t(j_1 - j_t) \equiv 0 \bmod p \tag{3.17}$$

以上四条性质可用于分析阵列多元 LDPC 码的 Absorbing Set 和最小符号重量。

下面简要列举阵列多元 LDPC 码的一些性质，有兴趣的读者可参见文献[64]。正规图 $G_{p,\gamma}^q$的环特性简述如下：

当 p 为素数时，正规图 $G_{p,\gamma}^q$的最小环长为 6。当 $\gamma=2$ 时，正规图 $G_{p,\gamma}^q$的环长为 8。对于非素数的奇数 p，当 $\gamma=2$ 或 $\gamma=3$ 时，正规图 $G_{p,\gamma}^q$的最小环长为 6。可以看出，对于很多参数，正规图的最小环长均为 6。因此，基于阵列矩阵可构造一系列多元 LDPC 码。

阵列多元 LDPC 码的最小符号重量相关的一些结果简述如下：

文献[64]的分析结果表明，当列重为 3 时，阵列多元 LDPC 码的最小符号重量为 6。符号重量为 6 的码字对应两个子图结构，分别如图 3.15 和图 3.16 所示。特别地，对于任意的奇数 p，阵列多元 LDPC 码 $C_{p,3}^q$ 中符号重量为 6 的码字可能由图 3.15 所示的子图结构生成；当 3 是奇数 p 的一个因子时，阵列多元 LDPC 码 $C_{p,3}^q$ 中符号重量为 6 的码字还可能由图 3.16 所示的子图结构生成。

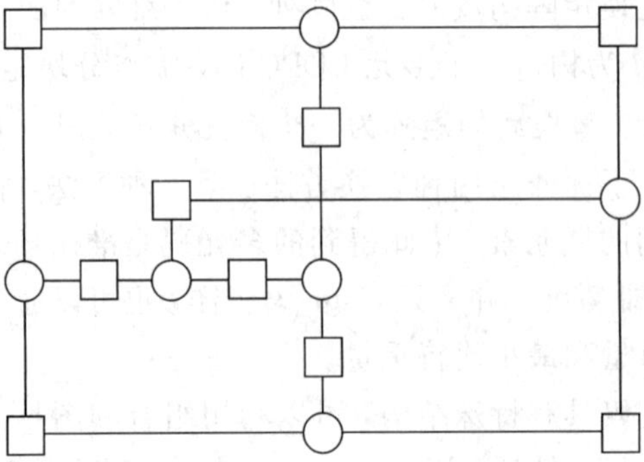

图 3.15　基于阵列的多元 LDPC 码 $C_{p,3}^q$ 中符号重量为 6 的码字的第一个子图结构

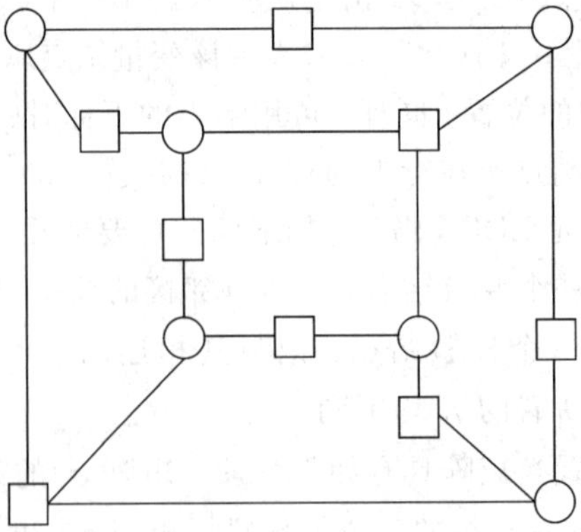

图 3.16　基于阵列的多元 LDPC 码 $C_{p,3}^q$ 中符号重量为 6 的码字的第二个子图结构

3.3.2　阵列多元 LDPC 码的性能

由 3.3.1 节的构造过程和讨论可知，基于阵列可构造一大簇多元 LDPC 码。下面通过 3 个实例比较不同的阵列多元 LDPC 码的性能。特别地，分别和基于基模图的多元 LDPC 码、基于代数构造的多元 LDPC 码、基于 PEG 的多元 Cycle 码进行性能比较。基模图多元 LDPC 码是一类重要的结构化多元 LDPC 码，本章第 5 节将介绍基于基模图的多元 LDPC 码的构造方法。

例 3.10　本例比较基于阵列的多元 LDPC 码和基于基模图的多元 LDPC 码的纠错性能。设置 $p=29$，$\gamma=3$，$q=16$。取 $\boldsymbol{A}_{p,3}$ 的包含前 18 个列组构成的子矩阵 $\boldsymbol{A}_{p,3,18}$ 作为邻接矩阵。通过随机地将 $\boldsymbol{A}_{p,3,18}$ 中的“1”替换为 $\mathbb{F}_{16}/\{0\}$ 中的元素，得到一个定义在有限域 $\mathbb{F}_{16}$ 上的多元 LDPC 码 $C_{16}[522, 435]$，该码的码率为 0.833。该码在 AWGN 信道和 16 QAM 调制下的误码性能如图 3.17 所示，其中包含该码的误帧率和误比特率。译码算法为 QSPA，最大迭代次数为 100。图 3.17 中包含“Array-based”的性能曲线对应于基于阵列的多元 LDPC 码。

图 3.17 中也给出了一个基于基模图的多元 LDPC 码的性能[89]。关于基模图构造方法，读者可参阅本章第 5 节。文献[89]中给出了一种基于置换矩阵选择和非零元选择的基模图多元 LDPC 码构造方法，通过该方法可以构造停止集更大的多元 LDPC 码。特别地，文献[89]中构造了最小符号重量为 6 的基模图多元 LDPC 码。图 3.17 中包含 $C_{16}[522, 435]$ 的曲线为本例中考虑的基模图多元 LDPC 码的误码率曲线。从图 3.17 中可以看出，在误帧率为 4×10^{-6} 时，基于阵列的多元 LDPC 码比基于基模图的多元 LDPC 码好 0.25 dB。

取 $p=37$ 和 $p=57$，分别选取 $\mathbf{A}_{37,3}$ 和 $\mathbf{A}_{57,3}$ 的前 18 列组作为邻接矩阵，进而构造定义在 $\mathbb{F}_{16}$ 上的多元 LDPC 码 $C_{16}[666, 555]$ 和 $C_{16}[954, 195]$，所有的非零元均随机选取。图 3.17中给出了这两个码在 AWGN 信道和 16 QAM 调制下的性能。可以看出，随着 p 的增大，基于阵列的多元 LDPC 码的性能逐渐变好。

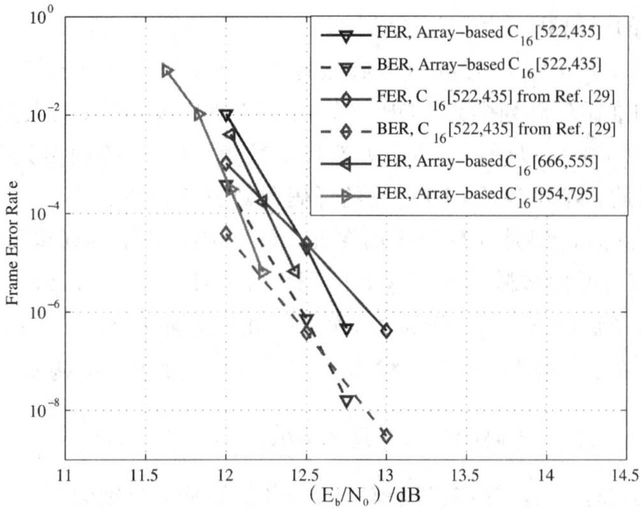

图 3.17　基于阵列的多元 LDPC 码与基于基模图的多元 LDPC 码的误码性能比较

例 3.11　本例比较基于阵列的多元 LDPC 码和基于代数构造的多元 LDPC 码的纠错性能。设置 $p=83$，$\gamma=3$，$q=64$。取矩阵 $\boldsymbol{A}_{p,3}$ 的前 48 列组的子矩阵 $\boldsymbol{A}_{p,3,48}$ 作为邻接矩阵。通过随机选取非零元，构造定义在有限域 $\mathbb{F}_{64}$ 上的多元 LDPC 码 $C_{64}[3984, 3735]$，该码的码率为 0.9375。图 3.18 给出了该码在 AWGN 信道和 BPSK 调制下的误码性能。

图 3.18 中也给出了一个准循环多元低密度校验码 $C_{64,\mathrm{qc}}[4032, 3780]$ 的误帧率，该码基于有限域构造得到。在该码的构造过程中也使用了掩模技术(masking)，其具体构造流程可参见文献[63]。该码和本例中的阵列多元 LDPC 码具有相近的码长和码率。从图 3.18 可以看出，阵列多元 LDPC 码与基于有限域构造的多元 LDPC 码性能相当。

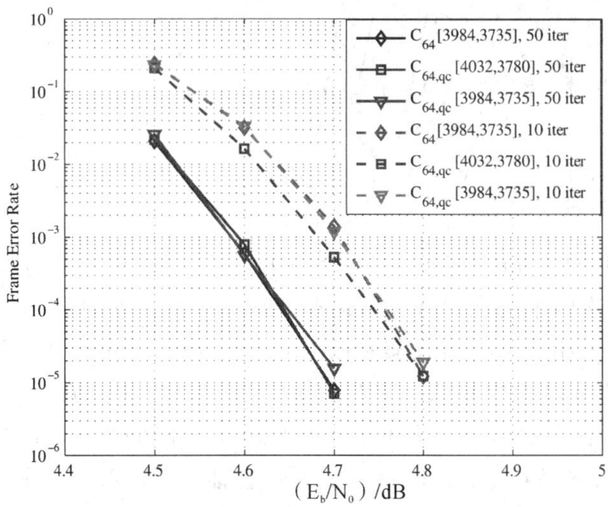

图 3.18　基于阵列的多元 LDPC 码与基于代数构造的多元 LDPC 码的性能比较

基于相同的邻接矩阵 $\boldsymbol{A}_{p,3,48}$，也可以构造准循环多元低密度校验码。令同一个循环置换矩阵中的所有非零元取同一个值，由此构造一个准循环多元低密度校验码 $C_{64,\text{qc}}[3984, 3735]$。图 3.18 给出了该准循环码的纠错性能。可以看出，阵列准循环多元 LDPC 码 $C_{64,\text{qc}}[3984, 3735]$和代数准循环多元 LDPC 码 $C_{64}[4032, 3780]$具有相似的性能。在上述性能仿真中，采用的译码算法为 FFT-QSPA，最大迭代次数为 50。

下面讨论阵列多元 LDPC 码的译码收敛速率。图 3.18 中给出了阵列多元 LDPC 码 $C_{64}[3984, 3735]$和准循环阵列多元 LDPC 码 $C_{64,\text{qc}}[3984, 3735]$在最大迭代次数为 10 时的纠错性能。从图 3.18 中可以看出，当最大迭代次数为 10 时，阵列多元 LDPC 码的性能损失仅为 0.1 dB。因此，阵列多元 LDPC 码的译码收敛速率较快。

例 3.12 多元 Cycle 码是列重为 2 的多元 LDPC 码，基于阵列也可以构造多元 Cycle 码。设置参数 $\gamma=2$，可构造阵列多元 Cycle 码。对于任意的奇数 p，选取矩阵 $\boldsymbol{A}_{p,2}$ 的前 $p-1$个列组组成的子矩阵 $\boldsymbol{A}_{p,2,p-1}$ 作为邻接矩阵。在构造阵列多元 Cycle 码时，随机独立产生所有的非零元。在此，选取有限域为 $\mathbb{F}_{256}$。基于以上过程，可构造阵列多元 Cycle 码 $C_{256}[p(p-1), p(p-3)]$，该码的比特长度为 $8p(p-1)$，码率为$\dfrac{p-3}{p-1}$。

取 $p=37, 31, 23, 19$，可构造四个阵列多元 Cycle 码，分别为

$$C_{256}[1332, 1258], C_{256}[930, 868], C_{256}[506, 460], C_{256}[342, 304]$$

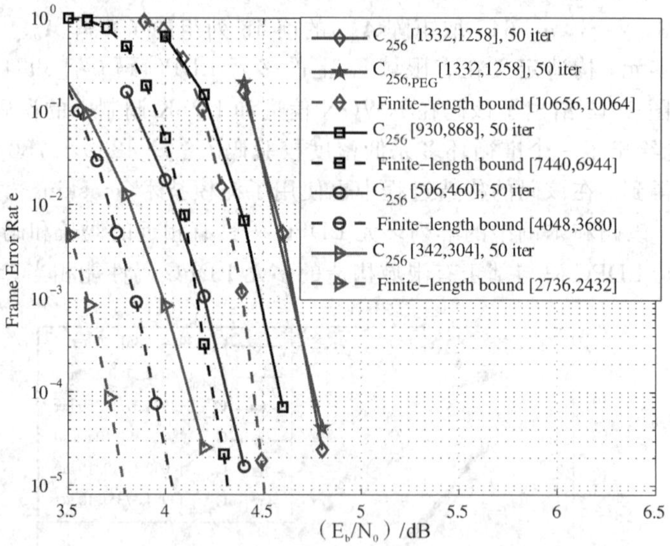

图 3.19 基于阵列的多元 Cycle 码与基于 PEG 的多元 Cycle 码的性能比较

图 3.19 给出了这四个码在 AWGN 信道和 BPSK 调制下的性能。为评估这些码的性能，在图 3.19 给出了相应的有限长容量限(finite-length bound)[81]。从图 3.19 中可以看出，这些码与它们的有限长容量限间的距离均小于 0.45 dB。仿真中采用的译码算法为 FFT-QSPA，最大迭代次数为 50。为了进一步比较不同码的性能，图 3.19 中给出了基于 PEG 构造的多元 Cycle 码 $C_{256,\text{PEG}}[1332, 1258]$的性能。可以看出，阵列多元 Cycle 码和基于 PEG 的多元 Cycle 码的性能相当。

以上几个例子的数值结果表明，阵列多元 LDPC 码具有优异的纠错性能。同时也可以

看出阵列方法具有很高的灵活性，由此可构造一大类多元 LDPC 码。为进一步增强该构造方法的灵活性，可结合阵列和掩模技术，此时需联合优化参数 p、γ 和掩模模式。多元EXIT图是优化掩模模式的一个可行方法。

3.4　CS-LDPC 码

如前所述，多元 LDPC 码的构造可以分为两步：首先确定非零元的位置，然后确定非零元的取值。在基于有限域和有限几何的构造方法中，同时确定非零元的位置和取值。在基于 Cage 的构造方法中，首先通过 Cage 图确定非零元的位置，然后确定非零元的取值。本节讨论 CS-LDPC(column-scaled LDPC)码，该类码的校验矩阵可以表示为一个二元矩阵和一个多元非奇异对角矩阵的乘积，由于校验矩阵具有特殊形式，CS-LDPC 码具有一些良好性质。

3.4.1　CS-LDPC 码的定义

二元矩阵和多元非奇异对角矩阵的乘积矩阵的零空间可定义一个 CS-LDPC 码。相关研究表明，由这类特殊矩阵定义的多元 LDPC 码具有快速编码和快速译码算法。关于 CS-LDPC码的更多细节，读者可参见文献[62]。下面给出 CS-LDPC 码的定义。

定义 3.1　一个定义在$\mathbb{F}_q$上的 CS-LDPC 码的校验矩阵 $\boldsymbol{H}$ 可表示为$\boldsymbol{H}=\boldsymbol{H}_a\boldsymbol{\Lambda}$，其中，$\boldsymbol{H}_a$ 是一个二进制矩阵，$\boldsymbol{\Lambda}=\mathrm{diag}(\lambda_0, \lambda_1, \cdots, \lambda_{n-1})$是一个对角矩阵且 $\lambda_i(\neq 0)\in\mathbb{F}_q$。

取

$$\boldsymbol{H}_a=\begin{bmatrix}1&0&1&0&1&1\\1&1&0&1&0&1\\0&1&1&1&1&0\end{bmatrix}$$

$\boldsymbol{\Lambda}=\mathrm{diag}(1, 2, 2, 3, 1, 3)$，由此可以定义一个有限域$\mathbb{F}_4$上的 CS-LDPC 码，该码的校验矩阵为

$$\boldsymbol{H}=\boldsymbol{H}_a\boldsymbol{\Lambda}=\begin{bmatrix}1&0&2&0&1&3\\1&2&0&3&0&3\\0&2&2&3&1&0\end{bmatrix}$$

显然，二元矩阵 $\boldsymbol{H}_a$ 和多元矩阵 $\boldsymbol{H}$ 拥有相同的秩。在本书中，由二元矩阵 $\boldsymbol{H}_a$ 和对角矩阵 $\boldsymbol{\Lambda}$ 定义的 CS-LDPC 码记为 $C_q(\boldsymbol{H}_a, \boldsymbol{\Lambda})$，其中，下标 $q=2^p$ 表示定义该 CS-LDPC 码的有限域的阶，假设 $\boldsymbol{I}$ 表示有限域$\mathbb{F}_q$上的单位矩阵。显然，矩阵 $\boldsymbol{H}_a$ 为 CS-LDPC 码的邻接矩阵，CS-LDPC 码的正规图结构由矩阵 $\boldsymbol{H}_a$ 决定。特别地，CS-LDPC 码 $C_q(\boldsymbol{H}_a, \boldsymbol{\Lambda})$和 CS-LDPC 码 $C_q(\boldsymbol{H}_a, \boldsymbol{I})$具有相同的正规图结构。此外，CS-LDPC 码 $C_q(\boldsymbol{H}_a, \boldsymbol{\Lambda})$的码字和 CS-LDPC 码 $C_q(\boldsymbol{H}_a, \boldsymbol{I})$的码字之间存在变换关系。具体的关系由下面的两个命题给出。

命题 3.1　CS-LDPC 码 $C_q(\boldsymbol{H}_a, \boldsymbol{I})$的每一个码字都可以表示为一个 $p\times n$ 二进制矩阵，该矩阵的每一行都是二元 LDPC 码 $C_2(\boldsymbol{H}_a, \boldsymbol{I})$的一个码字。反之，任意一个由二元 LDPC 码 $C_2(\boldsymbol{H}_a, \boldsymbol{I})$的 p 个码字组成的 $p\times n$ 二进制矩阵都是 CS-LDPC 码 $C_q(\boldsymbol{H}_a, \boldsymbol{I})$的一个码字。

证明：对于任意一个定义在$\mathbb{F}_q$上的向量 $\boldsymbol{x}$，有

$$\begin{aligned} \boldsymbol{x} &= (x_0, x_1, \cdots, x_{n-1}) \\ &= (\alpha^0, \alpha^1, \cdots, \alpha^{p-2})(\boldsymbol{b}(x_0), \boldsymbol{b}(x_1), \cdots, \boldsymbol{b}(x_{n-1})) \\ &\triangleq (\alpha^0, \alpha^1, \cdots, \alpha^{p-2})\boldsymbol{X} \end{aligned}$$

因此，$\boldsymbol{x}$ 是 $C_q(\boldsymbol{H}_a, \boldsymbol{I})$的一个码字$\Leftrightarrow \boldsymbol{x}\boldsymbol{H}_a^{\mathrm{T}}=\boldsymbol{0} \Leftrightarrow \boldsymbol{X}\boldsymbol{H}_a^{\mathrm{T}}=\boldsymbol{0} \Leftrightarrow$矩阵 $\boldsymbol{X}$ 的第 i 行是 $C_2(\boldsymbol{H}_a, \boldsymbol{I})$的一个码字。

命题 3.2 CS-LDPC 码 $C_q(\boldsymbol{H}_a, \boldsymbol{\Lambda})$和二元码 $C_2(\boldsymbol{H}_a, \boldsymbol{I})$有相同的码率和最小距离。

证明： 假设 $\boldsymbol{v}=(v_0, v_1, \cdots, v_{n-1}) \in \mathbb{F}_q^n$为 $C_q(\boldsymbol{H}_a, \boldsymbol{I})$的一个码字，则以下向量

$$(\lambda_0^{-1}v_0, \lambda_1^{-1}v_1, \cdots, \lambda_{n-1}^{-1}v_{n-1})$$

是 $C_q(\boldsymbol{H}_a, \boldsymbol{\Lambda})$的一个码字，因此 $C_q(\boldsymbol{H}_a, \boldsymbol{\Lambda})$和 $C_q(\boldsymbol{H}_a, \boldsymbol{I})$有相同的码率和最小距离。由命题 3.1 可知 $C_q(\boldsymbol{H}_a, \boldsymbol{I})$是 $C_2(\boldsymbol{H}_a, \boldsymbol{I})$的直积，因此命题得证。

上述两个命题给出了 $C_q(\boldsymbol{H}_a, \boldsymbol{\Lambda})$，$C_q(\boldsymbol{H}_a, \boldsymbol{I})$和 $C_2(\boldsymbol{H}_a, \boldsymbol{I})$之间的关系。上述关系表明，CS-LDPC 码的编码实现可基于一个二元 LDPC 码的编码算法。因此，若邻接矩阵 $\boldsymbol{H}_a$ 定义的二元 LDPC 码具有高效编码算法，相应的 CS-LDPC 码也具有高效编码算法。在经典代数编码理论中，Reed-Solomon 码的码字与广义 Reed-Solomon 码的码字之间存在类似的关系[15]。下面证明基于有限域和有限几何构造的多元 LDPC 码为 CS-LDPC 码。

命题 3.3 基于有限域的多元 LDPC 码的校验矩阵 $\boldsymbol{H}$ 可表示为 $\boldsymbol{H}=\boldsymbol{H}_a\boldsymbol{\Lambda}$，其中，$\boldsymbol{H}_a$ 是一个 $m\times n$ 二元矩阵，$\boldsymbol{\Lambda}=\mathrm{diag}(\alpha^0, \alpha^1, \cdots, \alpha^{n-1})$是一个对角矩阵。

证明： $\boldsymbol{B}$ 是一个给定的定义在$\mathbb{F}_q$上的矩阵，它的维数为 $s\times t$。记 $\boldsymbol{B}$ 的第 j 列为

$$\boldsymbol{B}_j = (b_{0,j}, b_{1,j}, \cdots, b_{s-1,j})^{\mathrm{T}}$$

对于任意的 $\beta\in\mathbb{F}_q$，有

$$\boldsymbol{M}(\beta) = \boldsymbol{M}_a(\beta)\mathrm{diag}(\alpha^0, \alpha^1, \cdots, \alpha^{q-2})$$

其中，$\boldsymbol{M}_a(\beta)$是 $\boldsymbol{M}(\beta)$的邻接矩阵。因此，进行散列操作后，矩阵 $\boldsymbol{B}_j$ 可扩展为如下矩阵：

$$\begin{bmatrix} \boldsymbol{M}_a(b_{0,j}) \\ \boldsymbol{M}_a(b_{1,j}) \\ \vdots \\ \boldsymbol{M}_a(b_{s-1,j}) \end{bmatrix} = \mathrm{diag}(\alpha^0, \alpha^1, \cdots, \alpha^{q-2})$$

该矩阵刚好是矩阵 $\boldsymbol{H}$ 第 $j(q-1)$列到第$(j+1)(q-1)-1$ 列的子矩阵。由于 $\alpha^i=\alpha^{j(q-1)+i}$，因此有 $\boldsymbol{H}=\boldsymbol{H}_a\boldsymbol{\Lambda}$。

命题 3.4 基于有限几何的多元低密度校验码的校验矩阵 $\boldsymbol{H}$ 可以写成 $\boldsymbol{H}=\boldsymbol{H}_a\boldsymbol{\Lambda}$，其中，$\boldsymbol{H}_a$ 是一个二元矩阵，$\boldsymbol{\Lambda}=\mathrm{diag}(\alpha^0, \alpha^1, \cdots, \alpha^{q^m-2})$。

证明： 显然，由关联向量的定义可知，任意一个关联向量的第 j 个分量只能等于 α^j 或者 0。因此可以将校验矩阵的第 j 列表示为 α^j 和一个二元列向量的乘积。

3.4.2 CS-LDPC 码快速编码算法和快速译码算法

3.4.1 节引入了 CS-LDPC 码并分析了其部分性质，CS-LDPC 码的特殊结构可有助于设计低复杂度编译码算法。本小节给出 CS-LDPC 码的低复杂度编译码算法。

1. CS-LDPC 码的快速编码算法

编码复杂度是衡量一个编码方案的重要指标。和一般的多元 LDPC 码相比，CS-LDPC

码具有更低的编码复杂度。特别地，我们可基于二元 LDPC 的编码算法实现 CS-LDPC 码的编码。基于命题 3.1，在算法 3.2 中给出 CS-LDPC 码 $C_q(\boldsymbol{H}_a, \boldsymbol{\Lambda})$的编码算法，其中，$\boldsymbol{u}=(u_0, u_1, \cdots, u_{k-1})\in\mathbb{F}_q^k$是需要传送的信息向量，$\boldsymbol{c}=(c_0, c_1, \cdots, c_{n-1})\in\mathbb{F}_q^n$是编码输出。为便于理解，读者可参阅图 3.20。

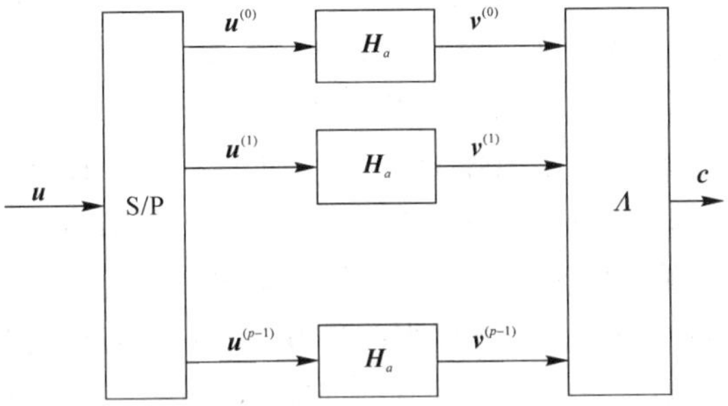

图 3.20　CS-LDPC 码的编码器

✽算法 3.2　CS-LDPC 码的编码算法

步骤 0：对于 $t=0, 1, \cdots, k-1$，将有限域符号 u_t 转换为它的向量表示 $\boldsymbol{b}(u_t)=(b_{0,t}, b_{1,t}, \cdots, b_{p-1,t})^{\mathrm{T}}$。对于 $i=0, 1, \cdots, p-1$，令 $\boldsymbol{u}^{(i)}=(b_{i,0}, b_{i,1}, \cdots, b_{i,k-1})\in\mathbb{F}_2^k$。

步骤 1：对于 $0\leqslant i<p$，将二进制序列 $\boldsymbol{u}(i)$输入二元码 $C_2(\boldsymbol{H}_a, \boldsymbol{I})$的一个编码器，得到编码结果 $\boldsymbol{v}^{(i)}=(v_0^{(i)}, v_1^{(i)}, \cdots, v_{n-1}^{(i)})$。

步骤 2：对于 $0\leqslant t<n$，将$(v_t^{(0)}, v_t^{(1)}, \cdots, v_t^{(p-1)})$转换为有限域符号 $v_t\in\mathbb{F}_q$。

步骤 3：输出 CS-LDPC 编码结果 $\boldsymbol{c}=(\lambda_0^{-1}v_0, \lambda_1^{-1}v_1, \cdots, \lambda_{n-1}^{-1}v_{n-1})$。

在算法 3.2 中，步骤 0 将多元信息序列转换为二进制信息序列。在大部分通信系统中，编码器输入已是二进制格式。因此，通常不需要步骤 0，此时需要用串/并转换器代替步骤 0。串并转换器将串行的比特串转换为若干个并行的比特串。CS-LDPC 码的编码输出 c_t 由多元符号 v_t 变换得到，图 3.21 中给出了 c_t 和 v_t 之间的变换关系，$v_t^{(i)}$ 和 $c_t^{(j)}$ 相连当且仅当有限域元素 λ_t 的矩阵表示的第(i, j)个元素非零。因此，该连接关系依赖于有限域的表示方式。多元符号 v_t 由二元码的码字分量构成，而多元符号 c_t 为多元码的码字分量，因此图 3.21 给出了二元码码字与多元码码字之间的关系，该关系可用于设计面向 CS-LDPC 码的低复杂度译码算法，有兴趣的读者可参见文献[62]。

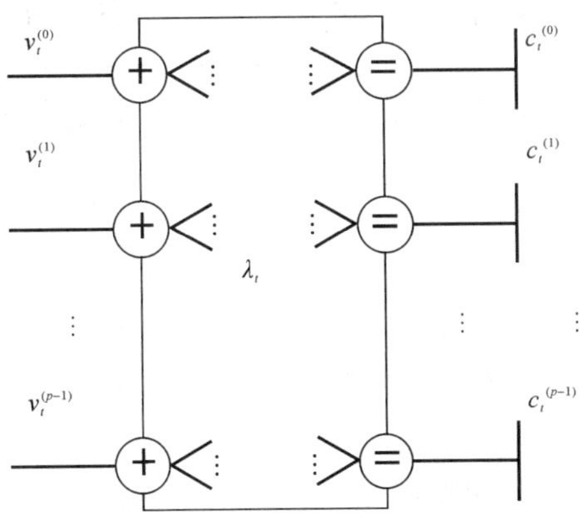

图 3.21　v_t 和 c_t 之间的关系

2. CS-LDPC 码的快速译码算法

和一般的多元 LDPC 码一样，CS-LDPC 码的译码依赖于它的正规图表示。因为 CS-LDPC 码的校验矩阵具有特殊结构，所以其正规图也具有特殊结构。图 3.22 中给出了一个 CS-LDPC 码 $C_q(\boldsymbol{H}_a, \boldsymbol{\Lambda})$的正规图表示。该正规图包含三类结点，分别为变量结点、校验结点和 t-结点(这里 t-结点中的“t”代表变换的英文“transformation”)。正规图中的变量结点由⊜表示，每个变量结点都对应于矩阵 $\boldsymbol{H}_a$ 的一列。正规图中一共有 n 个变量结点，分别记作 V_0，V_1，…，V_{n-1}，第 j 个变量结点的度恰好等于矩阵 $\boldsymbol{H}_a$ 中第 j 列非零元素的个数加 1。正规图中的校验结点由⊞表示，每个校验结点对应于矩阵 $\boldsymbol{H}_a$ 中的一行。正规图中一共有 m 个校验结点，分别记作 C_0，C_1，…，C_{m-1}，第 i 个校验结点的度恰好等于矩阵 $\boldsymbol{H}_a$ 中第 i 行非零元素的个数。第 i 个校验结点与第 j 个变量结点相连当且仅当矩阵 $\boldsymbol{H}_a$ 的第(i, j)个元素非零。正规图中有 n 个 t-结点，每个 t-结点对应于对角矩阵 $\boldsymbol{\Lambda}$ 中的一个元素，每个 t-结点的度为 2。

从图 3.22 可以看出，和一般的多元 LDPC 码的正规图相比，CS-LDPC 码的正规图中不包含 H 结点，增加了 t-结点。另外，CS-LDPC 码 $C_q(\boldsymbol{H}_a, \boldsymbol{\Lambda})$的正规图可分为两部分，其中一部分由对角矩阵 $\boldsymbol{\Lambda}$ 决定，另一部分由邻接矩阵 $\boldsymbol{H}_a$ 决定。另外，从图 3.22 中也可以看出，在 CS-LDPC 码的正规图中，变量结点直接与校验结点相连，这与一般的多元低密度校验码的正规图不同。

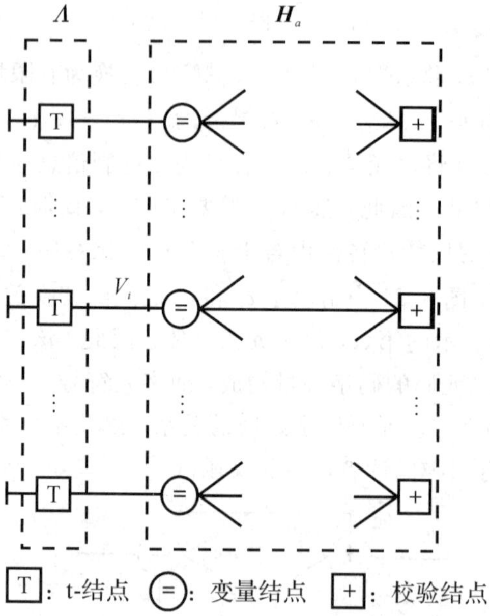

图 3.22　CS-LDPC 码的正规图

基于正规图表示，可以设计 CS-LDPC 码的译码算法。和一般的多元 LDPC 译码算法相比，该算法具有较低的译码复杂度。在此假设可通过信道接收序列计算与 C_i 相关的信息(如概率分布函数)，该信息为译码输入。算法 3.3 给出了 CS-LDPC 译码算法的一般框架。

✲算法 3.3　CS-LDPC 码的快速译码算法

步骤 1：对于 $0 \leqslant i \leqslant n-1$，将与 C_i 相关的信息转换为与 V_i 相关的信息。

步骤 2：运行多元 LDPC 码 $C_q(\boldsymbol{H}_a, \boldsymbol{I})$的译码算法执行译码，其中，译码输入为与 V_i 相关的信息。

步骤 2 中未明确指定所用的多元 LDPC 译码算法，任何现存的多元低密度校验码译码算法均可用在步骤 2 中，如 QSPA，FFT-QSPA 和 EMS 算法[42, 44]。上述快速译码算法只依赖于CS-LDPC 码本身的性质，而不依赖于所用的多元 LDPC 译码算法的性质。接下来分析上述译码算法的译码复杂度，并将其与一般的 LDPC 译码算法的复杂度进行比较。本书第 4 章将专门讨论多元 LDPC 码译码算法，其中也会讨论将这些译码算法嵌入上述快速算法时的计算复杂度。

3. 译码复杂性分析

此处通过如下的比较来说明 CS-LDPC 码的优势。假设 C 是由某现存算法构造的一个多元低密度校验码，如文献[57]-[60]、[82]-[83]中构造的多元 LDPC 码。记 C 的校验矩阵为 $\boldsymbol{H}$。基于 $\boldsymbol{H}$，构造一个 CS-LDPC 码：

$$C^{(\mathrm{cs})} \triangleq C(\boldsymbol{H}_a, \boldsymbol{\Lambda})$$

其中，二元矩阵 $\boldsymbol{H}_a$ 为校验矩阵 $\boldsymbol{H}$ 的邻接矩阵，对角矩阵 $\boldsymbol{\Lambda}$ 的对角元素通过随机独立方式产生。$C^{(\mathrm{cs})}$的校验矩阵记为 $\boldsymbol{H}_c$。在大多数情况下，比较 $C^{(\mathrm{cs})}$ 和 C 是有意义的(除非它们有不同的码率)。比如，有限域 $\mathbb{F}_4$上的多元校验矩阵：

$$\boldsymbol{H} = \begin{bmatrix} 1 & 0 & 1 & 0 & 1 & 3 \\ 3 & 2 & 0 & 2 & 0 & 1 \\ 0 & 1 & 2 & 3 & 1 & 0 \end{bmatrix}$$

定义了一个多元 LDPC 码 C。基于 $\boldsymbol{H}$，下面的校验矩阵：

$$\boldsymbol{H}_c = \begin{bmatrix} 3 & 0 & 1 & 0 & 1 & 1 \\ 3 & 2 & 0 & 3 & 0 & 1 \\ 0 & 2 & 1 & 3 & 1 & 0 \end{bmatrix}$$

定义一个 CS-LDPC 码 $C^{(\mathrm{cs})}$。

如果 C 不是一个 CS-LDPC 码，则 $C^{(\mathrm{cs})}$编译码算法比 C 的编译码算法简单。CS-LDPC 码的编码器只需要 n 个有限域的乘法，一般多元低密度校验码的编码器需要 $O(n^2)$个有限域乘法。为了比较译码算法，假设 $C^{(\mathrm{cs})}$和 C 采用相同的译码算法(如 FFT-QSPA)和相同的最大迭代次数。对于 $C^{(\mathrm{cs})}$，译码复杂度主要为多元码 $C_q(\boldsymbol{H}_a, \boldsymbol{I})$的译码复杂度，即算法 3.3 中的步骤 2。在 $C^{(\mathrm{cs})}$的译码算法中，只需做一次信息置换。在 C 的译码算法中，对于每一次迭代和每一条边都需做信息置换，因此一般的多元 LDPC 码的译码复杂度更高。

3.4.3　CS-LDPC 码的性能

前面的分析表明，和一般的多元 LDPC 码相比，CS-LDPC 码具有较低的编译码复杂度，因此，在实际中具有一定的吸引力。下面通过几个实例给出不同类型的 CS-LDPC 码的纠错性能，并与一般的多元 LDPC 码进行比较。为进行全面比较，既要考虑结构化多元 LDPC 码也要考虑随机多元 LDPC 码。

例 3.13　通过文献[80]中的方法构造一个 8 元的多元低密度校验码 $C \triangleq C_8[1080,$

810]和一个相应的 CS-LDPC 码 $C^{(cs)}$。C 的邻接矩阵 $\boldsymbol{H}_a$ 由扩展基矩阵 $\boldsymbol{B}$ 得到，具体的扩展方式可参考本章第 5 节。可以看出，多元码 C 和 $C^{(cs)}$ 的校验矩阵包含列重为 2 和列重为 3 的列，其平均列重为 2.75。扩展后的矩阵的正规图的最小环长为 8。

$$\boldsymbol{B}=\begin{bmatrix}1&1&0&0&1&0&1&0&1&0&1&0&1&0&1&0&1&0&1&0&0&0&0&1\\1&0&0&1&0&1&1&0&1&0&1&0&0&1&0&1&0&1&1&1&0&0&0&0\\0&1&0&1&0&1&0&1&0&1&0&1&1&0&0&1&1&0&0&1&1&0&0&0\\1&0&1&0&1&0&1&0&0&1&0&1&0&1&1&0&0&1&0&0&1&1&0&0\\0&1&1&0&0&1&0&1&1&0&1&0&1&0&1&0&0&1&0&0&0&1&1&0\\0&0&1&1&1&0&0&1&0&1&0&1&0&1&0&1&1&0&0&0&0&0&1&1\end{bmatrix}$$

多元码 C 和 $C^{(cs)}$ 在 AWGN 信道下的纠错性能如图 3.23 所示，其中，标为“CS-LDPC [1080，810]FFT-QSPA BPSK”的曲线为 $C^{(cs)}$ 的性能，标为“Nonbinary LDPC[1080，810] FFT-QSPA BPSK”的曲线为 $C_8(1080，810)$ 的性能。仿真中采用的调制为 BPSK 调制，采用的译码算法为 FFT-QSPA，译码时的最大译码次数为 50。从图 3.23 可以看出，C 和 $C^{(cs)}$ 具有相似的性能。

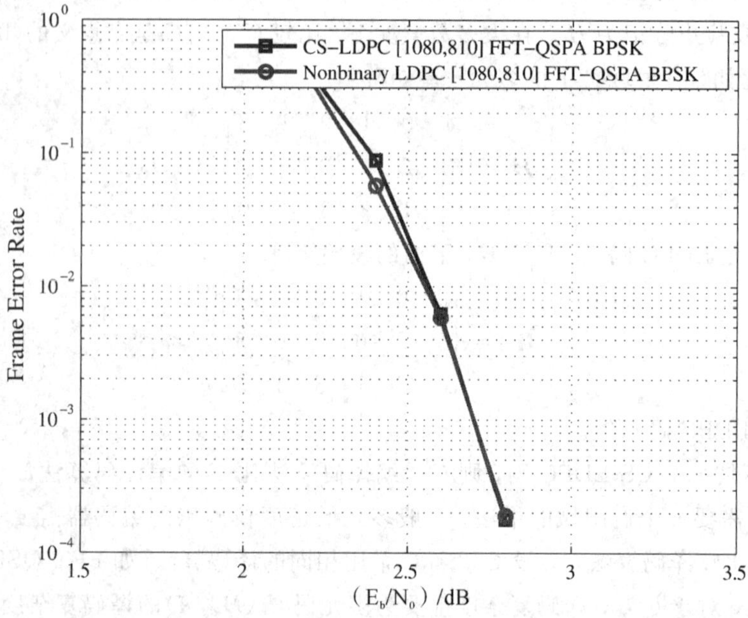

图 3.23　例 3.13 中 CS-LDPC 码的误帧率(Frame Error Rate)

例 3.14　通过文献[81]中的方法构造一个 8 元的多元低密度校验码 $C \triangleq C_8[808，404]$ 及相应的 CS-LDPC 码 $C^{(cs)}$。这两个多元 LDPC 码的邻接矩阵 $\boldsymbol{H}_a$ 的行重和列重分别为 6 和 3。该邻接矩阵的构造用到了基于基模图的构造方法，在此不进行详述。关于基模图的构造方法，读者可参见本章第 5 节。这两个多元 LDPC 码在 AWGN 信道下的误比特率如图 3.24所示，其中，标为“CS-LDPC [808，404] FFT-QSPA BPSK 的曲线为 $C^{(cs)}$ 的性能，标为“Nonbinary LDPC [808，404] FFT-QSPA BPSK”的曲线为 $C_8(808，404)$ 的性能。仿真中采用的调制为 BPSK 调制，采用的译码算法为 FFT-QSPA，译码时的最大译码次数为 50。从图 3.24 中可以看出，C 和 $C^{(cs)}$ 具有相似的性能。对于本例中的邻接矩阵，结构化选择非零元未引起性能损失。

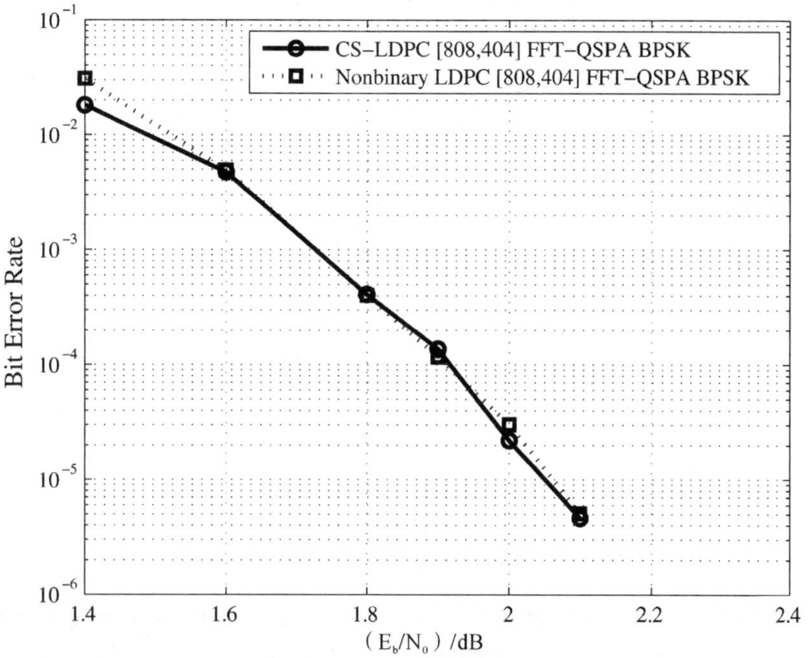

图 3.24　例 3.14 中 CS-LDPC 码的误比特率

例 3.15　通过文献[58]中的方法(本章第 1 节中给出的基于有限域的构造方法)可构造一个 16 元的多元低密度校验码 $C_{16}[120, 71]$，该码是 CS-LDPC 码。在构造的过程中，选取式(3.1)右上角的一个 4×8 的子矩阵作为基矩阵进行散列操作，即该码的基矩阵为

$$\boldsymbol{B}=\begin{bmatrix} \alpha^7-1 & \alpha^8-1 & \alpha^9-1 & \alpha^{10}-1 & \alpha^{11}-1 & \alpha^{12}-1 & \alpha^{13}-1 & \alpha^{14}-1 \\ \alpha^6-1 & \alpha^7-1 & \alpha^8-1 & \alpha^9-1 & \alpha^{10}-1 & \alpha^{11}-1 & \alpha^{12}-1 & \alpha^{13}-1 \\ \alpha^5-1 & \alpha^6-1 & \alpha^7-1 & \alpha^8-1 & \alpha^9-1 & \alpha^{10}-1 & \alpha^{11}-1 & \alpha^{12}-1 \\ \alpha^4-1 & \alpha^5-1 & \alpha^6-1 & \alpha^7-1 & \alpha^8-1 & \alpha^9-1 & \alpha^{10}-1 & \alpha^{11}-1 \end{bmatrix}$$

其中，α 为有限域 $\mathbb{F}_{16}$ 的一个本原元。基于该码的邻接矩阵 $\boldsymbol{H}_a$，通过随机选取对角矩阵的非零元素构造一个不同的 CS-LDPC 码，记作 $C^{(cs)}$。这两个 CS-LDPC 码在 AWGN 信道下的误比特率如图 3.25 所示，其中，标为“Original [120, 71] FFT-QSPA BPSK”的曲线为 $C_{16}[120, 71]$ 的性能，标为“[120, 71] random scalar FFT-QSPA BPSK”的曲线为 $C^{(cs)}$ 的性能。仿真中采用的调制为 BPSK 调制，译码算法为 FFT-QSPA，译码时的最大迭代次数为 200。从图3.25可以看到，在误比特率为 10^{-5} 时，$C^{(cs)}$ 比 C 的性能好 0.2 dB。

例 3.16　例 3.13～例 3.15 中的 CS-LDPC 码均带有一定的结构。本例展示基于随机邻接矩阵的 CS-LDPC 码的性能。具体地，通过 PEG 算法构造一个 1500×3000 的邻接矩阵 $\boldsymbol{H}_a$。在执行 PEG 算法时，采用如下度分布[84]：

$$\begin{aligned}\hat{\lambda}(x) &= 0.602x + 0.001\,810\,77x^2 + 0.168\,638x^3 + \\ &\quad\ 0.007\,481\,84x^5 + 0.007\,417\,4x^6 + 0.145\,316x^{14} \\ \hat{\rho}(x) &= 0.503\,807x^5 + 0.496\,193x^6\end{aligned}$$

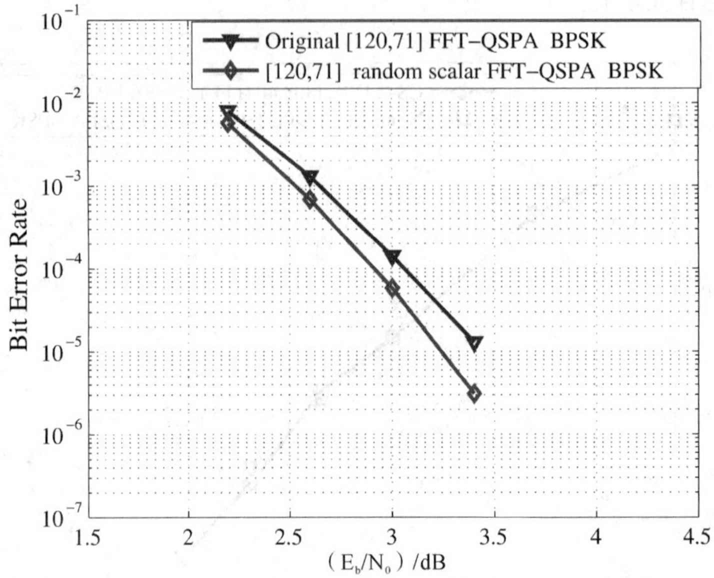

图 3.25 例 3.15 中 CS-LDPC 码的误比特率

该度分布特别针对 16 QAM 调制优化设计，由文献[84]中的多元密度进化算法优化得到。首先，将 $\boldsymbol{H}_a$ 中的每一个非零元素随机置换为有限域 $\mathbb{F}_{16}$ 中的一个非零元，可构造一个 16 元的多元低密度校验码 C。其次，基于该邻接矩阵，通过随机选取对角矩阵的对角元素，可构造一个 CS-LDPC 码 $C^{(cs)}$。仿真这两个码在 AWGN 信道下的性能，仿真中采用的调制为 16 QAM 调制，译码算法为 FFT-QSPA，最大译码次数为 50。图 3.26 给出了误比特率曲线，其中，标为"CS-LDPC [3000，1500] FFT-QSPA 16 QAM"的曲线为 $C^{(cs)}$ 的性能，标为"Nonbinary LDPC [3000，1500] FFT-QSPA 16 QAM"的曲线为 C 的性能。从图 3.26 中可以看出，多元码 $C^{(cs)}$ 和多元码 C 的纠错性能相当。

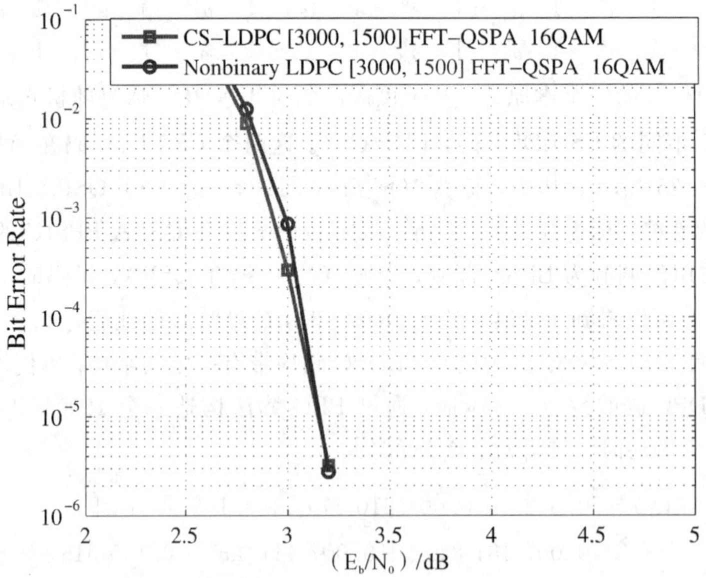

图 3.26 例 3.16 中 CS-LDPC 码的误比特率

上面几个例子表明 CS-LDPC 码在性能方面极具竞争力。然而，并非所有的 CS-LDPC 码都具有较好的性能。一般地，当邻接矩阵的列重较小时，CS-LDPC 码的性能较差。由列重全为 2 的邻接矩阵构造的 CS-LDPC 码具有较高的错误平层。当系统对可靠性要求极高时，不建议选用 CS-LDPC 码。这是由于可以通过选择非零元以避免多元 LDPC 码的易错子结构或降低易错子结构的重数，进而降低错误平层。CS-LDPC 码的优化问题尚待深入研究，在此不做讨论。CS-LDPC 码牺牲非零元的取值自由度以换取复杂度，文献中还有其他限制非零元取值自由度的技术，比如 3.5 节将要介绍的约束多元基模图 LDPC 码。另外，也可限制只能从 $\mathbb{F}_q \backslash \{0\}$ 的包含 $\ell(\ell \ll (q-1))$ 个元素的一个子集中选取非零元。由此构造的多元 LDPC 码在实现方面可能也存在一些优势。例如，定义在 $\mathbb{F}_{256}$ 上的矩阵：

$$
\boldsymbol{H}=\begin{bmatrix} 1 & 233 & 233 & 0 & 1 & 233 \\ 233 & 1 & 233 & 233 & 0 & 1 \\ 0 & 1 & 1 & 1 & 1 & 0 \end{bmatrix}
$$

定义了一个 256 元的多元 LDPC 码，该码的非零元全部取自集合 $\{1, 233\} \subset \mathbb{F}_{256} \backslash \{0\}$。

3.5 基于基模图的多元 LDPC 码

3.5.1 基模图码的基本原理

构造二元 LDPC 码只需要确定非零元的位置。显然，对于二元 LDPC 码，校验矩阵完全确定正规图的连接方式，同时正规图的连接方式也完全确定校验矩阵。因此，构造二元 LDPC码可从图的角度出发，直接构造该码的正规图。PEG 算法是一种从图的角度出发直接构造高性能 LDPC 码的算法。虽然由 PEG 算法构造的 LDPC 码具有良好的纠错性能，但是这些码一般为随机码，缺少良好的结构，不利于硬件实现。因此，实际应用中一般不选用基于 PEG 算法构造的 LDPC 码，而选用具有特定结构的 LDPC 码，其中一种结构为准循环结构。准循环校验矩阵的行可分为若干组，在每组中，其余行均由该组的第一行通过循环移位得到。另一种结构为基模图结构，其构造方法简述如下：给定一个小的正规图(小的正规图称为基模图)，通过扩展该图构造更大的正规图。扩展的步骤包括复制(copy)和置换(permute)。图 3.27 中给出了基模图 LDPC 码构造的基本过程。首先，给定一个包含 2 个校验结点和 3 个变量结点的基模图，如图 3.27(a)。然后，将该基模图复制 3 份，得到图 3.27(b)。最后，改变同类型的边的连接方式，得到图 3.27(c)，该正规图定义了一个基模图码。基于基模图构造的 LDPC 码在实现方面的优点主要包括：编码器实现复杂度低[50]；译码器的实现复杂度与小正规图的结点数目相关[85]。因此，为易于硬件实现，可通过基模图构造 LDPC 码。其中，一个重要的问题是如何构造高性能基模图码，这是一个比较复杂的问题，本书不做讨论。下面重点讨论如何利用基模图构造多元 LDPC 码。

3.5.2 两种多元基模图 LDPC 码构造方法

与构造二元基模图码不同，构造多元基模图码时还需确定非零元的取值。特别地，构造多元基模图码可选用多元基模图，也可选用二元基模图。因此，存在两种构造多元基模图码的方法，简述如下。

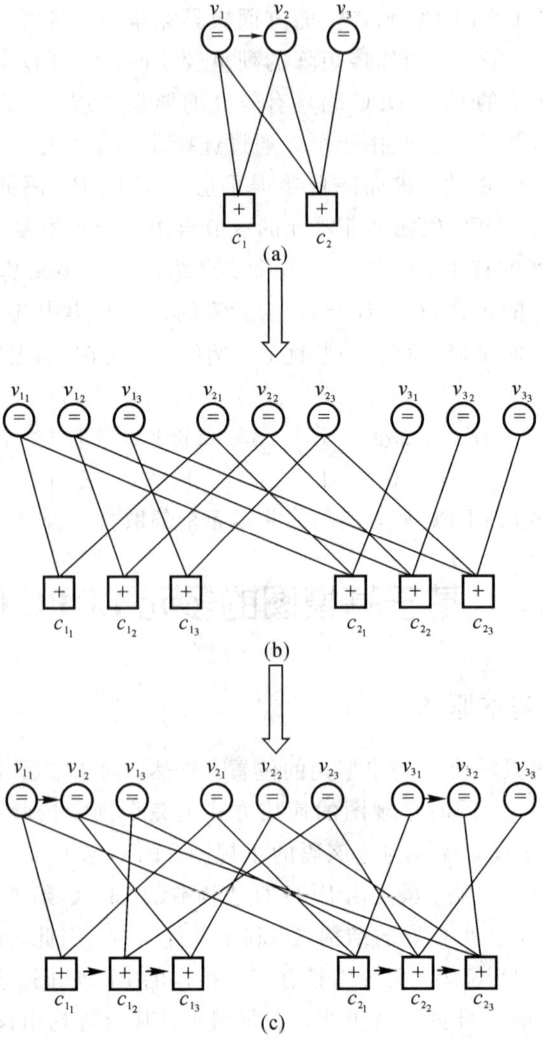

图 3.27　二元基模图 LDPC 码的构造过程

(1) 约束构造：基于一个多元基模图进行扩展，该构造方法同时确定非零元的位置和取值。

(2) 非约束构造：首先基于二元基模图进行扩展，然后确定非零元的取值。

下面分别介绍这两种方法。

在第一种多元基模图 LDPC 码构造方法中，给定的基模图为多元基模图，它包含变量结点、校验结点和带权边。图 3.28(a)给出了一个多元基模图，该图包含 2 个校验结点、3 个变量结点和 5 条带权边。首先，将图 3.28(a)拷贝 N 次。此时，对于基模图中的每一条边，刚好有 N 条与其类型相同的边；对于基模图中的每一个结点，也刚好有 N 个与其类型相同的结点。对于同类型的 N 条边以及它们所连接的 N 个变量结点和 N 个校验结点，随机置换这些边和结点的连接方式。在置换连接方式时需保证每条边刚好连接一个原类型的变量结点和一个原类型的校验结点。基于上述扩展和置换过程，同一类型边的权重相同且所有边连接的结点的类型不变，因此扩展后得到的正规图的度分布和多元基模图一致。图 3.28中给出了约束多元基模图 LDPC 码的基本构造流程。在约束构造方法中，如果相应的置换矩阵为循环置换矩阵，则得到的约束基模图多元 LDPC 码是准循环多元 LDPC 码。

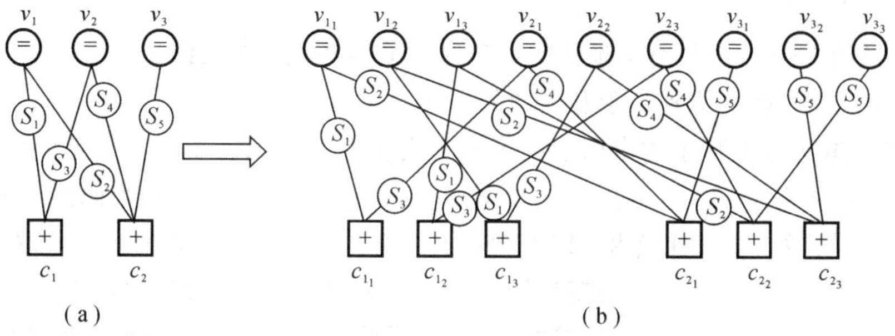

图 3.28　基模图多元 LDPC 码的约束构造方法

在第二种多元基模图 LDPC 码构造方法中，给定的基模图为二元基模图，它只包含变量结点和校验结点。图 3.29(a)给出了一个二元基模图实例，该图包含 2 个校验结点、3 个变量结点和 5 条无权边。首先，将图 3.29(a)拷贝 N 次。此时，对于原基模图中的每一条边，刚好得到 N 条与其类型相同的边；对于原基模图中的每一个结点，刚好得到 N 个与其类型相同的结点。接下来，对于同类型的 N 条边以及它们直接相连的 N 个变量结点和 N 个校验结点，随机置换它们的连接方式。同样地，在置换连接方式的过程中需保证每条边刚好连接一个原类型的变量结点和一个原类型的校验结点。扩展后得到的正规图的度分布和原二元基模图相同。通过以上方法可确定多元 LDPC 码的正规图的连接方式。另外，还需确定非零元的取值，可通过随机方式确定。图 3.29 中给出了多元基模图 LDPC 码非约束构造方法的基本流程。从图 3.29 中可以看出，在非约束多元基模图 LDPC 码的构造中，同一类型不同边上的非零元可以不一样。对比图 3.28 和图 3.29，读者可以更加清晰地看出两种构造方法的差别。

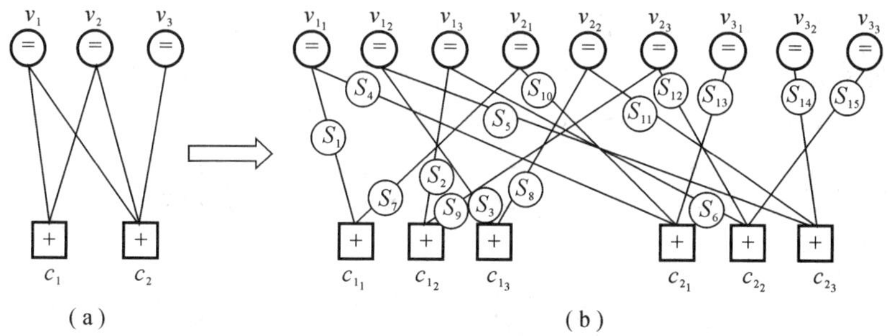

图 3.29　基模图多元 LDPC 码的非约束构造方法

给定基模图，多元基模图 LDPC 码的构造过程涉及拷贝次数 N 和置换方式的选择。拷贝次数 N 由目标码长和基模图的变量结点数共同决定。假设基模图包含 t 个变量结点。若目标码长为 n，则拷贝次数为

$$N = \frac{n}{t}$$

对于边的置换方式，可选用随机置换或循环置换。随机置换的自由度更大，可能得到更好的多元 LDPC 码。在非约束构造中，需优化非零元取值以减少易错子结构。下面接着讨论多元基模图 LDPC 的纠错性能。

3.5.3 多元基模图 LDPC 码的性能

多元基模图 LDPC 码具有构造简单、实现简单等特点，下面给出多元基模图 LDPC 码的性能。作为示例，此处仿真基于基模图的多元 Cycle 码。

例 3.17 本例考虑基于约束构造的多元基模图 LDPC 码。考虑三个定义在有限域 $\mathbb{F}_{256}$ 上的多元码，分别为 $C_{256}[16,8]$，$C_{256}[32,16]$ 和 $C_{256}[64,32]$。这三个码的码率均为 0.5，码长分别为 128 比特，256 比特和 512 比特，这三个码采用了相同的多元基模图，如图 3.30(a)所示。该多元基模图包含 4 个校验结点、2 个变量结点、8 条带权边，带权边的权重分别为 1，α^{81}，α^{89}，α^{9}，α^{88}，α^{8}，1，α^{80}，其中，α 为有限域 $\mathbb{F}_{256}$ 的一个本原元。通过将图 3.30(a)中的多元基模图分别进行 4 重、8 重和 16 重循环扩展，可分别构造多元基模图 LDPC 码 $C_{256}[16,8]$、$C_{256}[32,16]$ 和 $C_{256}[64,32]$。图 3.30(b)、图 3.30(c)和图 3.30(d)给出了这三个码的正规图，其中带权边上的标记 σ^{i} 表示该条边采用 σ^{i} 定义的循环置换。为便于读者理解，下面给出多元码的 $C_{256}[16,8]$ 校验矩阵：

$$\boldsymbol{H}=\begin{bmatrix}
\alpha^0 & 0 & 0 & 0 & 0 & \alpha^{80} & 0 & 0 & 0 & 0 & 0 & \alpha^{88} & 0 & 0 & \alpha^{8} & 0 \\
0 & \alpha^0 & 0 & 0 & 0 & 0 & \alpha^{80} & 0 & \alpha^{88} & 0 & 0 & 0 & 0 & 0 & 0 & \alpha^{8} \\
0 & 0 & \alpha^0 & 0 & 0 & 0 & 0 & \alpha^{80} & 0 & \alpha^{88} & 0 & 0 & \alpha^{8} & 0 & 0 & 0 \\
0 & 0 & 0 & \alpha^0 & \alpha^{80} & 0 & 0 & 0 & 0 & 0 & \alpha^{88} & 0 & 0 & \alpha^{8} & 0 & 0 \\
\alpha^{89} & 0 & 0 & 0 & \alpha^{9} & 0 & 0 & 0 & \alpha^0 & 0 & 0 & 0 & \alpha^{81} & 0 & 0 & 0 \\
0 & \alpha^{89} & 0 & 0 & 0 & \alpha^{9} & 0 & 0 & 0 & \alpha^0 & 0 & 0 & 0 & \alpha^{81} & 0 & 0 \\
0 & 0 & \alpha^{89} & 0 & 0 & 0 & \alpha^{9} & 0 & 0 & 0 & \alpha^0 & 0 & 0 & 0 & \alpha^{81} & 0 \\
0 & 0 & 0 & \alpha^{89} & 0 & 0 & 0 & \alpha^{9} & 0 & 0 & 0 & 0 & 0 & 0 & 0 & \alpha^{81}
\end{bmatrix}$$

其中，α 为有限域 $\mathbb{F}_{256}$ 的一个本原元。按照同样的方法可得另外两个码的校验矩阵。图 3.31 给出了这三个码在 AWGN 信道下的误帧率。从图 3.31 中可以看出，这些码具有良好的纠错性能，且纠错能力随着码长的增加而变强。特别地，这三个码未发现明显的错误平层。仿真中采用的译码算法为 FFT－QSPA，最大译码次数为 50。

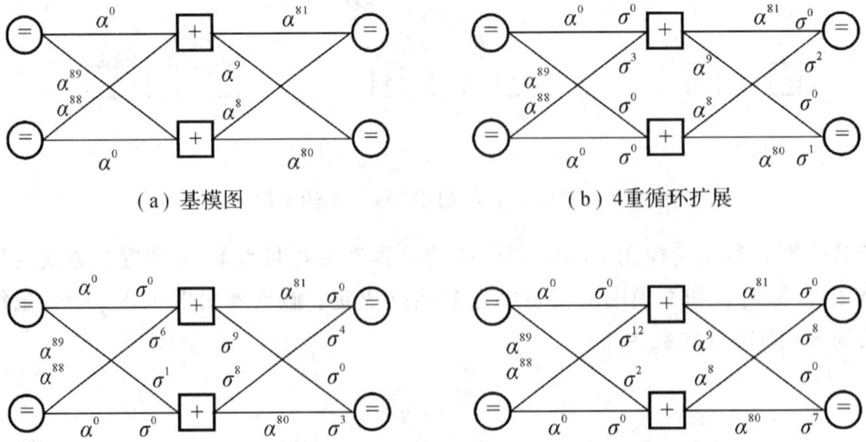

(a) 基模图　(b) 4重循环扩展

(c) 8重循环扩展　(b) 16重循环扩展

图 3.30　码率为 0.5 的约束多元基模图 LDPC 码

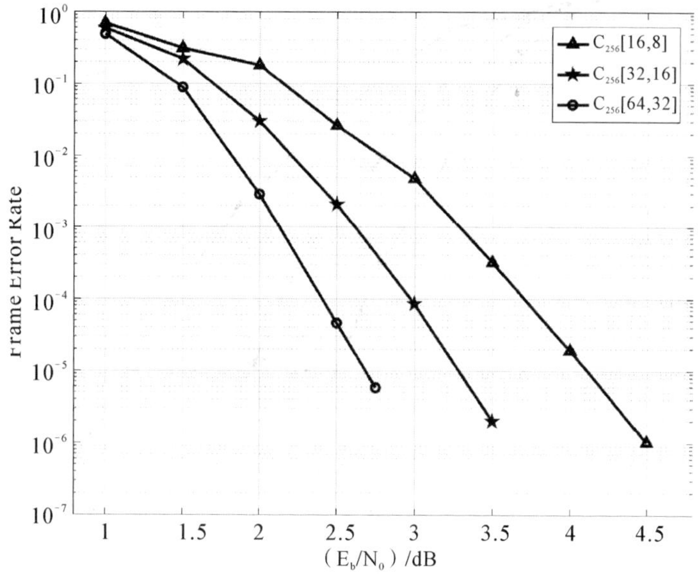

图 3.31　例 3.17 中约束多元基模图 LDPC 码的误帧率

例 3.18　本例考虑基于非约束构造的多元基模图 LDPC 码。同样考虑三个定义在有限域 $\mathbb{F}_{256}$ 上的多元码，分别为 $C_{256}[16，8]$、$C_{256}[32，16]$ 和 $C_{256}[64，32]$。这三个码的码率均为 0.5，码长分别为 128 比特、256 比特和 512 比特。这三个码均由图 3.32 中的基模图扩展得到。该基模图均包含 4 个校验结点、2 个变量结点。将图 3.32 中的基模图分别进行 4 重、8 重和 16 重循环扩展并随机选定非零元，分别构造多元基模图码 $C_{256}[16，8]$，$C_{256}[32，16]$ 和 $C_{256}[64，32]$。本例采用与例 3.17 中相同的置换方式。在此略去这几个多元基模图 LDPC 码的正规图。下面给出多元码 $C_{256}[16，8]$ 的校验矩阵：

$$\boldsymbol{H}=\begin{bmatrix}
\alpha^{0} & 0 & 0 & 0 & 0 & \alpha^{89} & 0 & 0 & 0 & 0 & 0 & \alpha^{81} & 0 & 0 & \alpha^{9} & 0\\
0 & \alpha^{8} & 0 & 0 & 0 & 0 & \alpha^{0} & 0 & \alpha^{182} & 0 & 0 & 0 & 0 & 0 & 0 & \alpha^{173}\\
0 & 0 & \alpha^{173} & 0 & 0 & 0 & 0 & \alpha^{8} & 0 & \alpha^{0} & 0 & 0 & \alpha^{183} & 0 & 0 & 0\\
0 & 0 & 0 & \alpha^{8} & \alpha^{0} & 0 & 0 & 0 & 0 & 0 & \alpha^{88} & 0 & 0 & \alpha^{80} & 0 & 0\\
\alpha^{183} & 0 & 0 & 0 & \alpha^{173} & 0 & 0 & 0 & \alpha^{8} & 0 & 0 & 0 & \alpha^{0} & 0 & 0 & 0\\
0 & \alpha^{0} & 0 & 0 & 0 & \alpha^{88} & 0 & 0 & 0 & \alpha^{80} & 0 & 0 & 0 & \alpha^{8} & 0 & 0\\
0 & 0 & \alpha^{0} & 0 & 0 & 0 & \alpha^{167} & 0 & 0 & 0 & \alpha^{127} & 0 & 0 & 0 & \alpha^{40} & 0\\
0 & 0 & 0 & \alpha^{0} & 0 & 0 & 0 & \alpha^{182} & 0 & 0 & 0 & \alpha^{173} & 0 & 0 & 0 & \alpha^{8}
\end{bmatrix}$$

其中，α 为有限域 $\mathbb{F}_{256}$ 的一个本原元。多元码 $C_{256}[32，16]$ 和 $C_{256}[64，32]$ 的校验矩阵分别见表 3.2 和表 3.3。这三个码在 AWGN 信道下的性能如图 3.33 示。从图 3.33 中可以看出，这些码具有良好的纠错性能，且纠错能力随着码长的增加而变强。此处采用的译码算法为 FFT－QSPA，最大译码次数为 50。

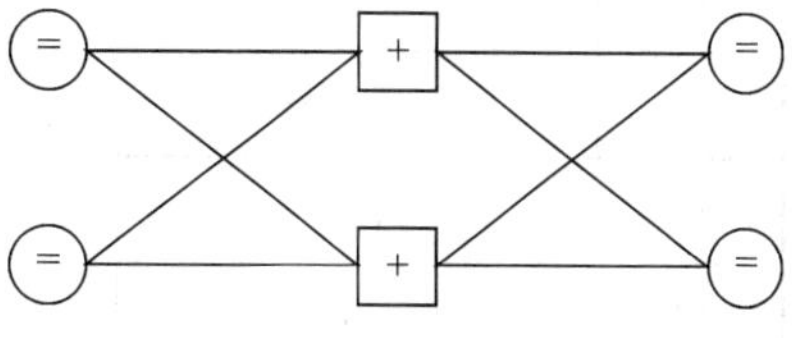

图 3.32　例 3.18 中用于非约束构造方法的基模图

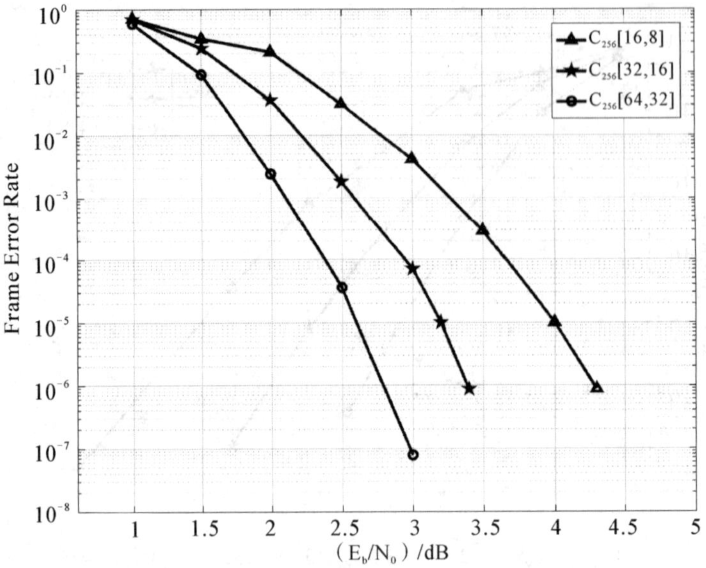

图 3.33　例 3.18 中非约束多元基模图 LDPC 码的误帧率

表 3.2　基于非约束构造的多元基模图码 $C_{256}[32, 16]$ 的校验矩阵

行号	(列号，非零元取值)			
0	$(0, \alpha^0)$	$(10, \alpha^8)$	$(21, \alpha^{80})$	$(28, \alpha^{88})$
1	$(1, \alpha^0)$	$(11, \alpha^8)$	$(22, \alpha^{80})$	$(29, \alpha^{89})$
2	$(2, \alpha^0)$	$(12, \alpha^8)$	$(23, \alpha^{80})$	$(30, \alpha^{90})$
3	$(3, \alpha^0)$	$(13, \alpha^8)$	$(16, \alpha^{80})$	$(31, \alpha^{91})$
4	$(4, \alpha^0)$	$(14, \alpha^8)$	$(17, \alpha^{81})$	$(24, \alpha^{89})$
5	$(5, \alpha^0)$	$(16, \alpha^8)$	$(18, \alpha^{81})$	$(25, \alpha^{90})$
6	$(6, \alpha^0)$	$(8, \alpha^8)$	$(19, \alpha^{81})$	$(26, \alpha^{91})$
7	$(7, \alpha^0)$	$(9, \alpha^8)$	$(20, \alpha^{82})$	$(27, \alpha^{90})$
8	$(7, \alpha^{90})$	$(8, \alpha^{81})$	$(16, \alpha^9)$	$(24, \alpha^0)$
9	$(0, \alpha^{91})$	$(9, \alpha^{81})$	$(17, \alpha^9)$	$(25, \alpha^0)$
10	$(1, \alpha^{91})$	$(10, \alpha^{82})$	$(18, \alpha^9)$	$(26, \alpha^0)$
11	$(2, \alpha^{183})$	$(11, \alpha^{173})$	$(19, \alpha^9)$	$(27, \alpha^0)$
12	$(3, \alpha^{86})$	$(12, \alpha^{72})$	$(20, \alpha^{10})$	$(28, \alpha^0)$
13	$(4, \alpha^{87})$	$(13, \alpha^{72})$	$(21, \alpha^{10})$	$(29, \alpha^0)$
14	$(5, \alpha^{151})$	$(14, \alpha^{72})$	$(22, \alpha^{10})$	$(30, \alpha^0)$
15	$(6, \alpha^{86})$	$(15, \alpha^{72})$	$(23, \alpha^{11})$	$(31, \alpha^0)$

表3.3　基于非约束构造的多元基模图码 $C_{256}[64, 32]$ 的校验矩阵

行号	（列号，非零元取值）			
0	（0，α^{0}）	（20，α^{8}）	（41，α^{80}）	（56，α^{88}）
1	（1，α^{0}）	（21，α^{8}）	（41，α^{80}）	（57，α^{89}）
2	（2，α^{0}）	（22，α^{8}）	（43，α^{80}）	（58，α^{90}）
3	（3，α^{0}）	（23，α^{8}）	（44，α^{80}）	（59，α^{91}）
4	（4，α^{0}）	（24，α^{8}）	（45，α^{81}）	（60，α^{89}）
5	（5，α^{0}）	（25，α^{8}）	（46，α^{81}）	（61，α^{90}）
6	（6，α^{0}）	（26，α^{8}）	（47，α^{81}）	（62，α^{91}）
7	（7，α^{0}）	（27，α^{8}）	（32，α^{82}）	（63，α^{90}）
8	（8，α^{0}）	（28，α^{8}）	（33，α^{82}）	（48，α^{91}）
9	（9，α^{0}）	（29，α^{8}）	（34，α^{83}）	（49，α^{91}）
10	（10，α^{0}）	（30，α^{8}）	（35，α^{172}）	（50，α^{181}）
11	（11，α^{0}）	（31，α^{8}）	（36，α^{172}）	（51，α^{182}）
12	（12，α^{0}）	（16，α^{8}）	（37，α^{172}）	（52，α^{183}）
13	（13，α^{0}）	（17，α^{8}）	（38，α^{173}）	（53，α^{182}）
14	（14，α^{0}）	（18，α^{8}）	（39，α^{173}）	（54，α^{183}）
15	（15，α^{0}）	（19，α^{8}）	（40，α^{174}）	（55，α^{183}）
16	（14，α^{90}）	（16，α^{81}）	（32，α^{9}）	（48，α^{0}）
17	（15，α^{91}）	（17，α^{81}）	（33，α^{9}）	（49，α^{0}）
18	（0，α^{91}）	（18，α^{82}）	（34，α^{9}）	（50，α^{0}）
19	（1，α^{183}）	（19，α^{173}）	（35，α^{9}）	（51，α^{0}）
20	（2，α^{86}）	（20，α^{72}）	（36，α^{10}）	（52，α^{0}）
21	（3，α^{87}）	（21，α^{72}）	（37，α^{10}）	（53，α^{0}）
22	（4，α^{151}）	（22，α^{72}）	（38，α^{10}）	（54，α^{0}）
23	（5，α^{86}）	（23，α^{72}）	（39，α^{11}）	（55，α^{0}）
24	（6，α^{87}）	（24，α^{72}）	（40，α^{11}）	（56，α^{0}）

续表

行号	(列号，非零元取值)			
25	$(7, \alpha^{87})$	$(25, \alpha^{73})$	$(41, \alpha^{11})$	$(57, \alpha^{0})$
26	$(8, \alpha^{88})$	$(26, \alpha^{73})$	$(42, \alpha^{11})$	$(58, \alpha^{0})$
27	$(9, \alpha^{73})$	$(27, \alpha^{56})$	$(43, \alpha^{14})$	$(59, \alpha^{0})$
28	$(10, \alpha^{74})$	$(28, \alpha^{57})$	$(44, \alpha^{15})$	$(60, \alpha^{0})$
29	$(11, \alpha^{166})$	$(29, \alpha^{126})$	$(45, \alpha^{40})$	$(61, \alpha^{0})$
30	$(12, \alpha^{167})$	$(30, \alpha^{126})$	$(46, \alpha^{40})$	$(62, \alpha^{0})$
31	$(13, \alpha^{168})$	$(31, \alpha^{126})$	$(47, \alpha^{40})$	$(63, \alpha^{0})$

从例 3.17 和例 3.18 可以看出，多元基模图 LDPC 码的纠错性能很好。特别地，多元基模图 LDPC 码的错误平层很低，这使得多元基模图 LDPC 码非常适用于可靠性要求极高的通信和存储系统。和二元基模图 LDPC 码一样，多元基模图 LDPC 码构造简单，译码器实现容易。和随机多元 LDPC 码相比，多元基模图 LDPC 码在实现复杂度等方面更有优势。大多数基于代数构造的多元 LDPC 码都可看作多元基模图 LDPC 码的特例。对于 CS-LDPC 码，当选择特定的邻接矩阵 $\boldsymbol{H}_a$ 时，所得的码也可以看作多元基模图 LDPC 码。

和二元基模图 LDPC 码一样，可通过密度进化算法优化多元基模图 LDPC 码的基模图。由于多元基模图 LDPC 码常常和高阶调制结合，因此在利用密度进化优化基模图时需要考虑不同调制对密度进化算法的影响。文献[86]从多个方面对多元基模图 LDPC 码进行了研究和分析，包括多元基模图 LDPC 码的构造、重量分析、渐进停止集分析、伪码字分析、迭代译码门限分析等。

然而，多元基模图 LDPC 码一般不具有代数特性。因此其译码收敛速度比基于代数构造的多元 LDPC 码慢。另外，优化设计的多元基模图 LDPC 码一般不规则且具有度较低的变量结点。本书第 4 章将介绍多元 LDPC 码的多种低复杂度译码算法，其中译码复杂度最低的是广义大数逻辑译码算法。当多元 LDPC 码的列重较大且不包含长度为 4 的环时，广义大数逻辑译码算法的性能损失较小。因此，优化设计的多元基模图 LDPC 码一般不能用广义大数逻辑译码算法译码。

3.6 多元速率兼容码的构造

在一些通信系统中，信道质量随时间变化而变化，从而使得信道容量也随时间变化。比如，在无线通信系统中，由于移动性、天气变化等因素，移动设备接收到的信号将随时间变化；在闪存设备中，读写操作均会改变设备特性，从而导致原始误比特率(raw bit error rate)随着读写次数的增多而升高。在这些信息系统中，为保证数据可靠性，需设计自适应纠错编码，并根据信道质量调整编码方式。需要调整的编码参数包括码率、码长、调制方式等。最简单的自适应编码方式如下：针对每一个码率或码长设计一个高性能码。当需要调整编码参数时，选用相应参数的纠错编码。由于不同的纠错码不能共用编码器和译码器，因此需针对每一个码设计单独的编译码器。这将带来很大的硬件开销，从而增加系统的实现复杂度。为降低系统实现复杂度，减少硬件开销，需设计可基于一套编译码器实现多个参数的编码技术。速率兼容码和多码率码可满足上述要求。现有的速率兼容码一般为二元码，且主要针对二进制删除信道或 BPSK 调制的 AWGN 信道设计，少有多元速率兼容码。本节介绍一类称为 Kite 码的多元速率兼容码[87-89]。Kite 码可用一套编译码器实现不同的速率且可适用于多种高阶调制。

设 A_q 是一个阶为 q 的有限交换群。A_q^∞ 表示定义在 A_q 上的所有有限长序列组成的集合。一个自由度为 k 的系统无码率码的定义为

$$C_q[\infty,\ k] \triangleq \{\boldsymbol{c}=(\boldsymbol{v},\ \boldsymbol{w}) \in A_q^\infty \mid \boldsymbol{v} \in A_q^k\} \tag{3.18}$$

可以看出，$C_q[\infty, k]$是 A_q^∞ 的一个大小为 q^k 的子集。自由度 k 也称为系统无码率码$C_q[\infty, k]$的维度。对于 $n \geqslant k$，用 $C_q[n, k]$表示 $C_q[\infty, k]$长度为 n 的前缀码，前缀码的码率为$\frac{k}{n}$。

3.6.1 Kite 码的编码

Kite 码是一种特殊的无码率码，记为 $K[\infty, k; \boldsymbol{p}, A_q, \Omega]$，其中，$k$ 为 Kite 码的维度，$\boldsymbol{p}=(p_0, p_1, \cdots, p_t, \cdots)$为一个正实数序列且满足 $p_i<1.0$，Ω 为定义在 A_q 上的一一映射的一个子集。正实数序列 $\boldsymbol{p}$ 也称为 p 序列。下面给出 Kite 码的编码算法。如图 3.34 所示，Kite 码的编码器由一个 k 长的缓存、一个伪随机数生成器（pseudo-random number generator，PRNG）和一个累加器（accumulator）构成。设 $\boldsymbol{v}=(v_0, v_1, \cdots, v_{k-1})$为信息序列，相应的编码输出为 $\boldsymbol{c}=(\boldsymbol{v}, \boldsymbol{w})$，其中，$\boldsymbol{w}=(w_0, w_1, \cdots, w_t, \cdots)$为校验序列。对于任意的正整数 r，算法 3.4 给出了校验符号 w_t 的生成方式（读者须同时参阅图 3.34 中的编码器框架图）。

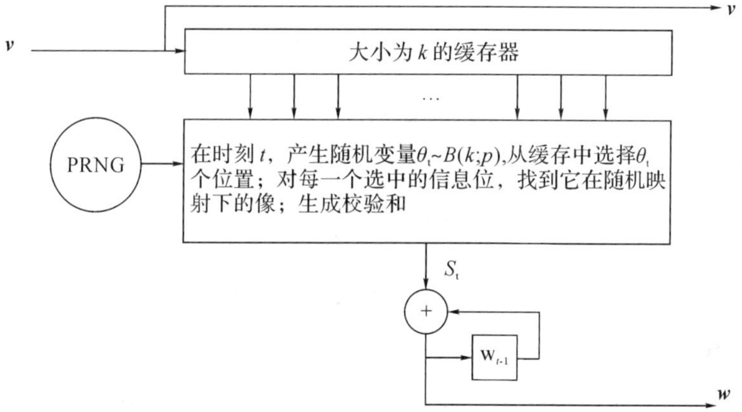

图 3.34　Kite 码的编码器

✲算法 3.4　Kite 码的编码算法

（1）初始化：设置 $w_{-1}=0$。

（2）循环：对于 $t=0, 1, \cdots, r-1$（r 根据需求选取），根据如下步骤计算 w_t。

步骤 1：随机生成 k 个变换 $H_t=(H_{t,0}, H_{t,1}, \cdots, H_{t,k-1})$，其中：

$$\Pr\{H_{t,i}=h_{t,i}\}=\begin{cases} p_t/\mid\Omega\mid, & h_{t,i}\in\Omega\subseteq S \\ 1-p_t, & h_{t,i}=0_A \end{cases}$$

步骤 2：计算 $w_t=w_{t-1}+s_t$，其中，$s_t=\sum\limits_{0\leqslant i<k} h_{t,i}(v_i)$。

从算法 3.4 可以看出，Kite 码的编码中用到的主要运算为群变换和群加法。因此，Kite 码的编码复杂度与校验序列长度呈线性关系。上述算法可以产生任意长度的校验序列，因此可以实现码率自适应。参数 p_t 用于控制编码复杂度和 Kite 码校验矩阵的密度，是决定 Kite 码性能的重要参数。

3.6.2 Kite 码的译码

Kite 码 $K[n, k; \boldsymbol{p}, A_q, \Omega]$拥有正规图表示，如图 3.35 所示。正规图左边的结点⊜称为信息类变量结点。每个信息类变量结点对应于向量 $\boldsymbol{v}$ 的一个分量。正规图中一共有 k 个信息类变量结点。正规图中间的结点⊞称为校验结点，正规图中一共包含 $n-k$ 个校验结点。正规图右边的结点⊟称为校验类变量结点。每个校验类变量结点对应于校验序列 $\boldsymbol{w}$ 的一个分量。正规图中一共有 $n-k$ 个校验类变量结点。若 $h_{i,j} \neq 0_A$，第 j 个信息类变量结点和第 i 个校验结点通过一个 H 结点相连，H 结点表示为ⓗ。基于以上正规图表示，可以用正规图上的迭代信息处理/传递算法对 Kite 码进行译码，在此不做详述。

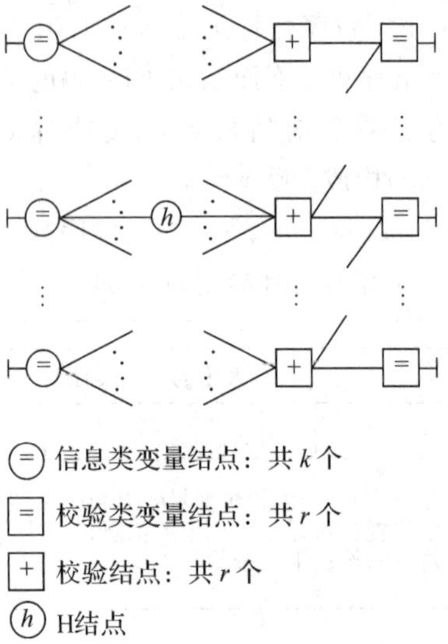

图 3.35　Kite 码的正规图表示

3.6.3 多元 Kite 码的性能

本小节给出定义在不同交换群上的 Kite 码，并分别仿真了维度为 1890 和 4096 的 Kite 码。它们的 p 序列分别见表 3.4 和表 3.5，这些 p 序列出自文献[88]。对于同一维度 k，仿真中采用同一个 p 序列。一般地，针对不同的交换群优化 p 序列，可能获得额外的增益，在此不做讨论。

表 3.4　维度为 1890 的 Kite 码的 p 序列

t 范围	[0, 210)	[210, 472)	[472, 810)	[810, 1260)	[1260, 1890)
p_t 取值	0.015	0.0091	0.0058	0.0039	0.0028
t 范围	[1890, 2835)	[2835, 4410)	[4410, 7560)	[7560, 17 010)	
p_t 取值	0.0016	0.0010	0.0006	0.0004	

表 3.5　维度为 4096 的 Kite 码的 p 序列

t 范围	[0, 215)	[215, 455)	[455, 723)
p_t 取值	0.015	0.0091	0.0058
t 范围	[723, 1024)	[1024, 1365)	[1365, 1755)
p_t 取值	0.0039	0.0028	0.0020
t 范围	[1755, 2205)	[2205, 2730)	[2730, 3351)
p_t 取值	0.0016	0.0012	0.0010
t 范围	[3351, 4096)	[4096, 5006)	[5006, 6144)
p_t 取值	0.0009	0.0008	0.0007
p_t 取值	0.0007	0.0006	0.0006
t 范围	[12 288, 16 384)	[16 384, 23 210)	[23 210, 36 864)
p_t 取值	0.0006	0.0006	0.0005

1. 一维格上的 Kite 码

基于商群 $A=\mathbb{Z}/r\mathbb{Z}$ 我们可以构造一维格 Kite 码，其中，$\mathbb{Z}$ 为一维整数格，$r>1$ 为正整数，该码称为 Z-Kite 码。商群 $A=\mathbb{Z}/r\mathbb{Z}$ 可表示为 $A=\{\overline{0}, \overline{1}, \cdots, \overline{r-1}\}$。多元 Kite 码的编码输出为陪集序列，不能在信道上传输。因此，在传输时，需要将陪集序列映射为信号序列。陪集由格点构成，在传输时，调制器将陪集映射到该陪集中能量最低的点。对于一个陪集，它的能量最低的点称为该陪集的代表元。因此，在发送端，将陪集映射为它的代表元。对于一个商群，它的所有代表元构成发送信号星座。为了降低信号的平均发送能量，有时还需将代表元集合进行统一平移。例如，当 $r=4$ 时，相应的信号星座为$\{-1, 0, 1, 2\}$。为降低信号星座的峰均比，可将该星座统一向左平移0.5，得到的新的信号星座为$\{-1.5, -0.5, 0.5, 1.5\}$。读者可自行验证新信号星座的峰均比低于原信号星座的峰均比。

例 3.19　取 $r=2$，此时交换群 A 中只包含两个元素，即 $A=\{\overline{0}, \overline{1}\}$。在编码中，取 $\Omega=\{1_A\}$。给定信息长度 $k=1890$，可构造 Kite 码：

$$K[n, 1890; \boldsymbol{p}, \mathbb{Z}/2\mathbb{Z}, \Omega]$$

该码是一个二进制 LDPC 码。图 3.36 给出了该码的误比特率，从左到右的曲线对应的码率依次为 0.1、0.2、0.3、0.4、0.5、0.6、0.7、0.8、0.9。仿真中的信道为 AWGN 信道，译码算法为和积算法，最大译码迭代次数为 50。从图 3.36 中可以看出，在较宽的码率范围内，Kite 码都有较好的纠错性能。然而，当码率较高时，Kite 码有较高的错误平层。造成该现象的主要原因如下：高码率 Kite 码存在度较低的信息类变量结点，这一类结点保护不够、容易出错。随着码率的降低，信息类变量结点的度逐渐变高，因此错误平层逐渐降低。在传输时，陪集 $\overline{1}$ 映射到 1，陪集 $\overline{0}$ 映射到 -1。

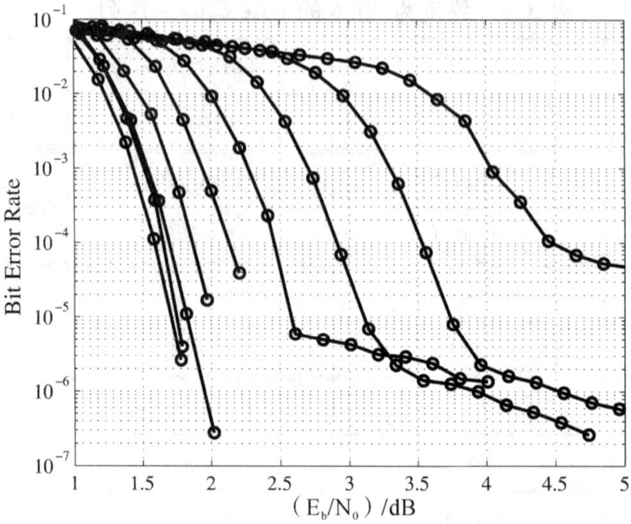

图 3.36　例 3.19 中 *Kite* 码 K[n, 1890；***p***，ℤ/2ℤ，Ω]的误比特率

例 3.20　取 $r=3$，此时交换群为 $A=\{\bar{0},\ \bar{1},\ \bar{2}\}$。选定 $\Omega=S$，可构造 Kite 码：

$$K[n,\ 4096;\ \boldsymbol{p},\ \mathbb{Z}/3\mathbb{Z},\ \Omega]$$

该码的误符号率(symbol error rate，SER)如图 3.37 所示。仿真中的信道为 AWGN 信道，译码算法为 QSPA，最大译码迭代次数为 50。在传输时，陪集 $\bar{1}$ 映射到 1，陪集 $\bar{0}$ 映射到 0，陪集 $\bar{2}$ 映射到 −1。对于该编码传输方案，每使用一次信道可传输 $r$lb3 比特，即频谱效率为 $r$lb3 bits/symbol，其中，r 为 Kite 码的码率。例如，为实现频谱效率0.7 bits/symbol，Kite 码的码率为 $r=0.7/\text{lb}3=0.4416$。从图 3.37 中可以看出，在较宽的频谱效率范围内，Kite 码均具有较好的纠错性能。

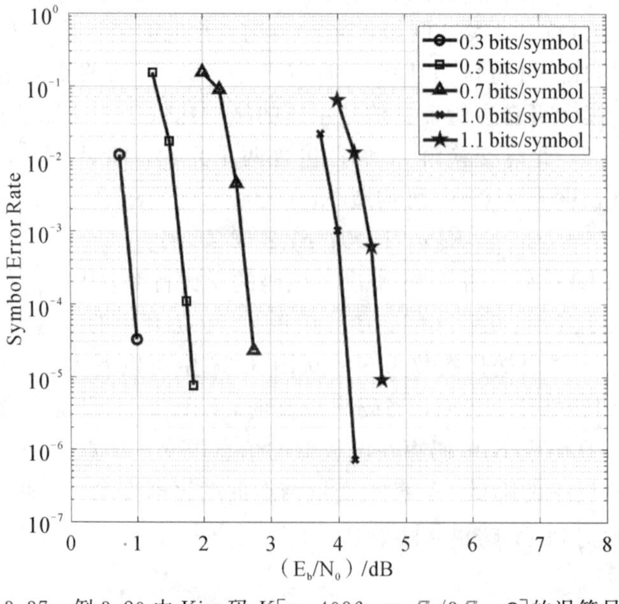

图 3.37　例 3.20 中 Kite 码 $K[n,\ 4096;\ \boldsymbol{p},\ \mathbb{Z}/3\mathbb{Z},\ \Omega]$的误符号率

2. 高维格上的 Kite 码

设 Λ 是一个 ℓ 维的实数格[88-89]，Λ' 是它的一个子格，可构造定义在商群 $A=\Lambda/\Lambda'$ 上的 Kite 码，该码称为 Lattice-Kite 码。为降低峰均比，需要将陪集进行平移并选择陪集中能量最低的点。平移时需要确定平移向量。对于一维格，很容易得到最优平移向量。对于高维格，只能基于次优算法搜索较好的平移向量。此处不具体讨论平移向量的优化问题，实例中仅给出具体选用的平移向量。

例 3.21　取二维格 $\Lambda=\mathbb{Z}^2$ 和它的子格 $\Lambda'=2\mathbb{Z}^2$，所得的商群为 $A=\{\overline{(0,0)},\overline{(0,1)},\overline{(1,0)},\overline{(1,1)}\}$。基于该交换群可构造维度为 4096 的 Lattice-Kite 码：

$$K[n, 4096; \boldsymbol{p}, \mathbb{Z}/2\mathbb{Z}, S]$$

图 3.38 给出了该码在 AWGN 信道中的误符号率。仿真中采用的译码算法为 QSPA，最大译码迭代次数为 50。在传输时，陪集平移向量为(−0.5，−0.5)。因此陪集 $\overline{(0,0)}$ 映射到信号点(−0.5，−0.5)，陪集 $\overline{(0,1)}$ 映射到信号点(−0.5，0.5)，陪集 $\overline{(1,0)}$ 映射到信号点(0.5，−0.5)，陪集 $\overline{(1,1)}$ 映射到信号点(0.5，0.5)。对于该编码传输方案，每使用一次信道可传输 $r\text{lb}4$ 比特，即频谱效率为 $r\text{lb}4$ bits/2-dim，其中，r 为 Kite 码的码率。比如，为实现频谱效率 1.6 bits/2-dim，Kite 码的码率为 $r=1.6/\text{lb}4=0.8$。从图 3.38 中可以看出，Kite 码在较宽的频谱效率范围内均具有较好的纠错性能，未发现明显的错误平层。

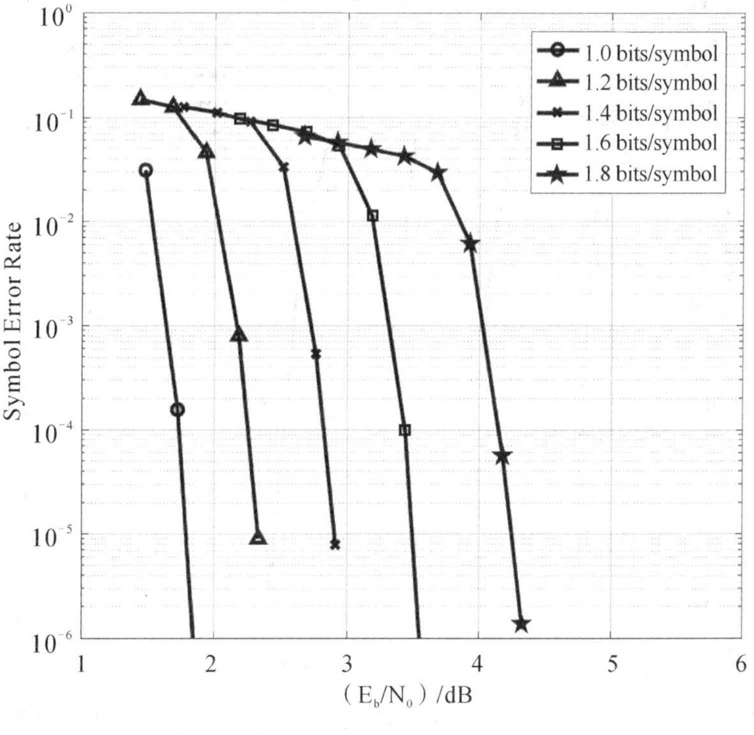

图 3.38　例 3.21 中 Lattice-Kite 码 $K[n, 4096; \boldsymbol{p}, \mathbb{Z}^2/2\mathbb{Z}^2, S]$ 的误符号率

例 3.22　为得到更高的频谱效率，可基于 $\Lambda=\mathbb{Z}^2$ 和 $\Lambda'=4\mathbb{Z}^2$ 构造 Lattice-Kite 码。此时的交换群为

$$A=\{\overline{(0,0)},\overline{(0,1)},\overline{(0,2)},\overline{(0,3)},\overline{(1,0)},\overline{(1,1)},\overline{(1,2)},\overline{(1,3)},$$
$$\overline{(2,0)},\overline{(2,1)},\overline{(2,2)},\overline{(2,3)},\overline{(3,0)},\overline{(3,1)},\overline{(3,2)},\overline{(3,3)}\}$$

基于该交换群可构造维度为 4096 的 Lattice-Kite 码：

$$K[n, 4096; \boldsymbol{p}, \mathbb{Z}^2/4\mathbb{Z}^2, S]$$

图 3.39 给出了该码在 AWGN 信道中的误符号率。仿真中采用的译码算法为 QSPA，最大译码迭代次数为 50。在传输时，陪集平移向量为(−1.5，−1.5)。因此，陪集$\overline{(0,0)}$映射到(−1.5，−1.5)，陪集$\overline{(0,1)}$映射到(−1.5，−0.5)，陪集$\overline{(0,2)}$映射到(−1.5，0.5)，陪集$\overline{(0,3)}$映射到(−1.5，1.5)，陪集$\overline{(1,0)}$映射到(−0.5，−1.5)，陪集$\overline{(1,1)}$映射到(−0.5，−0.5)，陪集$\overline{(1,2)}$映射到(−0.5，0.5)，陪集$\overline{(1,3)}$映射到(−0.5，1.5)，陪集$\overline{(2,0)}$映射到(0.5，−1.5)，陪集$\overline{(2,1)}$映射到(0.5，−0.5)，陪集$\overline{(2,2)}$映射到(0.5，0.5)，陪集$\overline{(2,3)}$映射到(0.5，1.5)，陪集$\overline{(3,0)}$映射到(1.5，−1.5)，陪集$\overline{(3,1)}$映射到(1.5，−0.5)，陪集$\overline{(3,2)}$映射到(1.5，0.5)，陪集$\overline{(3,3)}$映射到(1.5，1.5)。对于该编码传输方案，每使用一次信道可传输 $r_{\mathrm{lb}}16$ 比特，即频谱效率为 $r_{\mathrm{lb}}16$bits/2-dim，其中，r 为 Kite 码的码率。例如，为实现频谱效率 3.2 bits/2-dim，Kite 码的码率为 $r=3.2/\mathrm{lb}16=0.8$。从图 3.39中可以看出，Lattice-Kite 码在较宽的频谱范围内均具有较好的纠错性能，在仿真范围内未见明显的错误平层。

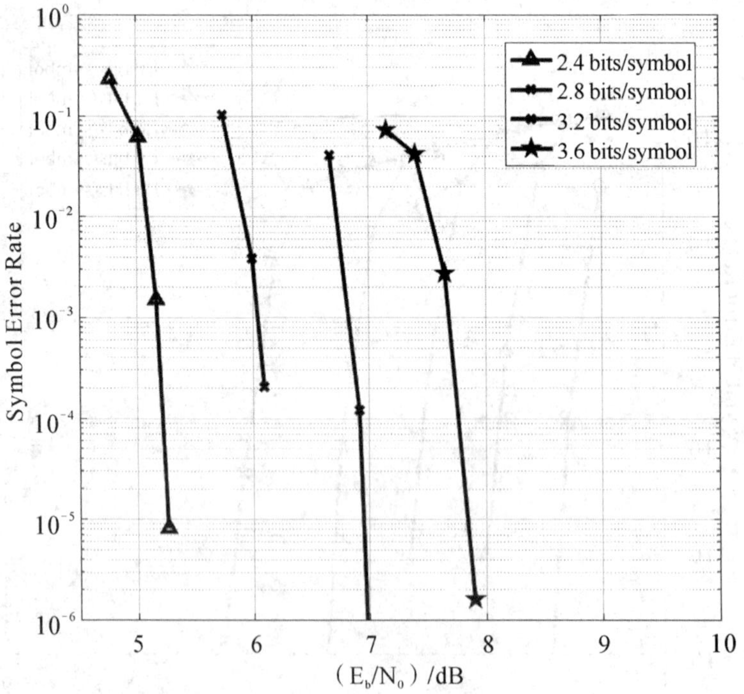

图 3.39 例 3.22 中 Lattice - Kite 码 $K[n, 4096; \boldsymbol{p}, \mathbb{Z}^2/4\mathbb{Z}^2, S]$的误符号率

例 3.23 本例考虑定义在更高维格上的 Lattice-Kite 码。取 $\Lambda=D_4$，$\Lambda'=4D_4$，其中，D_4 为四维棋盘格(checkerboard lattice)。此时的交换群可记为 $A=\{\overline{0},\overline{1},\cdots,\overline{256}\}$。基于该交换群，可构造维度为 4096 的 Lattice-Kite 码：

$$K[n, 4096; \boldsymbol{p}, D_4/4D_4, S]$$

图 3.40 中给出了该码在 AWGN 信道中的误符号率。仿真中采用的译码算法为QSPA，最大迭代次数为 $\mathcal{L}=5$（此处的最大迭代次数仅为 5，这是出于译码复杂度的考虑）。对于该编码传输方案，每使用一次信道可传输 $r\text{lb}256$ 比特，即频谱效率为 $r\dfrac{\text{lb}256}{2}$ bits/2-dim，其中，r 为 Kite 码的码率。比如，对于图中频谱效率为 3.6 bits/2-dim 的曲线，所采用的 Kite 码的码率为 $r=2\times3.6/\text{lb}256=0.9$。从图 3.40 中可以看出，基于高维格的 Lattice-Kite 码在较宽的频谱范围内均具有较好的纠错性能。

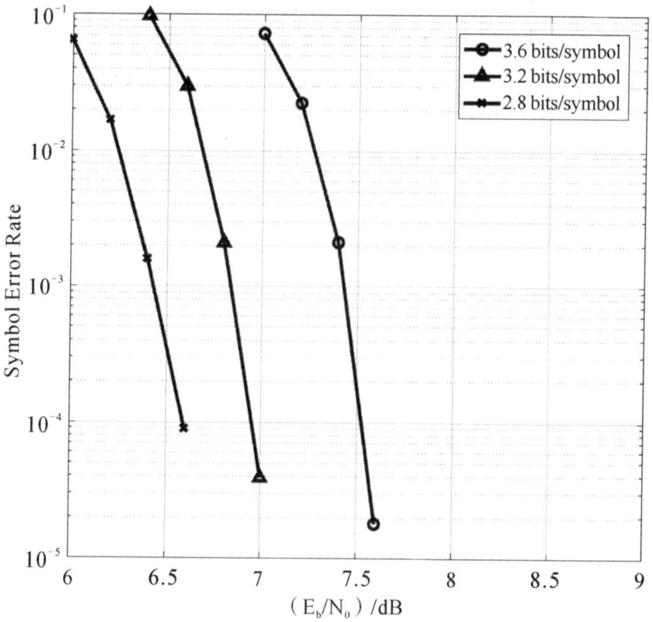

图 3.40　例 3.23 中 Lattice - Kite 码 $K[n, 4096; \boldsymbol{p}, D_4/4D_4, S]$的误符号率

本章小结

构造高性能多元 LDPC 码是一个具有重要实际意义的问题。本章首先介绍了三种基于代数结构的多元 LDPC 码的构造方法，分别是基于有限域的多元 LDPC 码的构造方法、基于有限几何的多元 LDPC 码的构造方法和基于 Cage 的多元 LDPC 码的构造方法。代数构造的多元 LDPC 码具有较好的结构，便于分析和实现。此外，可用于构造多元 LDPC 码的代数结构还有很多，本章只介绍了其中一部分，有兴趣的读者可参阅 W. Ryan 和 S. Lin 合著的 *Channel Codes: Classical and Modern*。接着，本章介绍了基于重复累加结构的多元 LDPC 码和基于阵列的多元 LDPC 码。基于重复累加结构的多元 LDPC 码具有编码简单、设计容易等特点。基于阵列的多元 LDPC 码的参数更加灵活。文献[90]中探讨了利用阵列构造高性能中码率多元 LDPC 码的方法。CS-LDPC 码是一类特殊的多元 LDPC 码，本章重点介绍了 CS-LDPC 码的构造和译码。相较于一般的多元 LDPC 码，CS-LDPC 码具有快速

的编译码算法，多个实例表明了 CS-LDPC 码在性能方面的优势。另一种广泛采用的多元 LDPC 码的构造方法为基于基模图的构造方法。最后，本章探讨了如何构造速率兼容多元 LDPC 码。特别地，介绍了一类基于交换群的速率兼容多元 LDPC 码。

多元 LDPC 码的构造方法众多，由于篇幅有限以及作者的兴趣所在，本章只介绍了其中一部分。其他较为成熟的多元 LDPC 码的构造方法还有基于差集的构造方法和基于拉丁方阵的构造方法。有限长容量限是编码技术在码长受限场景下的理论极限[81]，是否存在可逼近有限长容量限的多元 LDPC 码仍是一个待解决的问题。目前最好的多元 LDPC 码距离有限长容量限约为 0.4 dB。因此，还有必要进一步拓展中短码长的多元 LDPC 码的构造方法。近年来，空间耦合多元 LDPC 码的构造也引起了一些学者的关注。目前关于空间耦合多元 LDPC 码的构造还处于起步阶段，值得深入研究，相关的初步研究结果参见文献[91]。

第 4 章

多元 LDPC 码的低复杂度译码算法

一般来说，有限域的阶数 $q(\leqslant 256)$ 越高，定义在 $\mathbb{F}_q$ 上的多元 LDPC 码的性能越好。然而，随着域阶数增大，QSPA 和 FFT-QSPA 的计算复杂度也迅速增高。当 $q\geqslant 32$ 时，多元 LDPC 码的计算复杂度问题更加突出。因此，若不能有效地解决多元 LDPC 码的译码复杂度问题，实际系统将不会采用多元 LDPC 码。从多元 LDPC 码的发明开始，研究人员就一直致力于设计多元 LDPC 码的低复杂度译码算法。目前，文献中已有的多元 LDPC 译码算法可分为两类：基于扩展最小和算法(extended min-sum algorithm，EMS 算法)及其变种的译码算法和基于可靠度(reliability-based)的译码算法。这两类译码算法的主要区别在于消息的表达形式以及译码过程中消息的传递和处理方式。

本章介绍三种译码算法，分别为扩展最小和译码算法、X-EMS 算法、广义大数逻辑译码算法。

(1) 本章 4.1 节介绍基于最小和译码算法的扩展最小和译码算法，该算法基于最小和算法的基本原理，可降低实现复杂度。

(2) 本章 4.2 节介绍 X-EMS 译码算法。在 X-EMS 算法中，计算和传递的均为截断的消息，从而降低了计算复杂度。特别地，本节介绍几种自适应消息截断方法。

(3) 本章 4.3 节介绍广义大数逻辑译码算法。该算法是一种基于可靠度的译码算法，适用于列重较重的多元 LDPC 码。本书第 3 章 3.1 节构造的代数多元 LDPC 码可用该算法译码。

4.1 扩展最小和算法

4.1.1 扩展最小和算法的基本原理

最小和算法(min-sum algorithm，MS 算法)是二元 LDPC 码的一个低复杂度译码算法[92]。在最小和算法中，消息表示为对数似然比(log likelihood ratio，LLR)形式，变量结点的主要操作为实数加法，校验结点的主要操作为实数比较。最小和算法中的“和”对应于变量结点的求和操作，“最小”对应于校验结点的求最小操作。与和积算法相比，最小和算法的实现复杂度非常低，稳定性非常高。同时，最小和译码算法的性能损失也较小。因此，最小和算法已成为二元 LDPC 码的首选译码算法。校验结点处的求最小运算将放大迭代中传递的消息，因此，为保证最小和算法的译码性能，常常需要对校验结点的输出进行缩放处理，缩放比例可通过密度进化算法得到。一般来说，最优的缩放参数与码的结构以及信噪比相关。

在多元 LDPC 码的译码过程中，消息维度为 q，因此不能单纯地将最小和算法用于译多元 LDPC 码。利用最小和算法的基本思想设计多元 LDPC 码的译码算法是一个值得探索的问题。相关研究于 2007 年取得了一定的突破，研究人员根据最小和算法的基本思想提出了扩展最小和算法[42]，随后研究人员提出了多种扩展最小和算法的变体。

扩展最小和算法及其变体算法的基本思想如下：

在 QSPA 的迭代过程中，正规图上传递的消息维度为 q，而迭代译码算法的实现复杂度随消息维度的增长而增长，为降低译码复杂度，可降低消息的维度。

设 α 为有限域 $\mathbb{F}_q$ 的一个本原元，QSPA 译码过程中传递的消息为 q 元概率向量：

$$(\Pr(0),\ \Pr(\alpha^0),\ \Pr(\alpha),\ \cdots,\ \Pr(\alpha^{q-2}))$$

其中，$\Pr(x)$ 表示 $x\in\mathbb{F}_q$ 的概率。上述概率向量也可表示为一个 q 维 LLR 向量：

$$\boldsymbol{L}=[L(0),\ L(\alpha^0),\ \cdots,\ L(\alpha^{q-2})]$$

其中，$L(\alpha^i)=\ln\dfrac{\Pr(\alpha^i)}{\Pr(0)}$ 且 $L(0)=\ln\dfrac{\Pr(0)}{\Pr(0)}=0$。可以看出，对于有限域元素 $x\in\mathbb{F}_q$，$L(x)$ 越大，判决结果为 x 的可能性（概率）也越大。另外，由 q 元概率向量和 LLR 向量之间的变换关系可知，LLR 向量与 q 元概率向量一一对应。

EMS 算法的主要思想如下：

(1) 将所有的概率向量表示为 LLR 向量；

(2) 将所有的 LLR 向量进行截断，只保留它们的前 n_m（$n_m\ll q$）个最大的分量；

(3) 在译码过程中只传递截断的 LLR 向量。

为方便算法描述，用 $\boldsymbol{L}_X^{A\to B}$ 表示从结点 A 传递到结点 B 的截断 LLR 向量。假设对于任意的 $x\in\mathbb{F}_q$，可以根据信道接收值计算输入信息 $P_{V_j}^{\mapsto\nu_j}(x)$，进而可获得对应的 LLR 向量和截断 LLR 向量。

4.1.2 扩展最小和算法

扩展最小和算法也是基于正规图的迭代消息传递/处理算法。扩展最小和算法与 QSPA 具有相同的算法流程和结点约束，主要差别在于消息表达形式和消息处理方式。扩展最小和算法的基本步骤包括计算变量结点到 H 结点的外信息、从左向右信息置换、计算校验结点到 H 结点的外信息、从右向左信息置换、全信息计算和硬判决。下面分别介绍各个步骤的细节。为便于理解，读者需参考多元 LDPC 码的正规图。

1. 计算变量结点到 H 结点的外信息

变量结点的约束为所有输入随机变量的取值必须相等。变量结点 ν_j（$0\leqslant j<n$）的约束为 $\{V_j=X_{ij},\ i\in\mathcal{N}_c(j)\}$，其中，$X_{ij}$ 表示结点 ν_j 与结点 H_{ij} 相连的边上的随机变量，V_j 代表半边上的随机变量。在扩展最小和算法中，需计算从结点 V_j 到结点 H_{ij} 的 LLR 消息向量 $\boldsymbol{L}_{X_{ij}}^{\nu_j\to H_{ij}}$。变量结点 V_j 的约束如下：如果 $X_{ij}=x$，则事件：

$$\{V_j=x\}\cap\left(\bigcap_{k\in\mathcal{N}_c(j)\backslash\{i\}}\{X_{ki}=x\}\right)\tag{4.1}$$

必须成立。在 QSPA 中，变量结点与 H 结点之间传递的信息为 q 维概率向量，因此变量结点的操作为实数乘法；而在 EMS 算法中，变量结点与 H 结点之间传递的信息为 LLR 向量，因此变量结点的操作为实数加法。根据式(4.1)的约束，变量结点的消息计算方式为

$$L_{X_{ij}}^{\nu_j \to H_{ij}}(x) = L_{V_j}^{\mapsto \nu_j}(x) + \sum_{k \in \mathcal{N}_c(j) \setminus \{i\}} L_{X_{kj}}^{H_{kj} \to \nu_j}(x),\ x \in \mathbb{F}_q \tag{4.2}$$

其中，LLR 向量$\boldsymbol{L}_{X_{kj}}^{H_{kj} \to \nu_j}$初始化为全零向量。为更好地理解上述计算原理，读者可以将其与本书第 2 章 2.4 节的 QSPA 进行比较。

2. 从左向右信息置换

H 结点根据置换约束将消息向量$\boldsymbol{L}_{X_{ij}}^{\nu_j \to H_{ij}}$置换得到从结点 H_{ij} 到结点 C_i 的消息向量$\boldsymbol{L}_{Y_{ij}}^{H_{ij} \to C_i}$。结点 H_{ij} 的约束为$h_{ij}X_{ij} = Y_{ij}$，其中，h_{ij} 为结点 H_{ij} 对应的非零元。当 $Y_{ij} = y$ 时，事件$\{X_{ij} = h_{ij}^{-1}y\}$必须成立。因此，H 结点到校验结点的消息计算方式为

$$L_{Y_{ij}}^{H_{ij} \to C_i}(y) = L_{X_{ij}}^{\nu_j \to H_{ij}}(h_{ij}^{-1}y),\ y \in \mathbb{F}_q \tag{4.3}$$

和 QSPA 一样，上述消息置换的复杂度为 $O(q)$。

3. 计算校验结点到 H 结点的外信息

校验结点的约束为所有边上的随机变量的和为$0 \in \mathbb{F}_q$。校验结点C_i 的约束为 $\sum_{J \in \mathcal{N}_v(i)} Y_{ij} = 0$。对于随机变量 Y_{ij}，若 $Y_{ij} = y$，则事件$\left\{y + \sum_{k \in \mathcal{N}_v(i) \setminus \{j\}} Y_{ik} = 0\right\}$必须成立。因此，校验结点 C_i 到 H 结点的未截断的 LLR 消息向量为

$$L_{Y_{ij}}^{C_i \to H_{ij}}(y) = \ln\left(\sum_{y + \sum_{k \in \mathcal{N}_v(i) \setminus \{j\}} y_{ik} = 0} \exp\left(\sum L_{Y_{ik}}^{H_{ik} \to C_i}(y_{ik}) \right) \right) \tag{4.4}$$

由式(4.4)计算得到的对数似然比消息与 QSPA 中的似然消息呈对数关系。可以看出，由于需要计算未截断的 LLR 向量，式(4.4)的计算复杂度与 QSPA 中对应步骤的计算复杂度相当。当只计算 LLR 消息向量的较大分量时，可降低计算复杂度。

式(4.4)需计算多个指数函数的和。由指数函数的性质可知：

$$S = \sum_{i=1}^{J} \exp(e_i)$$

的值将由其中最大的项主导，即

$$S = \sum_{i=1}^{J} \exp(e_i) \approx \exp \max_i (e_i)$$

基于上面的近似原理，外信息$\boldsymbol{L}_{Y_{ij}}^{C_i \to H_{ij}}$可估算为

$$\begin{aligned} L_{Y_{ij}}^{C_i \to H_{ij}}(y) &\approx \ln\left(\exp \max_{y + \sum_{k \in \mathcal{N}_v(i) \setminus \{j\}} y_{ik} = 0} \sum L_{Y_{ik}}^{H_{ik} \to C_i}(y_{ik}) \right) \\ &= \max_{y + \sum_{k \in \mathcal{N}_v(i) \setminus \{j\}} y_{ik} = 0} \sum L_{Y_{ik}}^{H_{ik} \to C_i}(y_{ik}) \end{aligned} \tag{4.5}$$

在上述近似计算中，对于每个 $y \in \mathbb{F}_q$，仅需考虑集合：

$$L_y = \left(\sum L_{Y_{ik}}^{H_{ik} \to C_i}(y_{ik}) : y + \sum_{k \in \mathcal{N}_v(i) \setminus \{j\}} y_{ik} = 0 \right)$$

中的最大值。因此其计算复杂度与集合：

$$\mathrm{Conf}_y(q) = \left\{ (y_{i1},\ y_{i2},\ \cdots,\ y_{i\rho}) : y + \sum_{k=1,\ k\neq j}^{\rho} y_{ik} = 0,\ y_{ij} = y \right\}$$

的大小成正比，其中，ρ 为校验矩阵第 i 行的行重。上述近似算法与二元 LDPC 码的最小和算法具有相同的思想。由于集合 L_y 的大小为 $q^{\rho-1}$，上述近似计算并不会降低计算复杂度（这里假设实数比较和实数加法具有相当的实现复杂度）。

式(4.6)的计算复杂度与集合 L_y 的大小成正比。因此，若只在集合 L_y 的一个子集中考虑最大化，则可降低计算复杂度。从式(4.6)可以看出，集合 L_y 的大小与每一个消息向量的维度有关。若减少其中一个或多个消息向量的维度，则可降低集合 L_y 的大小。基于以上分析，可以看出，如果在迭代过程中采用截断 LLR 向量，就可降低译码复杂度。假设在迭代译码过程中，只考虑每个 LLR 消息向量的前 n_m 项，则集合 L_y 的大小约为 $n_m^{\rho-1}$。上述截断方法可以在一定程度上降低计算复杂度。当 n_m 或 ρ 比较大时，$n_m^{\rho-1}$ 仍较大，计算复杂度依然很高。因此，还需要进一步缩小该集合的大小。在采用截断 LLR 消息向量的基础上，一个可行的降低复杂度的方法如下（在式(4.6)的计算中，只选用 L_y 的一个子集）。

下面以一个度为 ρ 的校验结点 C 为例说明子集选择算法。记进入校验结点 C 的 $\rho-1$ 个截断消息向量分别为 $\boldsymbol{L}_1$，$\boldsymbol{L}_2$，$\cdots$，$\boldsymbol{L}_{\rho-1}$。对于 $\boldsymbol{L}_i$，它的第 $j(1\leqslant j\leqslant n_m)$ 个分量对应的域元素符号记作 $D_i(j)\in\mathbb{F}_q$。例如，对于一个定义在 $\mathbb{F}_{64}$ 上的多元 LDPC 码，当 $n_m=8$ 时，一个可能的截断 LLR 向量为

$$\boldsymbol{L}_1 = (8.5,\ 7.3,\ 4.2,\ 2.0,\ 0,\ -0.35,\ -1,\ -2)$$

与之对应的域元素向量为

$$\boldsymbol{D}_1 = (8,\ 12,\ 7,\ 42,\ 0,\ 18,\ 23,\ 2)$$

可以看出，$\Pr(42)=\exp(2)\Pr(0)$。给定 $\boldsymbol{L}_i$ 和 $\boldsymbol{D}_i$，可定义配置集合：

$$\mathrm{Conf}(n_m) = \{(D_1(k_1),\ \cdots,\ D_{\rho-1}(k_{\rho-1})) : \forall (k_1,\ \cdots,\ k_{\rho-1}) \in \{1,\ \cdots,\ n_m\}^{\rho-1}\}$$

$\mathrm{Conf}(n_m)$称为完全配置集。当 $n_m=1$ 时，完全配置集 $\mathrm{Conf}(1)$只包含一个向量。此时每个输入外信息向量只包含最大似然判决结果。$\mathrm{Conf}(1)$称为零阶配置集。综上可知，$|\mathrm{Conf}(n_m)|=n_m^{\rho-1}$。为降低计算复杂度，在计算第 ρ 条边的输出外信息时，只用完全配置集的一个子集。设集合 $\mathrm{Conf}(n_m)^{(\ell)}$ 由集合 $\mathrm{Conf}(n_m)$中与零阶配置集 $\mathrm{Conf}(1)$在 ℓ 个位置不同的序列组成。EMS 算法中的配置集合为

$$\mathrm{Conf}(n_m,\ n_c) = \mathrm{Conf}(n_m)^{(0)} \cup \mathrm{Conf}(n_m)^{(1)} \cup \cdots \cup \mathrm{Conf}(n_m)^{(n_c)}$$

该集合的大小为

$$|\ \mathrm{Conf}(n_m,\ n_c)\ | = \sum_{k=0}^{n_c} \binom{\rho-1}{k} (n_m-1)^k \approx \binom{\rho-1}{n_c} n_m^{n_c}$$

因此，当选取较小的 n_m 和 n_c 时，配置集合 $\mathrm{Conf}(n_m,\ n_c)$的大小远远小于完全配置集 $\mathrm{Conf}(n_m)$的大小。由于计算复杂度和集合大小相关，采用上面的配置子集可大大降低计算复杂度。参数 n_c 和 n_m 越小，EMS 算法的运算复杂度越低。若 n_m 太小，则 EMS 算法只能利用消息向量很少的一部分，因此会有较大的性能损失。例如，对于定义在 $\mathbb{F}_{64}$ 上的多元 LDPC 码，当 $n_m=32$ 时，EMS 算法几乎没有性能损失；当 $n_m=16$ 时，EMS 算法有较大的性能损失。另外，对于定义在同一个有限域上的不同多元 LDPC 码，n_m 的选择也不一样。综上可知，

在 EMS 算法中，校验结点到 H 结点的外信息计算方式为

$$L_{Y_{ij}}^{C_i \to H_{ij}}(y) = \max_{(y_1, y_2, \cdots, y_{\rho-1}) \in \mathrm{Conf}(n_m, n_c)} \sum L_{Y_{ik}}^{H_{ik} \to C_i}(y_i) \tag{4.6}$$

利用上述配置子集计算外信息可能存在如下问题：若存在 $a \in \mathbb{F}_q$ 使得

$$\forall (y_1, y_2, \cdots, y_{\rho-1}, \in \mathrm{Conf}(n_m, n_c)$$

都有

$$\sum_{i=1}^{\rho-1} y_i \neq a$$

则基于配置子集 $\mathrm{Conf}(n_m, n_c)$ 计算外信息时，校验结点输出的外信息向量在 $a \in \mathbb{F}_q$ 处没有取值，这将在一定程度上影响 EMS 算法的收敛性和译码性能。为解决这一问题，在 EMS 算法中，可选用如下配置集合：

$$\mathrm{Conf}(n_m, n_c) \cup \mathrm{Conf}(q, 1) \tag{4.7}$$

基于式(4.7)中的配置子集可保证由式(4.6)计算出的外信息向量 $\boldsymbol{L}_{Y_{ij}}^{C_i \to H_{ij}}$ 的任意分量 $L_{Y_{ij}}^{C_i \to H_{ij}}(a)$ $(a \in \mathbb{F}_q)$ 均有值。

4. 从右向左信息置换

H 结点需利用从校验结点传来的外信息计算传到变量结点的外信息。如果 $X_{ij} = x$，则事件 $\{Y_{ij} = h_{ij}x\}$ 必须成立。因此，从 H 结点 H_{ij} 到变量结点 ν_j 的外信息为

$$L_{X_{ij}}^{H_{ij} \to \nu_j}(x) = L_{Y_{ij}}^{C_i \to H_{ij}}(h_{ij}x),\ x \in \mathbb{F}_q \tag{4.8}$$

和 QSPA 一样，H 结点只进行信息置换，计算复杂度为 $O(q)$。

5. 全信息计算和硬判决

变量结点 $\nu_j (0 \leqslant j \leqslant N-1)$ 计算的全信息 LLR 向量 $\boldsymbol{L}_{V_j}$ 为

$$L_{V_j}(x) = L_{V_j}^{\mapsto \nu_j}(x) + \sum_{i \in \mathcal{N}_c(j)} L_{X_{ij}}^{H_{ij} \to \nu_j}(x),\ x \in \mathbb{F}_q \tag{4.9}$$

给定 LLR 向量 $\boldsymbol{L}_{V_j}$，判决结果为

$$\hat{v}_j = \arg\max_{x \in \mathbb{F}_q} L_{V_j}(x) \tag{4.10}$$

如果 $\boldsymbol{H}\hat{\boldsymbol{v}}^{\mathrm{T}} = \boldsymbol{0}$，则译码成功，并输出硬判决序列 $\hat{\boldsymbol{v}}$。

6. 扩展最小和算法的总结

扩展最小和算法的算法步骤与 QSPA 一致，主要差别在于消息的表示形式与校验结点的计算方式。快速傅里叶变换可用于降低 QSPA 的计算复杂度。由于采用对数似然比与消息近似，扩展最小和算法中不能利用快速傅里叶变换。为方便读者理解，算法 4.1 中给出了扩展最小和算法的流程。

✲ 算法 4.1　扩展最小和算法

(1) 初始化。通过接收序列计算初始化消息 $L_{V_j}^{\mapsto \nu_j}(x)$。将正规图中其他变量的消息初始化为全零向量。设定最大迭代次数 $\mathcal{L}$，并令 $\ell = 0$。

(2) 迭代。如果 $\ell < \mathcal{L}$，则执行如下步骤：

步骤 1：根据式(4.2)计算从变量结点到 H 结点的外信息。

步骤 2：根据式(4.3)计算 H 结点到校验结点的外信息。

步骤 3：根据式(4.7)计算从校验结点到 H 结点的外信息。

步骤 4：根据式(4.9)计算 H 结点到变量结点的外信息。

步骤 5：根据式(4.10)计算变量结点的全信息并进行判决。如果 $\boldsymbol{H}\hat{\boldsymbol{v}}^{\mathrm{T}}=\boldsymbol{0}$，则宣布译码成功，并输出码字。

步骤 6：令 $\ell=\ell+1$。

(3) 译码结束。如果 $\ell=\mathcal{L}$，则译码失败。

实现 EMS 算法时还有很多具体问题，主要包括：

(1) 如何选择合适的参数 n_m 和 n_c。

(2) 如何快速选取消息向量的前 n_m 个最大分量。

(3) 如何由两个已经做好排序的截断信息向量快速得到排序的截断信息向量。

(4) 和 MS 算法一样，由于 EMS 算法中采用了 Max 操作，外信息将被放大。在译码时有必要选用适当的缩放系数或偏移系数(也可同时采用缩放和偏移系数)进行信息修正。因此，需考虑缩放系数和偏移系数的优化。

(5) 为便于硬件实现，对于 EMS 算法中传递的消息，需要进行量化处理，因此需研究量化方式对纠错性能(包括瀑布区域和错误平层的性能)的影响，进而研究如何选择合适的量化方式。本书不对以上问题进行具体讨论，感兴趣的读者可参阅相关文献。下面通过几个例子说明 EMS 算法的性能。

4.1.3 扩展最小和算法的性能

本书第 3 章已经指出，对于定义在高阶有限域上的多元 LDPC 码，非常稀疏的正规图才有较好的纠错性能。特别地，列重为 2 的规则多元 LDPC 码纠错性能良好。因此在下面的实例中主要考虑列重为 2 的多元 LDPC 码。列重为 2 的多元 LDPC 码一般定义在较大的有限域上，此时复杂度问题更为明显。

例 4.1 考虑定义在有限域 $\mathbb{F}_{256}$ 上的(2, 4)-规则多元 LDPC 码 $C_{256}[106, 53]$，该码码率为 0.5，符号级码长为 106，比特级码长为 848。该码由 PEG 算法构造，非零元的取值随机选取。在仿真中，EMS 算法选用的参数为 $n_m=13$，$n_c=3$。

图 4.1 中给出了 $C_{256}[106, 53]$在 EMS 算法下的误帧率，其中，"without correction"表示未做任何修正的原始 EMS 算法，"factor correction"表示采用缩放系数的 EMS 算法，"offset correction"表示采用偏移系数的 EMS 算法。为比较性能，图 4.1 中给出了 QSPA 的误码性能。可以看出，若不采用信息缩放和信息偏移，EMS 算法相对于 QSPA 有0.35 dB的性能损失。通过引入缩放系数和偏移系数，可在一定程度上缩小 EMS 算法的性能损失。对于 $n_m=13$ 和 $n_c=3$，当缩放系数为0.769时，EMS 算法的性能见图 4.1。从图 4.1 中可以看出，采用缩放技术可改善 EMS 算法的性能。具体地，采用缩放系数的 EMS 算法的性能比不采用缩放系数的 EMS 算法的性能好约0.2 dB。然而，当采用缩放系数后，EMS 算法的错误平层有明显提高。图 4.1 中给出了采用偏移系数为0.6的 EMS 算法的误码性能。从图4.1中可以看出，偏移技术也可改进 EMS 算法的性能。定义在$\mathbb{F}_{256}$上的多元 LDPC 码比相同比特长度的二元 LDPC 码好约1.0 dB。因此，当采用低复杂度的 EMS 算法时，多元 LDPC 码的性能仍优于二元 LDPC 码。

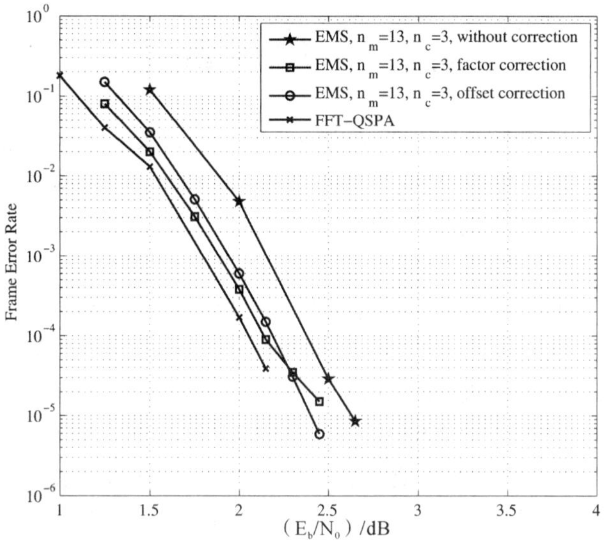

图 4.1　多元 LDPC 码 C_{256}[106，53]在 EMS 算法与 QSPA 下的误帧率

例 4.2　本例考虑一个高码率多元 LDPC 码。考虑定义在有限域$\mathbb{F}_{128}$上的(2，8)-规则多元 LDPC 码 C_{128}[84，63]，该码码率为0.75，符号级码长为 84，比特级码长为 588。该码由 PEG 算法构造，非零元的取值随机选取。在仿真中，EMS 算法的参数为 $n_m=13$，$n_c=3$。

图 4.2 中给出了 C_{128}[84，63]在 EMS 算法下的误帧率，其中，"without correction"表示未做任何修正的原始 EMS 算法，"factor correction"表示采用缩放系数的 EMS 算法，"offset correction"表示采用偏移系数的 EMS 算法。为比较性能，图 4.2 中给出了 QSPA 的误码性能。可以看出，当不采用信息缩放和信息偏移时，EMS 算法相对于 QSPA 有 0.15 dB的性能损失。通过引入缩放系数和偏移系数，可在一定程度上缩小 EMS 算法的性能损失。对于 $n_m=13$ 和 $n_c=3$，当缩放系数为0.714时，采用缩放系数的 EMS 算法的性能比原始 EMS 算法的性能好约0.1 dB。图 4.2 中给出了采用偏移系数为0.6的 EMS 算法的误码性能。从图 4.2 中可以看出，偏移技术也可改进 EMS 算法的性能。

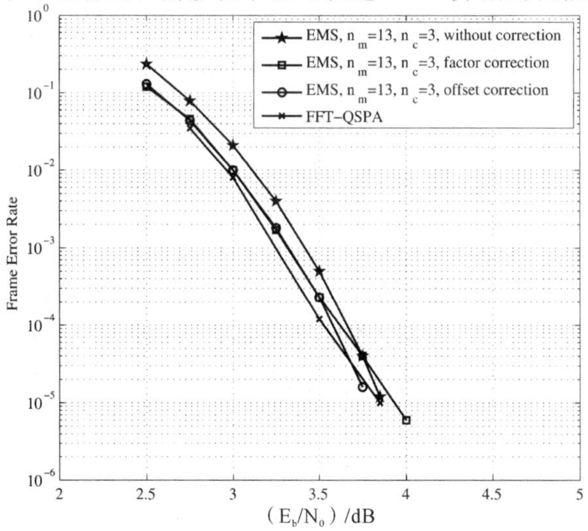

图 4.2　多元 LDPC 码 C_{128}[84，63]在 EMS 算法与 QSPA 下的误帧率

4.2 X-EMS 算法

虽然 EMS 算法的译码复杂度低于 QSPA，但对于定义在高阶有限域上的多元 LDPC 码，EMS 算法的实现复杂度仍然很高。除此之外，高码率多元 LDPC 码的行重大，译码复杂度更高。由于高阶有限域上的多元 LDPC 码往往具有较好的纠错性能，因此有必要设计复杂度更低的多元 LDPC 译码算法。

编码领域的很多问题都可转化为网格图上的搜索问题。和二元 LDPC 码一样，多元 LDPC 码的校验结点约束等价于一个定义在有限域 $\mathbb{F}_q$ 上的奇偶校验码。因此，多元 LDPC 码的校验结点可表示为一个网格图(trellis)。图 4.3 中给出了一个 $\mathbb{F}_4$ 上的符号长度为 5 的多元奇偶校验码的正规图。图 4.4 中给出了该奇偶校验码的网格图表示，网格图上的搜索算法可作为多元 LDPC 译码的基本模块。本节介绍的 X-EMS 算法是一类基于网格图搜索算法和消息截断技术的多元 LDPC 译码算法[94-95]。根据消息截断技术的不同，X-EMS 算法包括 D-EMS 算法、M-EMS 算法、T-EMS 算法[94]和 μ-EMS 算法[95]。这里的 X 是“D”“M”“T”和“μ”的泛称。

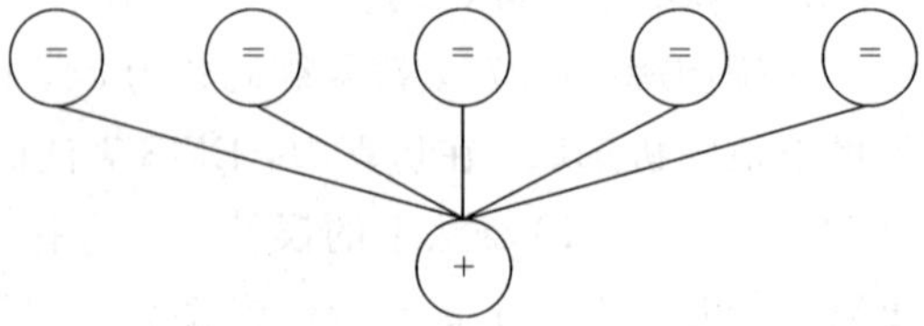

图 4.3 多元奇偶校验码的正规图表示

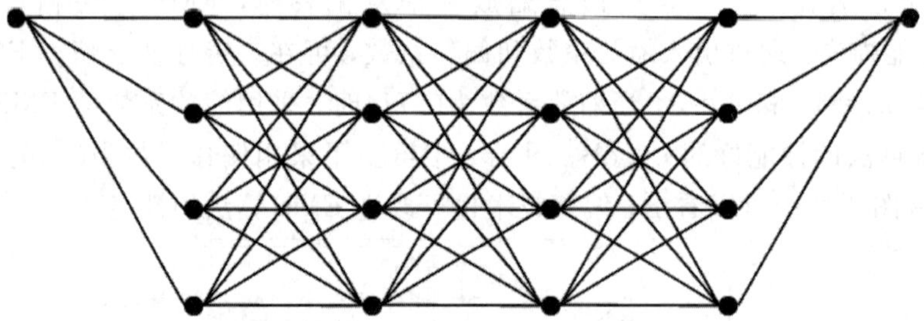

图 4.4 多元奇偶校验码的网格图表示

在 X-EMS 算法中，在校验结点计算外信息之前，需将所有输入的外信息进行截断。消息截断实际上是将一个消息向量分为主要部分和次要部分的过程。当校验结点计算外信息时，只有消息向量的主要部分参与计算，因此单次迭代的译码复杂度将降低。一方面，为最大限度地降低计算复杂度，往往希望消息向量的主要部分尽量小；另一方面，为保证译码性能，又希望发送域元素对应的消息分量在主要部分，因此消息主要部分不能太小。另外，消息主要部分与迭代次数也相关。随着迭代的进行，变量结点输出的外消息会越来越集中。若译码正确，变量结点输出的外消息的最大分量对应于传输的域元素。可以预期，随着迭代次数的增加，消息向量主要部分的大小将越来越小。

在传统的 EMS 算法中，消息向量的主要部分是固定的，与信道好坏以及迭代次数均无关。本节重点介绍几种 EMS 算法的变体，统称为 X-EMS 算法。这些变体算法在性能上和传统的 EMS 算法相当，但具有更低的计算复杂度。这些算法的主要区别在于消息向量的划分方式不同。文献[96]中给出了一种新的 EMS 算法，该算法可以有效地在译码性能和译码复杂度之间进行折中，有兴趣的读者可以进一步阅读文献[96]。

4.2.1　几种消息截断技术

设从 H 结点 H_{ij} 到校验结点 C_i 的消息向量为 $\boldsymbol{L}_{Y_{ij}}^{H_{ij}\to C_i}$，其维度为 q。为便于实现，X-EMS算法中的消息也采用对数域形式(4.2.2 小节将会介绍 X-EMS 中用到的消息形式)。根据某种消息截断准则，可将消息向量 $\boldsymbol{L}_{Y_{ij}}^{H_{ij}\to C_i}$ 分为主要部分和次要部分。消息主要分量对应的域元素集合记为 F，次要部分对应的域元素集合记为 $\mathbb{F}_q-F$。比如，对于定义在 $\mathbb{F}_4$ 上的多元 LDPC 码，消息向量的主要部分可为取值最大的前两个分量。消息向量 $\boldsymbol{L}_{Y_{ij}}^{H_{ij}\to C_i}=(0, 100, -30, 15)$ 的主要部分为{100，15}，次要部分为{0，－30}。基于该划分，有 $F=\{1, 3\}$。文献[44]中提出了三种消息截断技术，分别为 F_{M}、F_{T} 和 F_{D}。下面详细介绍这三种消息截断技术。在 F_{M} 中，主要部分由消息向量前 M 个最大的分量构成。因此，有

$$F_{\mathrm{M}}=\{y\in\mathbb{F}_q : L_{Y_{ij}}^{H_{ij}\to C_i}(y)\text{ 是消息向量 }\boldsymbol{L}_{Y_{ij}}^{H_{ij}\to C_i}\text{ 中前 }M\text{ 最大}\}$$

F_{T} 中的主要部分由所有大于门限 T 的消息分量构成，其对应的域元素集合 F_{T} 为

$$F_{\mathrm{T}}=\{y\in\mathbb{F}_q : L_{Y_{ij}}^{H_{ij}\to C_i}(y)\geqslant T\}$$

取 $T=0$，消息向量 $\boldsymbol{L}_{Y_{ij}}^{H_{ij}\to C_i}=(0, 100, -30, 15)$ 的主要部分为{0，100，15}。F_{D} 中的主要部分由所有与最大分量的差距小于等于 D 的消息分量构成，其对应的域元素集合 F_{D} 为

$$F_{\mathrm{D}}=\{y\in\mathbb{F}_q : L_{\max}-L_{Y_{ij}}^{H_{ij}\to C_i}(y)\leqslant D\}$$

其中，$L_{\max}$ 表示消息向量 $\boldsymbol{L}_{Y_{ij}}^{H_{ij}\to C_i}$ 的最大分量。取 $D=80$，消息向量 $\boldsymbol{L}_{Y_{ij}}^{H_{ij}\to C_i}=(0, 100, -30, 15)$ 的主要部分为{100}。文献[95]中给出了一种与 F_{T} 类似的消息截断方法 F_μ，该消息截断技术具有自适应门限。在 F_μ 中，门限 μ 为

$$\mu=\frac{1}{q}\sum_{y\in\mathbb{F}_q}L_{Y_{ij}}^{H_{ij}\to C_i}(y)-c$$

其中，c 是固定的偏移常数。此时主要部分对应的域元素集合 F_μ 为

$$F_\mu=\{y\in\mathbb{F}_q : L_{Y_{ij}}^{H_{ij}\to C_i}(y)\geqslant\mu\}$$

可以看出，在消息截断技术 F_μ 中，主要部分由整个消息向量的统计均值决定。因此该消息截断方法会随着消息向量的变化而变化。取 $c=0$，消息向量 $\boldsymbol{L}_{Y_{ij}}^{H_{ij}\to C_i}=(0, 100, 60, 15)$ 的主要部分为{100，60}，而消息向量 $\boldsymbol{L}_{Y_{ij}}^{H_{ij}\to C_i}=(0, 100, -30, 15)$ 的主要部分为{100}。我们将基于截断方法 F_{M}、F_{T}、F_{D} 和 F_μ 的 EMS 算法分别称为 M-EMS 算法、T-EMS 算法、D-EMS算法和 μ-EMS 算法。

在上述截断方法中，需假设消息分量的取值与似然值成正比，即似然值越大其消息取值也越大。下面简要介绍上述四种消息截断技术的特点。M-EMS 算法中需运行排序算法以

确定消息向量的前 M 个最大分量。μ-EMS 算法中不需要排序操作，因此其计算复杂度低于 M-EMS 算法。然而 μ-EMS 算法中主要部分的大小不固定，因此其存储复杂度会高于 M-EMS 算法。与 T-EMS 算法相比，μ-EMS 算法的门限不固定，该门限与消息向量的具体取值相关。μ-EMS 算法与 D-EMS 算法相似，具有动态门限。它们的不同点在于，D-EMS 算法中的门限只由消息向量的最大分量决定，而 μ-EMS 算法的门限由整个消息分量决定。在本书中，上述四种 EMS 算法统称为 X-EMS 算法。下面给出 X-EMS 算法的详细执行流程。

4.2.2 X-EMS 算法

X-EMS 算法的基本步骤和 EMS 算法一样，在此省略具体的算法描述，读者可参见 EMS 算法。LLR 消息向量满足"似然值越大消息取值也越大"的要求，因此 X-EMS 算法也可用 LLR 消息向量作为译码输入。为进一步提高算法鲁棒性，采用量化形式的消息作为输入。算法 4.2 给出了 X-EMS 输入消息向量的计算算法。该算法利用欧氏距离度量每个星座点的发送可能性，因此该算法的计算输出也称为可能性函数。对于一个有限域元素 $\alpha \in \mathbb{F}_q$，映射 ϕ 将该点映射至信号星座点 $\phi(\alpha)$。$\phi(\alpha)$ 与接收信号 y_i 之间的欧氏距离越大，发送 α 的可能性越小；$\phi(\alpha)$ 与接收信号 y_i 之间的欧氏距离越小，发送 α 的可能性越大。算法 4.2 将欧氏距离的递减函数：

$$f(\alpha) \triangleq \frac{d_{\max} - \| y_i - \phi(\alpha) \|^2}{d_{\max}}$$

进行 b 比特量化，得到可靠性函数，其中 $d_{\max}$ 表示最大欧氏距离。显然，$f(\alpha)$ 越大，发送 α 的可能性越大；$f(\alpha)$ 越小，发送 α 的可能性越小。算法4.2只需要欧氏距离，不需要信道噪声方差。因此该量化算法是独立于信道的。

✲ 算法 4.2　计算可能性函数

对于 $i=0, 1, \cdots, n-1$，执行以下步骤：

步骤 1：计算 y_i 和调制输出 $\phi(\alpha)$ 之间的平方欧氏距离，记为

$$d_i(\alpha) = \| y_i - \phi(\alpha) \|^2$$

其中，$\alpha \in \mathbb{F}_q$，ϕ 定义了调制方式。

步骤 2：对于 $\alpha \in \mathbb{F}_q$，如果 $d_i(\alpha) > d_{\max}$，设 $d_i(\alpha) = d_{\max}$。

步骤 3：给定 $d_i(\alpha)$，可能性函数的取值为

$$L_{V_i}^{\mapsto \nu_i}(v_i) = \left\lfloor \frac{d_{\max} - d_i(\alpha)}{d_{\max}} \times (T-1) \right\rfloor, \alpha \in \mathbb{F}_q \tag{4.11}$$

其中，$T=2^b$。

算法 4.2 将接收信号量化后得到译码器输入。由于在 X-EMS 算法中采用了截断技术，因此传递的消息需为截断消息。给定消息向量 $\boldsymbol{L}_{Y_{ij}}^{H_{ij} \to C_i}$ 及其主要分量对应的域元素集合 F，截断后的消息向量 $\widetilde{\boldsymbol{L}}_{Y_{ij}}^{H_{ij} \to C_i}$ 为

$$\widetilde{L}_{Y_{ij}}^{H_{ij} \to C_i}(y) = \begin{cases} L_{Y_{ij}}^{H_{ij} \to C_i}(y) - L_0, & y \in F \\ -\infty, & \text{其他} \end{cases} \tag{4.12}$$

其中，L_0 为主要分量的最小值。X-EMS 算法中传递的是上述截断消息向量。式(4.12)中采用了消息平移，使得消息向量的主要部分的最小可靠度为零。下面给出 X-EMS 译码算法的流程。

✲ 算法 4.3　X-EMS 译码算法

(1) 初始化。给定接收序列 $\boldsymbol{y}$，计算可能性函数$\boldsymbol{L}_{V_j}^{\mapsto \nu_j}$。将其他所有的消息初始化为零向量。设定最大迭代次数 $\mathcal{L}$，并设定 $\ell=0$。

(2) 迭代。当 $\ell<\mathcal{L}$ 时，执行以下步骤：

步骤 1：计算从变量结点到 H 结点的消息$\widetilde{\boldsymbol{L}}_{X_{ij}}^{\nu_j \to H_{ij}}$。

步骤 2：计算从 H 结点到校验结点的消息$\widetilde{\boldsymbol{L}}_{Y_{ij}}^{H_{ij} \to C_i}$。

步骤 3：基于消息截断方法(F_{M}、F_{T}、F_{D} 或者 F_{μ})，计算从校验结点到 H 结点的消息$\widetilde{\boldsymbol{L}}_{Y_{ij}}^{C_i \to H_{ij}}$，具体计算方式可参见文献[44]。

步骤 4：计算从 H 结点到变量结点的消息$\widetilde{\boldsymbol{L}}_{X_{ij}}^{H_{ij} \to \nu_j}$。

步骤 5：计算全信息 $\boldsymbol{L}_{V_j}$ 并做硬判决，得到判决序列 $\hat{\boldsymbol{v}}$。

步骤 6：计算伴随式 $\boldsymbol{H}\hat{\boldsymbol{v}}^{\mathrm{T}}=\boldsymbol{s}$。如果 $\boldsymbol{s}=\boldsymbol{0}$，输出 $\hat{\boldsymbol{v}}$ 并终止循环。

步骤 7：令 $\ell=\ell+1$。

(3) 译码结束。如果 $\ell=\mathcal{L}$，则译码失败。

4.2.3　X-EMS 算法的性能与复杂度

由于不同截断方法的差异，很难准确分析 X-EMS 算法在每一次迭代中的复杂度。由于采用了截断消息向量，X-EMS 算法单次迭代的计算复杂度低于 QSPA。复杂度不仅与单次迭代的计算复杂度有关，还与迭代次数有关。为公平地比较不同译码算法的计算复杂度，采用复杂度比值(complexity ratio)衡量不同译码算法的复杂度。复杂度比值的定义为

$$\text{Complexity Ratio} = \frac{\text{某算法的平均运算次数}}{\text{QSPA 的平均运算次数}} \tag{4.13}$$

式(4.13)利用了平均运算次数度量译码复杂度(平均运算次数为该算法译一个码字平均所需的运算次数)。上述度量未考虑不同算法的运算种类的差异。比如，QSPA 的主要运算为实数加法、实数乘法和实数除法，而 X-EMS 算法的主要操作为整数加法和整数比较。由于整数运算的实现复杂度远远低于实数运算的实现复杂度，因此上述复杂度比值是一个保守的复杂度度量标准。

在各种不同的消息截断算法中，需要指定边和状态的参数。对于消息截断方法 X，用 X_{s} 和 X_{b} 分别表示边和状态截断时所用的参数取值。仿真中采用的信道为 AWGN 信道，调制为 BPSK 调制，所有仿真的最大迭代次数都为 50。

例 4.3　以代数构造的多元 LDPC 码为例说明 X-EMS 算法的性能和复杂度。基于文献[59，62]中的代数构造方法，构造了一个 64 元的多元 LDPC 码 $C_{64}[378, 197]$。该码的校验矩阵包含一定的冗余行，该码的正规图的最小环长为 6。

在仿真中，计算可能性函数时的参数为 $p=8$ 和 $d_{\max}=40$。X-EMS 算法的参数设置如下：

- 在 μ-EMS 算法中，设置 $c=1$，缩放系数为 0.8；
- 在 D-EMS 算法中，设置 $D_{\mathrm{s}}=80$，$D_{\mathrm{b}}=70$，缩放系数为 0.6；

· 在 T-EMS 算法中，设置 $T_s=15$，$T_b=15$，缩放系数为 0.6；

· 在 M-EMS 算法中，设置 $M=32$，缩放系数为 0.85。

图 4.5 给出了上述四种算法的误比特率。从图 4.5 中可以看出，相对于 QSPA，X-EMS 算法的性能损失小于0.1 dB。

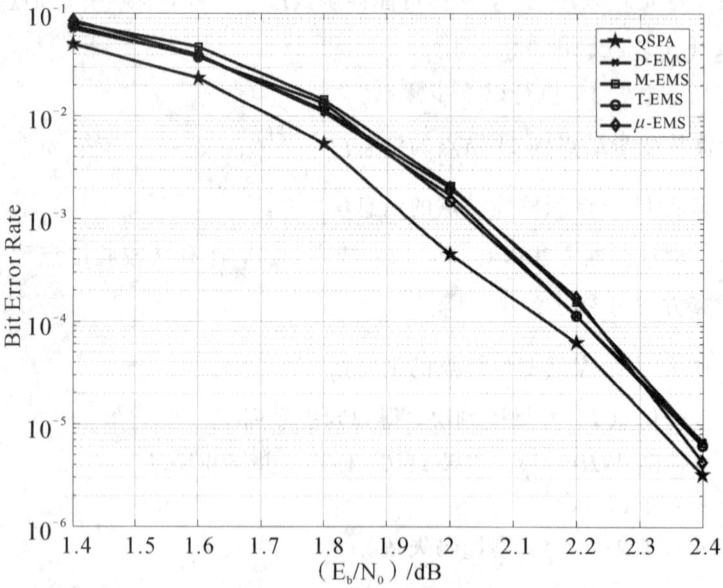

图 4.5　多元 LDPC 码 C_{64}[378，197]在不同译码算法下的误比特率

我们同时比较了不同译码算法的计算复杂度，比较结果如图 4.6 所示。从图 4.6 中可以看出，X-EMS 算法的复杂度低于 QSPA。当误比特率为 10^{-5}时，μ-EMS 算法的计算复杂度最低，此时 μ-EMS 算法的计算复杂度仅为 QSPA 的 25%。

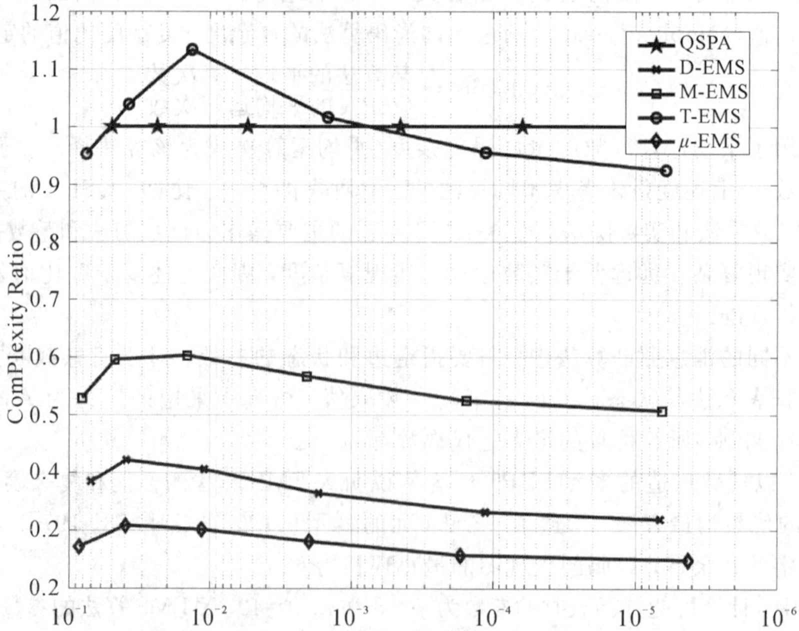

图 4.6　多元 LDPC 码 C_{64}[378，197]采用不同译码算法时的译码复杂度比较

例 4.3 的仿真参数按如下过程确定：给定目标误码率为 10^{-5}，调节参数的取值使得达

到该误码率所需的信噪比最低。当参数选定以后，所有的信噪比均采用该参数组合。例如，对于 μ-EMS 算法，同时调节缩放和偏移量 c，使得 μ-EMS 算法达到误比特率 10^{-5} 所需要的信噪比最低。

4.3　基于可靠度的译码算法

本章 4.1 节、4.2 节给出的译码算法均基于二元 LDPC 码的最小和算法。为了达到较好的性能，这些算法中仍需传递维度较高的消息。对于行重较重的多元 LDPC 码，这些算法的译码复杂度仍然很高。比如，文献[58]-[59]，[62]中提出了多种构造高性能多元 LDPC 码的方法。这些多元 LDPC 码的校验矩阵具有较大的列重和行重。对于这类多元 LDPC 码，传统 EMS 算法的译码复杂度问题仍然突出。由于这类码具有纠错性能好、收敛速率快、错误平层低等特点，有必要设计适用于这类码的低复杂度译码算法。相关文献中已经提出多种针对这类码的低复杂度译码算法，如文献[48]-[49]。本节只介绍文献[48]中提出的基于可靠度的广义大数逻辑译码算法(generalized majority-logic decoding algorithm，GMLGD 算法)。相关文献中也已出现多种基于可靠度(包括符号可靠度和比特可靠度)的低复杂度多元 LDPC 译码算法，有兴趣的读者可继续阅读文献[97]-[100]。

广义大数逻辑译码算法是一种基于传统大数逻辑译码算法的迭代译码算法。广义大数逻辑译码算法中只传递一维消息，因此具有计算复杂度低、易于实现等特点。为便于进行算法描述，此处介绍部分记号，具体可参见本书第 2 章第 4 节。假设采用了多元 LDPC 码 $C_q[n, k]$，该码的校验矩阵的维度为 $m\times n$。$C_q[n, k]$编码的通信系统的模型如下：

(1) 将信息序列 $\boldsymbol{u}$ 输入多元 LDPC 码 $C_q[n, k]$的编码器，得到编码序列 $\boldsymbol{v}$；

(2) 将码字 $\boldsymbol{v}$ 输入调制器，得到信道输入序列 $\boldsymbol{x}$。调制方式由映射 ϕ 确定，即符号 $\alpha\in\mathbb{F}_q$对应的发送信号为 $\phi(\alpha)$；

(3) 将发送信号序列 $\boldsymbol{x}$ 输入信道，得到接收序列 $\boldsymbol{y}$。

下面介绍广义大数逻辑译码算法的流程。

4.3.1　广义大数逻辑译码算法

在广义大数逻辑译码算法中，我们引入一种称为可能性函数的可靠度度量。广义大数逻辑译码算法包含四个步骤，分别为计算可能性函数、变量结点硬判决、校验结点计算外信息、变量结点更新可能性函数。对于每个变量结点，利用接收信号和调制映射计算该结点的可能性函数，可能性函数的取值范围为非负整数，广义大数逻辑译码算法以可能性函数作为译码输入。在迭代过程中，广义大数逻辑译码算法不断更新可能性函数直至收敛。由于广义大数逻辑译码算法只涉及有限域运算、整数加法和整数比较等简单运算，因此其非常适用于列重较大的代数多元 LDPC 码。下面逐一介绍四个译码步骤。

1. 计算可能性函数

广义大数逻辑译码算法以可靠度作为算法输入。可靠度的计算方法有很多，本节介绍一种适用于广义大数逻辑译码算法的可靠度度量。一个 b-比特的可能性函数 R 定义为

$$R:\mathbb{F}_q\mapsto\mathbb{Z}_T=\{0, 1, \cdots, T-1\}\tag{4.14}$$

其中，$T=2^b$。对于接收信号 $y_i(0\leqslant i<n)$，b-比特可能性函数 R_i 需满足以下条件：

(1) 如果 $\Pr(\alpha|y_i)\leqslant\Pr(\beta|y_i)$，则 $R_i(\alpha)\leqslant R_i(\beta)$；

(2) 对任意的 $\alpha\in\mathbb{F}_q$，$0\leqslant R_i(\alpha)<T$。

可以看出，后验概率的任意增函数变换都满足第一个条件。第一个条件保证后验概率越大，可靠度也越大。第二个条件则有利于算法实现。在广义大数逻辑译码算法中，基于 b-比特可能性函数 R_i 进行消息传递和判决，并通过迭代更新可能性函数直至译码成功或达到最大迭代次数。算法 4.4 给出了 b-比特可能性函数 R_i 的计算算法。

✲ 算法 4.4　计算可能性函数

对于 $i=0, 1, \cdots, n-1$，需执行以下步骤：

步骤 1：计算 y_i 和 $\phi(\alpha)$ 之间的负的平方欧氏距离，记为

$$d_i(\alpha)=-\parallel y_i-\phi(\alpha)\parallel^2$$

其中，$\alpha\in\mathbb{F}_q$。

步骤 2：给定向量 $\boldsymbol{d}_i=(d_i(0), d_i(\alpha^0), \cdots, d_i(\alpha^{q-2}))$，找到它的最大分量 $d_{\max}$ 和最小分量 $d_{\min}$，即

$$d_{\min}=\min_{\alpha\in\mathbb{F}_q} d_i(\alpha) \qquad d_{\max}=\max_{\alpha\in\mathbb{F}_q} d_i(\alpha) \tag{4.15}$$

步骤 3：给定 $d_{\min}$ 和 $d_{\max}$，可能性函数 R_i 在 α 处的取值 $R_i(\alpha)$ 为

$$R_i(\alpha)=\left[\frac{d_i(\alpha)-d_{\min}}{d_{\max}-d_{\min}}\times(T-1)\right], \alpha\in\mathbb{F}_q \tag{4.16}$$

其中，$T=2^b$，$[x]$ 的值为与 x 最近的整数。

可以验证上述算法的输出 R_i 是一个 b-比特可能性函数。对于最不可能的符号 α，有 $R_i(\alpha)=0$；对于最有可能的符号 α，有 $R_i(\alpha)=2^b-1$。算法 4.4 中未用到噪声方差，因此上述可能性函数与信道参数无关。算法 4.4 也可看作量化算法，然而和均匀量化不同，该算法是时间相关的，不是均匀量化的，因此算法 4.4 只适用于多元 LDPC 码，不能用于二元 LDPC 码。另外，算法 4.4 与 X-EMS 算法中的量化算法不同。算法 4.2 只考虑了最大欧氏距离，而算法 4.4 同时考虑了最大和最小欧氏距离。在变量结点 V_i 处，需分配 q 个寄存器用于存储 b-比特可能性函数 R_i。我们将在后面说明该寄存器组的大小。

2. 变量结点硬判决

变量结点根据可能性函数做判决。由可能性函数的性质可知，第 i 个变量结点的硬判决结果应为可能性函数 R_i 取得的最大值的域元素，即

$$\hat{v}_i=\arg\max_{\alpha\in\mathbb{F}_q} R_i(\alpha),\ 0\leqslant i\leqslant n-1 \tag{4.17}$$

如果同时有多个元素取得最大值，我们从中随机选取一个作为判决结果。例如，对于 $\mathbb{F}_4$ 上的多元 LDPC 码，若可靠性函数 $R_i=(0, 14, 31, 7)$，其对应的硬判决结果为 $\hat{v}_i=2$。记硬判决序列为 $\hat{\boldsymbol{v}}=(\hat{v}_0, \hat{v}_1, \cdots, \hat{v}_{n-1})$，硬判决序列 $\hat{\boldsymbol{v}}$ 对应的伴随式向量为

$$\boldsymbol{s}=\hat{\boldsymbol{v}}\boldsymbol{H}^{\mathrm{T}}=(s_0, s_1, \cdots, s_{m-1})$$

如果 $\boldsymbol{s}=\boldsymbol{0}$，则宣布译码成功并输出 $\hat{\boldsymbol{v}}$；否则变量结点 V_i 将硬判决符号 $\hat{v}_i$ 和伴随式 s_j 传至校验结点 C_j，即

$$\boldsymbol{L}_{X_{ij}}^{V_i\to H_{ij}}=(z_i, s_j)$$

在广义大数逻辑译码算法中，H 结点不做任何处理，即 H 结点 H_{ij} 到校验结点 C_j 的外信息$\boldsymbol{L}_{Y_{ij}}^{H_{ij}\to C_j}$为

$$\boldsymbol{L}_{Y_{ij}}^{H_{ij}\to C_j}=(z_i,\ s_j)$$

可以看出，在广义大数逻辑译码算法中，变量结点到 H 结点以及 H 结点到校验结点的消息均为 2 维消息。

3. 校验结点计算外信息

在广义大数逻辑译码算法中，校验结点收到的信息为与其相连的变量结点的硬判决符号以及该校验结点对应的伴随式的取值。校验结点需根据上述信息计算传至变量结点的外信息。显然，由于校验结点的输入为有限域符号，故其输出也只能为有限域符号。校验结点的约束是所有输入信息的和为零，因此广义大数逻辑译码算法中校验结点到 H 结点的外信息为

$$\boldsymbol{L}_{Y_{ij}}^{C_j\to H_{ij}}=-h_{i,j}^{-1}\Big(\sum_{j'\in\mathcal{N}_c(i)\setminus\{j\}}h_{i,j'}z_{j'}\Big)=-h_{i,j}^{-1}(s_i-h_{i,j}z_j)\tag{4.18}$$

其中，$i\in\mathcal{N}_c(j)$。式(4.18)的所有操作均为有限域操作。同样，H 结点不做任何处理，即 H 结点 H_{ij} 到变量结点 V_i 的消息$\boldsymbol{L}_{X_{ij}}^{H_{ij}\to V_i}$为

$$\boldsymbol{L}_{X_{ij}}^{H_{ij}\to V_i}=\boldsymbol{L}_{Y_{ij}}^{C_j\to H_{ij}}$$

可以看出，H 结点到变量结点的外信息$\boldsymbol{L}_{X_{ij}}^{H_{ij}\to V_i}$的维度为 1。

4. 变量结点更新可能性函数

一个度为 $\boldsymbol{\gamma}$ 的变量结点可接收 $\boldsymbol{\gamma}$ 个从 H 结点传来的有限域符号。直观上讲，对于变量结点 V_i，它收到的信息$\{\boldsymbol{L}_{X_{ij}}^{H_{ij}\to V_i},\ j\in\mathcal{N}_v(i)\}$的频率谱(frequency spectrum)反映了传输不同域元素的可能性。一个域元素在外消息中出现的频次越高，该变量结点的发送符号为该域元素的可能性就越大。比如，对于变量结点 V_i，若所有传来的外信息都为 α，则可高概率地认为 $\hat{v}_i=\alpha$。综上所述，广义大数逻辑译码算法采用的可能性函数更新规则为：对所有的 $j\in\mathcal{N}_v(i)$，有

$$R_i(\boldsymbol{L}_{X_{ij}}^{H_{ij}\to V_i})\leftarrow R_i(\boldsymbol{L}_{X_{ij}}^{H_{ij}\to V_i})+1\tag{4.19}$$

式(4.19)只涉及整数加法运算。对于一个度为 γ 的变量结点，式(4.19)恰好需要 γ 次整数加法。假设变量结点 V_i 的度为 6，其对应的可靠性函数为 $R_i=(0,\ 14,\ 31,\ 7)$。若变量结点 V_i 收到的外信息分别为 1、1、1、0、3、1，则更新后的可靠性函数为 $R_i=(1,\ 18,\ 31,\ 8)$。

5. 广义大数逻辑译码算法总结

在广义大数逻辑译码算法中，变量结点根据收到的外信息的频次更新可靠性函数。外信息中出现频次越大的元素，其可靠性函数值更新得越多。因此可将外信息更新过程看作投票过程。广义大数逻辑译码算法基于一步大数逻辑译码算法，主要适用于大数逻辑可译码。广义大数逻辑译码算法的操作只有整数运算和有限域运算。算法 4.5 给出了 GMLGD 算法的流程。

✽ 算法 4.5　GMLGD 算法

(1) 初始化。给定接收序列 $\boldsymbol{y}$，根据算法 4.4 计算可能性函数。设定最大迭代次数 $\mathcal{L}$ 并令 $\ell=0$。

(2) 迭代。当 $\ell<\mathcal{L}$ 时，执行以下步骤：

步骤 1：计算硬判决序列 $\hat{\boldsymbol{v}}$。

步骤 2：计算伴随式 $\boldsymbol{s}$。如果 $\boldsymbol{s}=\boldsymbol{0}$，则输出 $\hat{\boldsymbol{v}}$ 并终止循环。

步骤 3：计算从校验结点到变量结点的外信息。

步骤 4：更新可能性函数。

步骤 5：令 $\ell=\ell+1$。

(3) 译码结束。如果 $\ell=\mathcal{L}$，则译码失败。

假设多元 LDPC 码的最大列重为 γ，在一次迭代中，可能性函数 $R_i(\alpha)$的值最多增加 γ。因此，存储 $R_i(\alpha)$的寄存器最多只需$\lceil \mathrm{lb}(\gamma\mathcal{L}+2^b)\rceil$比特。下一小节主要分析广义大数逻辑译码算法的复杂度并仿真其译码性能。

4.3.2 广义大数逻辑译码算法的复杂度与性能

1. GMLGD 算法的复杂度

下面分析广义大数逻辑译码算法的计算复杂度。记校验矩阵 $\boldsymbol{H}$ 中非零元素的个数为 δ。在每次迭代中，算法 4.5 中的步骤 1 需要 qn 次整数比较；步骤 2 需要 δ 次有限域操作；步骤 3 需要 4δ 次有限域操作；步骤 4 需要 δ 次整数加法。表 4.1 中总结了广义大数逻辑译码算法与 FFT-QSPA 的复杂度。从该表可以看出，广义大数逻辑译码算法的计算复杂度远远小于 FFT-QSPA。

本书第 3 章第 3.3 节介绍了 CS-LDPC 码，该类码具有快速编码和快速译码算法。广义大数逻辑译码算法也可用于译 CS-LDPC 码。表 4.1 中给出了利用广义大数逻辑译码算法译 CS-LDPC 码的计算复杂度。可以看出，CS-LDPC 码的译码复杂度更低。具体的复杂度分析如下：

对于 CS-LDPC 码，步骤 1 需要 qn 次整数比较；步骤 2 需要 δ 次有限域操作；步骤 3 需要 2δ 次有限域操作；步骤 4 需要 δ 次整数加法。

表 4.1 GMLGD 算法和 FFT-QSPA 的复杂度(计算次数)比较

计算方式	算法		
	GMLGD 算法	**FFT-QSPA**	**GMLGD 算法(CS-LDPC 码)**
整数加	δ		δ
整数比	qn		qn
域操作	5δ		3δ
实数乘		$2q\delta$	
实数加		$2q\delta\mathrm{lb}q$	
实数除		$2q\delta$	

2. GMLGD 算法的性能

例 4.4 本例仿真一个 16 元多元 LDPC 码 $C_{16}[255, 175]$[101]，该码的校验矩阵的大小为 256×256、列重和行重均为 16，该码的校验矩阵包含 175 个冗余行。由于该码的正规图没有长度为 4 的环，因此该码的最小符号重量和最小汉明重量均至少为 16。在仿真中，我们采用的调制方式有 BPSK 调制和 16 QAM 调制，采用的译码算法有 FFT-QSPA 算法和 GMLGD 算法。两种译码算法的最大迭代次数均设置为 50。图 4.7 中给出了该码在两种译码算法以及两种调制下的误符号率(symbol error rate)。从图 4.7 中可以看出，相对于 FFT-QSPA，GMLGD 算法的性能损失约为 0.7 dB。

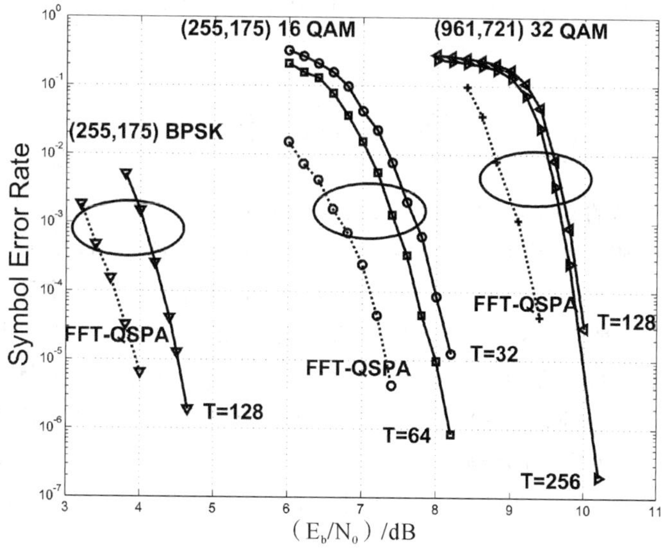

图 4.7　GMLGD 算法和 FFT-QSPA 的误符号率

前面曾指出，列重较大的多元 LDPC 码具有较快的译码收敛速度。为说明该观点，图 4.8 中给出了多元 LDPC 码 C_{16}[255，175]在不同最大迭代次数下的误码性能。仿真中采用的译码算法为 GMLGD 算法。从图 4.8 中可以看出，采用 7-比特量化时，GMLGD 算法在最大迭代次数为 8 时已经具有很好的性能了。

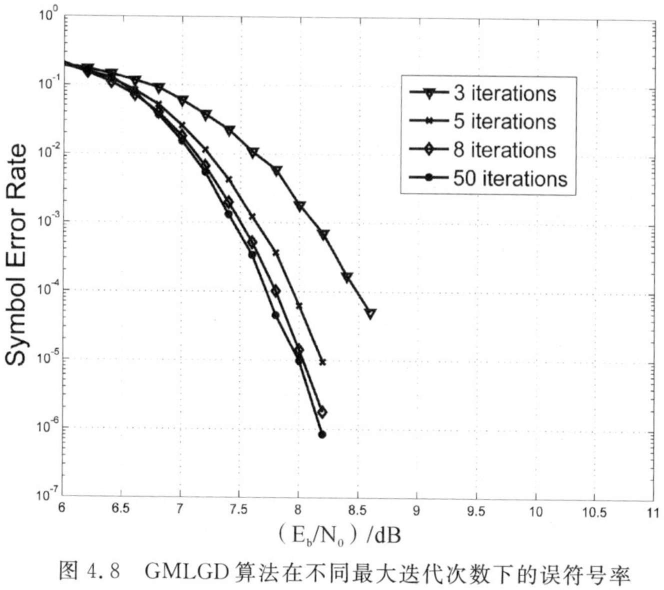

图 4.8　GMLGD 算法在不同最大迭代次数下的误符号率

例 4.5 本例仿真一个 32 元多元 LDPC 码 $C_{32}[961, 721]$[58]。该码的校验矩阵的大小为 961×961、行重和列重均为 31，校验矩阵包含 721 个冗余行。由于该码的正规图的最小环长为 6，因此 $C_{32}[961, 721]$的最小符号重量和最小汉明重量均至少为 32。在仿真中我们采用的调制方式为 32 QAM 调制，采用的译码算法包括 FFT-QSPA 算法和 GMLGD 算法。两种译码算法的最大迭代次数均为 50，量化参数为 $T=128$。图 4.7 中给出了 $C_{32}[961, 721]$在两种算法下的误符号率。从图 4.7 中可以看出，相对于 FFT-QSPA，GMLGD 算法的性能损失约为 0.7 dB。

本章小结

当采用复杂度极高的 QSPA 译码时，多元 LDPC 码的纠错能力极具竞争力。高效的译码算法是多元 LDPC 码在实际系统中应用的关键。目前关于多元 LDPC 译码的研究主要聚焦于如何用较小的性能损失换取较大的复杂度降低。本章首先介绍了多元 LDPC 码的第一类低复杂度译码算法，即 EMS 算法。然后介绍了 X-EMS 算法。以上两种算法可用于任意类型的多元 LDPC 码。最后介绍了广义大数逻辑译码算法，该算法主要针对列重较大的多元 LDPC 码，如代数构造的多元 LDPC 码。近年来，相关文献中已涌现出多种低复杂度的译码算法，如基于比特可靠度的译码算法[97-98]。更多关于多元 LDPC 译码算法的内容可参见文献[96，102－103]。文献[104]探讨了基于 GPU 的多元 LDPC 译码器的设计与实现。

第 5 章

基于多元 LDPC 码的编码调制系统

蜂窝通信网已经成为当今社会最重要的基础设施之一。它的发展经历了从模拟到数字，从时分多址到码分多址，以及从码分多址到正交频分多址的技术演进。当前，以 LTE-A 为代表的 4G 蜂窝网络系统已在全球范围内广泛部署，在一定程度上满足了当前的移动数据需求。然而，随着经济的日益增长以及用户习惯的改变，用户对无线通信网络的带宽需求呈现指数增长的趋势。UMTS 预计 2020 年全球移动网络的年度流量将是 2010 年的 33 倍[105]。流量的增长主要来源于急剧增多的移动设备和日益增长的新媒体类应用需求。一般地，可通过以下方式满足日益增长的数据需求：

(1) 提高现有频段的频谱复用率；

(2) 提高现有频段的频谱效率；

(3) 开发更多的可用频谱。

当前，通过多网异构部署以及小区微型化技术可提高频谱复用率，进而提升网络承载力。然而，多网异构部署和小区微型化都不可避免地带来严重的网络间干扰，进而影响网络性能、制约网络容量。从本质上讲，任何通信系统都可通过提升频谱效率应对日益增长的数据需求。采用高阶调制可提升频谱效率。很长一段时间内，人们都单独研究编码技术与调制技术，其中编码对抗信道噪声，调制将信息变为与信道匹配的输入信号。在编码调制系统中，需联合设计编码与调制，从而可达到更好的系统性能。

本章主要介绍基于多元 LDPC 码的高可靠、高谱效编码调制系统，主要内容如下。

(1) 在本章 5.1 节给出一般编码调制系统的概念。首先介绍现有编码调制方法，包括网格编码调制(trellis coded modulation，TCM)、比特交织编码调制(bit interleaved coded modulation，BICM)、多层编码调制(multi-level coded modulation，MLCM)、叠加编码调制、多元码编码调制，然后给出编码调制系统的性能度量参数(谱效率、信噪比与容量限)。

(2) 在本章 5.2 节引入基于多元 LDPC 码的编码调制系统。以 16 元多元 LDPC 码与 16 QAM 为例，介绍多元 LDPC 码编码调制系统的概念、编码方法与软输出检测、译码算法，以及性能曲线。

(3) 为实现较高的谱效率，需采用高阶调制。一般来说，解调器的实现复杂度与调制阶数成正比。因此，对于高谱效通信系统，有必要设计低复杂度解调算法。本章 5.3 节将针对多元 LDPC 码编码调制系统设计低复杂度解调算法。

(4) 在多元 LDPC 编码调制系统中，若采用低复杂度检测算法，则在检测器和译码器之间迭代可获得额外的性能增益。本章第 4 节介绍一种适用于多元 LDPC 编码调制系统的低复杂度迭代检测译码算法，该算法的检测器为软入硬出检测器，译码器为硬入软出译码器。

(5) 对于高斯信道，逼近信道容量的输入应服从高斯分布。现实中很难实现具有高斯分布的信号星座。编码调制系统的增益主要来自编码技术的编码增益和信号星座的成形增益，星座成形可构造近似高斯分布的信号星座。本章最后一节介绍几种星座成形技术并探讨它们在多元 LDPC 编码调制系统中的应用。

5.1 一般编码调制系统

编码调制是实现高谱效率的重要物理层技术。近四十年，科研人员广泛深入地研究了编码调制技术。主要的编码调制技术有网格编码调制、比特交织编码调制、多层编码调制、叠加编码调制。本节介绍以上四种编码调制技术的主要思路，如需进一步了解，读者请参阅相关参考文献。

本章的重点是基于多元 LDPC 码的编码调制系统。发送端将信息序列输入多元 LDPC 编码器得到多元编码序列，然后将该编码序列输入调制器得到调制符号序列；接收端将接收序列输入解调器得到解调信息，然后将解调信息输入多元 LDPC 译码器译码。一般假设定义多元 LDPC 码的域与信号星座具有相同的大小。与比特交织编码调制不同，多元LDPC 码调制系统中没有交织器，通常不需要在调制器和译码器之间迭代。本章后面有更多关于多元编码调制系统的介绍。

5.1.1 编码调制系统的评价指标

本小节介绍衡量编码调制系统的主要指标，包括谱效率、信噪比和可达速率。给定一个 ℓ 维信号星座 χ，该星座的平均能量为

$$E_s = \frac{1}{|\chi|}\sum_{a\in\chi}\sum_{i=0}^{\ell-1} a_i^2$$

若采用该信号星座进行信号传输，最大可达谱效率为

$$\mathrm{SE}(\chi)=\frac{2\ \mathrm{lb}(|\chi|)}{\ell}$$

当系统采用一个码率为 r 的纠错码进行编码时，该编码系统的最大谱效率为

$$\mathrm{SE}=\frac{2\ r\mathrm{lb}(|\chi|)}{\ell}$$

需要指出的是，这里采用的谱效率的单位为比特/两维(bits/2 - dim)。谱效率的其他常用单位有比特/符号(bits/symbol)和比特/维(bits/dim)。图 5.1 中给出了二进制相移键控(binary phase shift keying，BPSK)调制、八进制相移键控(8 - ary phase shift keying，8 PSK)调制、16 进制正交振幅调制(16 quadrate amplitude modulation，16 QAM)和 64 进制正交振幅调制(64 QAM)的星座图。特别地，该图中也给出了 8 PSK 和 16 QAM 的格雷映射。这几种调制方式的最大谱效率如下：BPSK 调制的最大谱效率为 2.0 比特/两维；8 PSK的最大谱效率为 3.0 比特/两维；16 QAM 的最大谱效率为 4.0 比特/两维；64 QAM 的最大谱效率为 6.0 比特/两维。

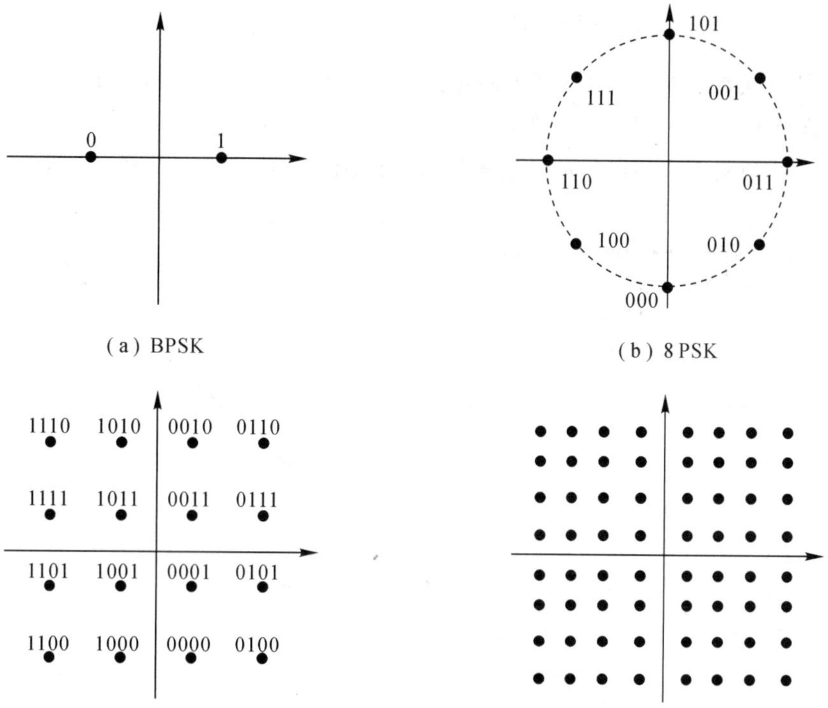

(a) BPSK　(b) 8PSK　(c) 16QAM　(d) 64QAM

图 5.1　几种调制方式的星座图

衡量通信系统质量的一个重要指标为信噪比。实际应用中，信噪比的定义方式有很多。三个常用的形式为 E_s/σ^2，E_s/N_0 和 E_b/N_0，其定义为

$$\frac{E_s}{N_0}=10\ \lg\frac{E_s}{N_0} \tag{5.1}$$

$$\frac{E_b}{N_0}=10\ \lg\frac{E_b}{N_0}=10\ \lg\frac{2E_s}{\ell\times \mathrm{SE}\times N_0} \tag{5.2}$$

其中，E_s代表信号星座的平均能量，E_b代表每个信息比特的平均能量，N_0为加性高斯噪声的单边功率谱密度。当信道较差(信噪比较低)时，信道的可达频谱效率一般低于最大可达谱效率 $\mathrm{SE}(\chi)$，此时需要考虑该星座的可达速率(achievable rate)。对于一个加性信道，信道输入 X 为定义在星座集合 χ 上的随机变量，信道输出 Y 为定义在 $\mathbb{R}$ 上的随机变量，信道噪声 Z 为定义在 $\mathbb{R}$ 上的随机变量。该传输方案在该信道的可达速率为

$$C=I(X;Y)=h(Y)-h(Y|X)$$

在加性高斯白噪声信道上，有

$$h(Y|X)=h(Z)=\mathrm{lb}(2\pi e\sigma^2)$$

因此，为计算可达速率我们只需计算

$$h(Y)=-\int_{-\infty}^{\infty}p(y)\ \mathrm{lb}(p(y))\mathrm{d}y$$

可以看出，上式中的积分等价于计算期望

$$E[-\mathrm{lb}(p(Y))]$$

可用蒙特卡洛仿真方法估计该期望值，即

$$E[-\mathrm{lb}(p(Y))] \approx -\frac{1}{2}\sum_{i=1}^{N} \mathrm{lb}(p(y_i)) \tag{5.3}$$

其中，N 为仿真次数。式 (5.3)计算出的可达速率的单位为比特/符号。图 5.2 中给出了 8 PSK，16 QAM 和 64 QAM 在不同信噪比下的可达速率。从图 5.2 中可以看出，随着信噪比的增大，各种调制方式的可达速率逐渐逼近该调制方式的最大可达频谱效率。

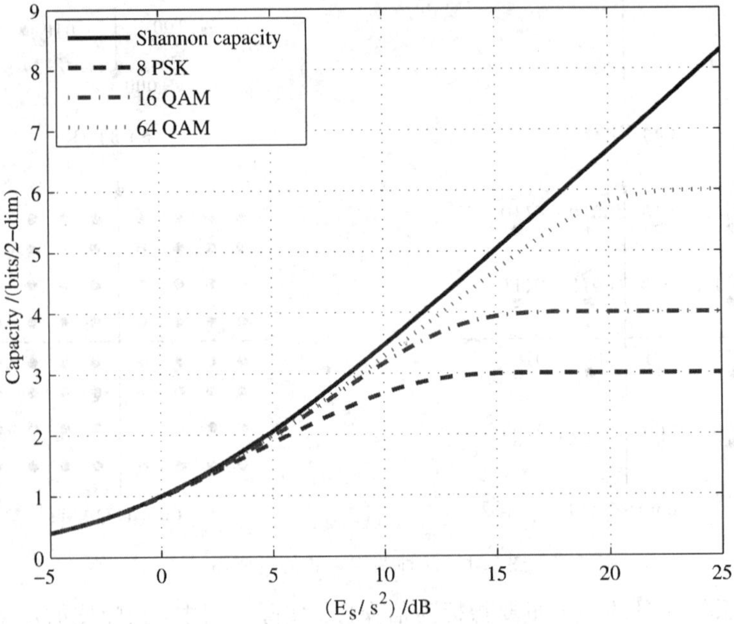

图 5.2　几种调制方式的可达速率

5.1.2　几类编码调制技术

1. 网格编码调制

信道编码在信息序列中引入结构化冗余以对抗信道噪声，调制主要将编码序列映射到信道上可传输的信号序列。传统上，编码与调制是分开设计的。1971 年，Ungerboeck 首次引入网格编码调制，将编码与调制联合考虑[106-107]。下面以 8 PSK 调制为例说明网格编码调制技术的原理，其中用 χ_M 代表 M - PSK 的信号星座。

基于 QPSK 的传输系统的谱效率为 2.0 比特/符号。由于一个 QPSK 符号刚好两维，则基于 QPSK 的传输系统的谱效率为 1.0 比特/维。有两种达到 1.0 比特/维的谱效率的网格编码传输方案。实现方式一基于 2 路输入、3 路输出的卷积码和 8 PSK 调制，具体细节如下：在发送端，首先将 2 比特输入卷积码编码器，得到 3 比特输出；然后 3 比特编码输出映射到一个 8 PSK 符号。在上述传输系统中，2 比特的信息映射到 8 PSK 的 1 个星座点，因此整个传输方案的谱效率为 1.0 比特/维。图 5.3(a)给出了该系统的实现方式。同时，也可利用 1 路输入、2 路输出的卷积码和 8 PSK 调制实现 1.0 比特/维的谱效率，如图 5.3 (b) 所示。在实现方式二中，需要将 8 PSK 的信号星座划分为 4 个陪集，每个陪集包含 2 个信号星座点。这 4 个陪集分别为

$$\chi_{0,0}=\left\{1,\exp\left(\frac{8\pi\sqrt{-1}}{8}\right)\right\},\ \chi_{0,1}=\left\{\exp\left(\frac{2\pi\sqrt{-1}}{8}\right),\ \exp\left(\frac{10\pi\sqrt{-1}}{8}\right)\right\},$$

$$\chi_{1,0}=\left\{\exp\left(\frac{4\pi\sqrt{-1}}{8}\right),\ \exp\left(\frac{12\pi\sqrt{-1}}{8}\right)\right\},\ \chi_{1,1}=\left\{\exp\left(\frac{6\pi\sqrt{-1}}{8}\right),\ \exp\left(\frac{14\pi\sqrt{-1}}{8}\right)\right\}$$

实现方式二的具体细节如下：在发送端，首先将 1 比特输入卷积码编码器，得到 2 比特输出；然后根据 2 比特编码输出选择陪集；最后根据额外的 1 比特选择陪集中的信号点。比如，若编码输出为“00”，则选择陪集 $\chi_{0,0}$；若此时额外的 1 比特为“1”，则选择发送 $\exp\left(\frac{8\pi\sqrt{-1}}{8}\right)$。在实现方式二中，2 比特信息映射到 8 PSK 的 1 个星座点，因此整个传输方案的谱效率也为 1.0 比特/维。

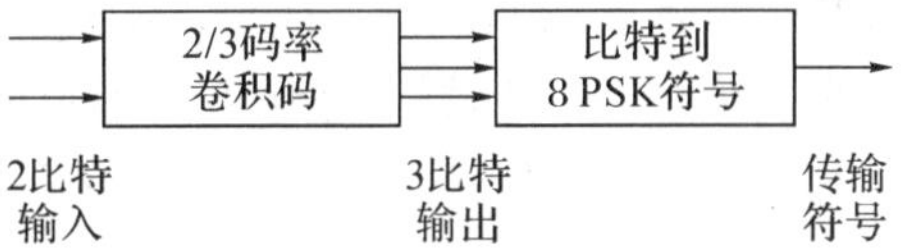

(1) 实现方式一

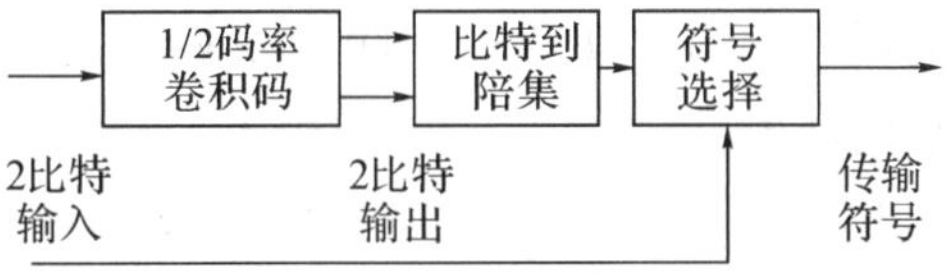

(2) 实现方式二

图 5.3　基于卷积码和 8 PSK 调制的网格调制系统的两种实现方式

假设待传输信息序列 $\boldsymbol{u}$ 的比特长度为 $2n$。在基于 QPSK 的传输系统中，调制器将 $\boldsymbol{u}$ 映射到 n 个 QPSK 符号。在基于卷积码和 8 PSK 调制的网格编码调制系统中，调制器的输出是 n 个 8 PSK 符号。因此，上述两种传输方案的频谱效率是一样的。在网格编码调制系统中，传输的信号星座点之间相互关联，该关联由卷积码编码输出的记忆性导致。在编码调制系统中，允许的发送序列集合是序列集合 χ_8^n 的一个真子集。在 QPSK 传输系统中，允许的发送序列集合恰好为 χ_4^n。卷积码的编码一般基于有限状态机表示，很少采用网格图编码。在网格编码调制设计中，需要用到网格图，因此网格编码调制中的“网格”主要指利用网格图的约束限制调制输出。

由于不同信道的信道特性不同，因此需要针对不同的信道设计不同的网格编码调制。对于加性高斯白噪声信道，好的网格编码调制系统的准则如下：设计比特与符号之间的映射关系，使得调制器输出符号序列之间的最小欧氏距离最大。

2. 多层编码调制

另一种编码调制技术为多层编码调制，由日本学者 Imai 等人[108]提出。图 5.4 给出了一个多层编码调制系统的框架图。一个 ℓ 层的多层编码调制系统由 ℓ 个二元码、一个 2^ℓ 大小的星座图和一个调制映射方式 ϕ 构成。图 5.4 中的“映射器”由映射 ϕ 定义。多层编码调制技术要求这 ℓ 个二元码的码长必须相同，记 ℓ 个二元码的维度分别为 k_0，k_1，…，$k_{\ell-1}$，

码率分别为 r_0，r_1，…，$r_{\ell-1}$。

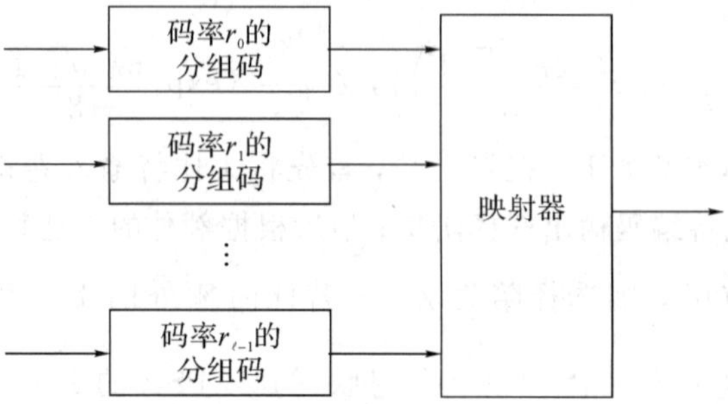

图 5.4 多层编码调制系统的一般框架图

下面给出一个多层编码调制系统的编码过程。首先，对于 $i=0, 1, \cdots, \ell-1$，将长度为 k_i的二进制序列输入第 i 个二元码的编码器，得到第 i 个长度为 n 的码字；然后，对于 $i=0, 1, \cdots, n-1$，将所有码字的第 i 个分量组成一个长为 ℓ 的比特串映射到一个星座点；最后将 n 个星座点输入信道。从上面的编码传输过程可以看出，设计多层编码调制系统的关键步骤包括：

(1) 确定各个分量码的码率并构造满足条件的二元码；

(2) 确定比特到星座点的映射方式 ϕ。

一种常用的码率确定规则如下：给定一个映射规则，第 i ($0\leqslant i<\ell$) 层的码率为在第 $0,1,\cdots, i-1$ 层的信息已知、第 $i+1, \cdots, \ell-1$ 层的信息未知的假设下第 i 层的互信息。一种常见的映射规则为基于集合划分的映射方法。在此不详述集合划分，欲了解更多细节的读者可查阅相关书籍。多层编码调制系统可采用多阶段译码算法译码，该算法可在复杂度和性能之间折中。由于多层编码调制系统的性能与各层的码率、二元码、映射方式相关，因此其设计过程比较复杂。另外，对于一个设计好的多层编码调制系统，若系统需求改变，如需要更高的频谱效率，则需重新设计。由于多层编码系统各层的互信息与信道相关，因此当信道变化时也需重新设计该系统。可以看出，多层编码调制系统的自适应性较差。

3. 比特交织编码调制

多层编码调制在自适应性方面存在不足，因此不适用于信道质量变化较快的通信系统(如无线移动通信系统)。最初，研究人员主要研究适用于 AWGN 信道的高性能网格编码调制和多层编码调制技术。随着无线通信的兴起，研究人员开始研究适用于衰落信道的编码调制技术。1988 年，Divisalar 和 Simon 在 IEEE 通信汇刊上发表的两篇论文讨论了衰落信道的编码调制设计准则，并基于该准则设计了高性能编码调制方案[109]。他们发现，基于符号交织器的网格编码调制系统在衰落信道中的性能主要由最短错误路径的长度和沿该路径的欧氏距离乘积共同决定。1992 年，以色列学者 Zehavi 发现，对于衰落信道，传统的网格编码调制虽然有一定的编码增益，但其与截止速率之间的距离仍然比较明显，且编码调制系统在高信噪比时的性能主要由系统的“分集度”(diversity)决定[110]。因此，针对衰落信道设计编码调制系统的一个简单准则为尽量增大系统的分集度。基于该准则，Zehavi 在 Divisalar等人的工作基础上，通过引入比特交织器设计了分集度较大的编码调制方案[110]。

在这之前，人们普遍认为将编码与调制结合一般会带来性能增益，而 Zehavi 的结果表明，在衰落信道中，将编码与调制结合将使系统性能恶化。

Zehavi 的传输方案是当前广泛采用的比特交织编码调制(BICM)的原型，BICM 系统的一般框架如图 5.5 所示。BICM 系统的发送端主要包含编码器、比特交织器和映射器。在发送端，比特序列首先通过编码器编码后得到编码码字；然后由一个或多个码字构成的比特序列通过一个比特交织器交织后得到交织序列；最后映射器将交织序列映射到发送符号序列。BICM 的接收端包含解调器、解交织器和译码器，它们分别与发送端的映射器、比特交织器和编码器相对应。接收端基于接收序列计算解调信息，该信息通过解交织器解交织后输入译码器译码，最后得到译码序列。在某些情况下，在译码器和解调器之间进行迭代可改善系统纠错性能。Caire 等人在 Zehavi 的基础上从多个方面研究了 BICM 系统并给出了相应的设计与译码准则[111]。

图 5.5　BICM 系统的一般框架图

4. 叠加编码调制

1997 年，Duan 等人将多接入信道的信号设计方法应用到 AWGN 信道[112]，试图增加信号星座的成形增益(本章第 5 节讨论星座成形技术)。2004 年，Ma 等人在 Duan 的工作基础上提出了叠加编码调制[113-114]。和多层编码调制一样，叠加编码调制系统也需要若干个码率不同、码长相同的二元码。下面给出一个叠加编码调制系统的传输模型，如图 5.6 所示。首先，对于 $i=0, 1, \cdots, \ell-1$，将长度为 k_i 的二进制序列输入第 i 个二元码的编码器，得到第 i 个长度为 n 的码字；然后，对于 $i=0, 1, \cdots, \ell-1$，将第 i 个码字序列输入第 i 个 BPSK 调制器得到长度为 n 的双极性序列，不同层的调制输出的信号幅度一般不相同；最后将所有的双极性序列叠加得到传输符号序列。

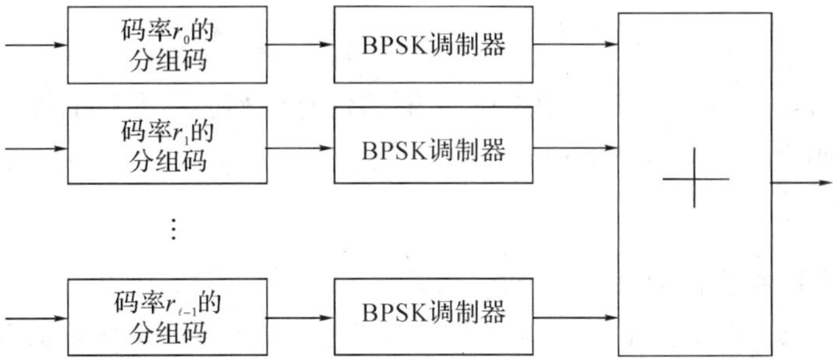

图 5.6　叠加编码调制系统的一般框架图

与多层编码调制不同，叠加编码调制中的映射方式不固定，叠加编码调制中需设计每一层 BPSK 调制的幅度，不同的幅度选择对应于不同的信号星座。由于不同信号星座的可达速率不同，因此可依据互信息最大化准则分配各层能量使得可达速率最大。叠加编码调制除了有编码增益外，还可以通过能量分配获得成形增益。文献[113]中的结果表明，谱效率为 2.0 比特/维的叠加编码调制系统的仿真性能超过了 16 PAM 调制的容量限。

5.2 基于多元 LDPC 码的编码调制系统

5.1 节介绍了四种现有的编码调制技术并比较了它们的优缺点。本节介绍基于多元 LDPC 码的编码调制系统，以 16 元多元 LDPC 码和 16 QAM 为例说明多元 LDPC 编码调制系统的基本概念和误码性能。图 5.7 中给出了基于 16 元多元 LDPC 码和 16 QAM 的多元 LDPC 编码调制系统的框图。该编码调制系统的发送端包含多元 LDPC 码的编码器和调制器，接收端包括检测器(解调器)和多元 LDPC 码译码器。和比特交织编码调制不同，多元 LDPC 编码调制系统中没有交织器，可在编码器和调制器之间引入一个符号交织器或比特交织器。在多元 LDPC 码编码调制系统中，引入符号交织器不会带来性能增益。若引入比特交织器，则一般会带来性能损失。引起性能损失的主要原因如下：若引入比特交织器，接收端译码时需在符号概率和比特概率之间转换，进而带来信息损失。设 $C_{16}[n, k]$为一个定义在有限域$\mathbb{F}_{16}$上的多元 LDPC 码，该码的符号长度为 n，信息长度为 k。16QAM 的信号星座集合表示为 $\chi=\{\pm1, \pm3\}^2$。下面简述基于多元码 $C_{16}16[n, k]$ 和信号星座 χ 的编码调制系统。

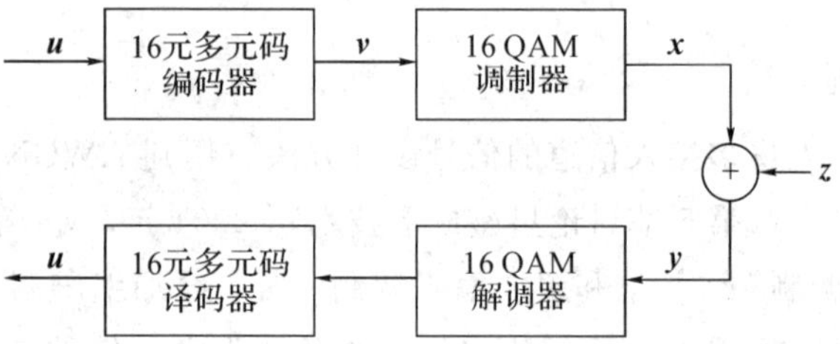

图 5.7 一个基于 16 元 LDPC 码和 16QAM 调制的编码调制系统

5.2.1 多元编码调制系统的发送端

多元 LDPC 码编码调制系统的发送端包括三个模块，分别为编码、映射、信道。下面分别说明这三个模块的功能。

1) 编码

设 $\boldsymbol{u}=(u_0, u_1, \cdots, u_{k-1})\in\mathbb{F}_{16}^k$为需要传输的信息序列。将信息序列 $\boldsymbol{u}$ 输入 $C_{16}[n, k]$ 的编码器后得到码字 $\boldsymbol{v}=(v_0, v_1, \cdots, v_{n-1})\in\mathbb{F}_{16}^n$。

2) 映射

将码字 $\boldsymbol{v}$ 输入调制器得到信号序列 $\boldsymbol{x}=(x_0, x_1, \cdots, x_{n-1})$，其中，$x_i=\phi(v_i)\in\chi$，$\phi$ 为调制映射方式。图 5.8 中给出了 16 QAM 的信号星座，其中每个星座点都有一个整数标号。基于该标号可定义映射 ϕ：将向量表示为 i 的域元素映射到标号为 i 的星座点。调整图 5.8 中的标号方式，将得到不同的映射方式。对于基于 16 元 LDPC 码和 16 QAM 的编码调制系统，各种映射方式之间无性能差别。

3) 信道

将信号序列 $\boldsymbol{x}$ 输入一个 AWGN 信道，得到接收序列 $\boldsymbol{y}=(y_0, y_1, \cdots, y_{n-1})$，其中，$y_i=x_i+z_i$，$z_i$表示一个 2 维高斯白噪声的实现。

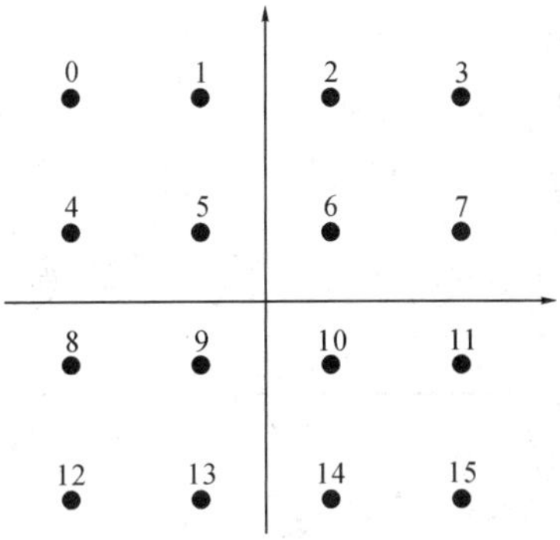

图 5.8　基于 16 元 LDPC 码和 16 QAM 的编码调制系统的一种映射方式

5.2.2　多元编码调制系统的接收端

多元编码调制系统的接收端主要包括解调和译码两个模块。下面分别说明这两个模块的功能。

1）解调

解调器的输入为当前接收序列 $\boldsymbol{y}$，输出为后验概率：

$$\Pr\{V_i=\alpha\mid\boldsymbol{y}\}$$

其中，$\alpha\in\mathbb{F}_{16}$。该后验概率的计算方式为

$$\Pr\{V_i=\alpha\mid\boldsymbol{y}\}=\Pr\{X_i=\phi(\alpha)\mid\boldsymbol{y}\}\propto\exp\left(-\frac{\|\phi(\alpha)-y_i\|^2}{\sigma^2}\right)\tag{5.4}$$

其中，σ^2 为高斯噪声的方差。

2）译码

给定后验概率 $\Pr\{V_i=\alpha\mid\boldsymbol{y}\}$，接收端运行多元 LDPC 译码算法进行译码(译码算法可选用第 4 章介绍的算法)。接收端主要包括软信息输入软信息输出(soft-in soft-out，SISO) 检测器和软信息输入硬输出(soft-in hard-out，SIHO)译码器。图 5.9 中给出了一个多元 LDPC码编码调制系统的接收器框图。在该接收器中，检测器和译码器之间没有迭代。一般地，当有限域的阶数和信号星座的大小一致时，基于软入软出算法的检测器不需要和基于软入软出算法的译码器之间进行迭代。若在发送端引入比特交织器或接收端不采用软入软出检测算法，则译码器和检测器之间的迭代可能带来性能增益。一个多元 LDPC 码编码调制系统可采用正规图表示，图 5.10 中给出了一个多元 LDPC 码编码调制系统的正规图表示，该图包含四类结点：n 个检测结点，n 个变量结点，δ 个置换结点以及 m 个校验结点。这里 δ 表示多元 LDPC 码的校验矩阵 $\boldsymbol{H}$ 中非零元素的个数，m 表示校验矩阵的行数。下面简述多元 LDPC 码编码调制系统的译码过程。检测结点以接收序列为输入，以检测信息为输出，检测器输出的信息为后验概率[115]。正规图中其他结点的处理规则与本书第 2 章第 4 节的处理规则相同，在此不再赘述。多元 LDPC 码的译码器可为 FFT-QSPA[41]、X-EMS 算法[42, 94]和广义大数逻辑译码算法[48](具体可参见本书第 3 章)。

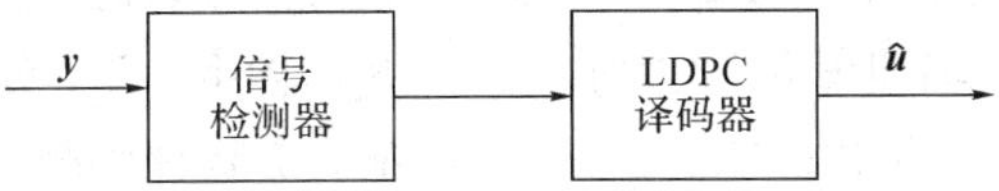

图 5.9　多元 LDPC 码编码调制系统的非联合检测译码接收模型

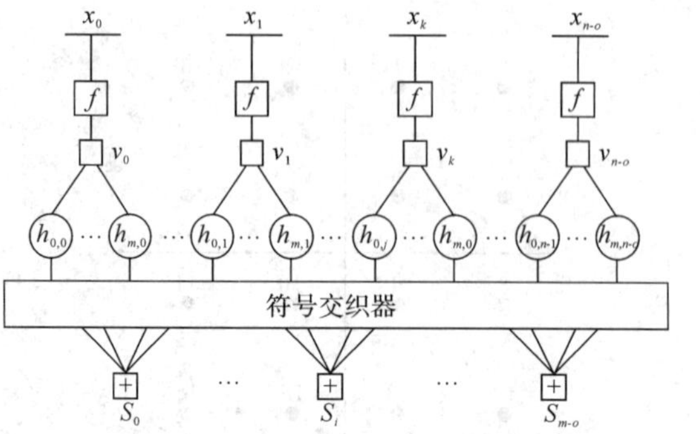

图 5.10　一个多元 LDPC 码编码调制系统的正规图

5.2.3　多元编码调制系统的性能

例 5.1　本例仿真基于 16 元 LDPC 码和 16 QAM 的编码调制系统的性能。仿真基于有限域$\mathbb{F}_{16}$构造的多元 LDPC 码 C_{16}，采用的译码算法为 QSPA，映射方式参见图 5.8。该多元 LDPC 码编码调制系统的误比特率和误符号率性能见图 5.11。从图 5.11 中可以看出，虽然该码码长比较短，但是在误码率为 3×10^{-6}时，该码并没有出现错误平层。多元 LDPC 码的优化设计非常困难，而代数构造的多元 LDPC 码已经具有很好的纠错性能和较快的译码收敛速度，因此在选择适用于高阶调制的多元 LDPC 码时，建议优先考虑代数构造的多元 LDPC 码。

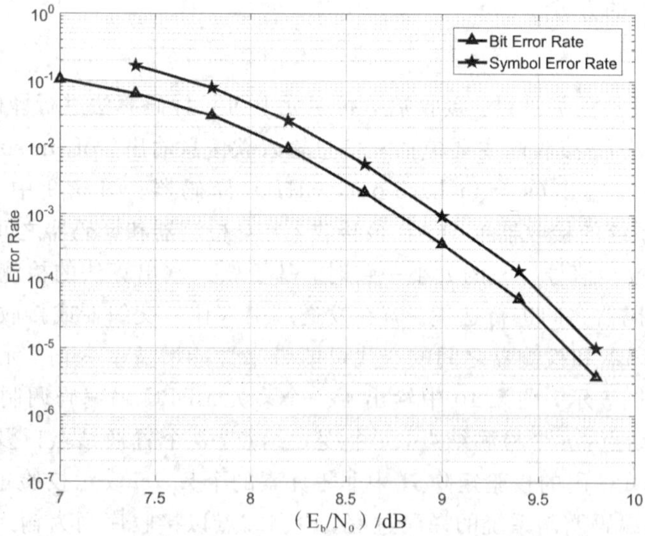

图 5.11　基于 16 元 LDPC 码和 16 QAM 的编码调制系统的误比特率和误符号率

上面以 16 元 LDPC 码和 16 QAM 为例说明了多元 LDPC 码编码调制系统。一般地，对于定义在有限域$\mathbb{F}_q$上的多元 LDPC 码和大小为 q 的信号星座，可构造类似的编码调制系统，该编码调制系统发送端如图 5.12 所示。图 5.9 和图 5.13 中分别给出了该系统的两种接收机，其中，图 5.9 为非迭代接收机，图 5.13 为基于联合检测译码的迭代接收机。本节介绍的接收机为非迭代接收机，本章第 4 节将介绍迭代接收机。

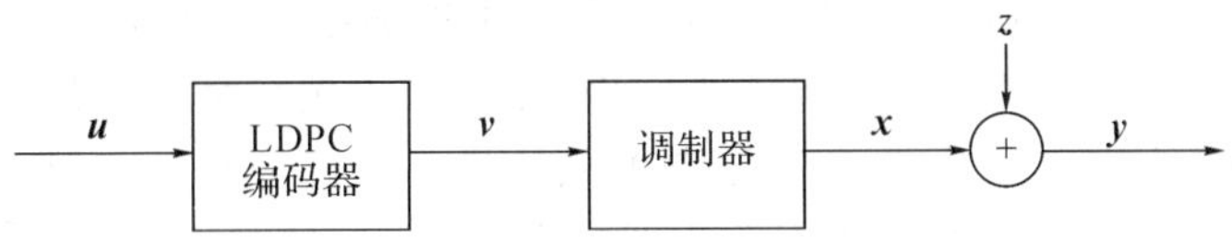

图 5.12　多元 LDPC 码编码调制系统的发送模型

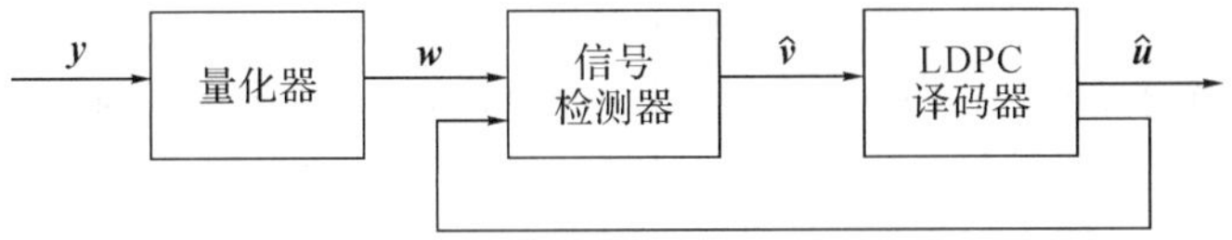

图 5.13　多元 LDPC 码编码调制系统的联合检测译码接收模型

5.3　面向高阶调制的低复杂度检测算法

5.2 节以 16 元 LDPC 码和 16 QAM 为例引入了多元 LDPC 码编码调制系统，该系统的接收端包含检测器和译码器。如果有限域的阶数和信号星座的大小相同，则译码时不需要在调制器和检测器之间迭代。多元 LDPC 码编码调制系统的接收端的计算复杂度为检测复杂度和译码复杂度之和。本书第 4 章中介绍了几类低复杂度译码算法，包括 EMS 算法、X-EMS 算法和 GMLGD 算法。检测器的复杂度主要集中在计算式(5.4)中的后验概率，其计算复杂度与信号星座大小成正比。现代通信系统对频谱效率的要求越来越高，因此高阶调制越来越受关注，如华为发布的 WiFi 6 的相关产品中已经采用了 1024 QAM 调制。由于计算后验概率需用到复杂的指数函数运算，不便于硬件实现，因此有必要设计面向高阶调制的低复杂度的检测算法(low-complexity detection algorithm)。

另一方面，由于多元 LDPC 码的低复杂度译码算法中一般采用维度低于限域阶数 q 的消息，因此检测器没有必要计算整个后验概率向量。比如，在 EMS 算法中，消息维度 n_m 一般低于有限域阶数 q。此时，检测器只需计算出前 n_m 个最可靠的域符号的后验概率即可。本节给出只估算后验概率向量的前 n_m 个最大值的低复杂度检测算法，该算法不需要复杂的指数运算。

给定一个包含 M 个信号点的 QAM 星座，设任意两个星座点之间的最小欧氏距离为 $d_{\min}$。本节算法主要针对 $\sqrt{M}$ 是 2 的幂次的 QAM 星座，此类 QAM 星座可表示为

$$\chi=\{\pm 1, \pm 3, \cdots, \pm(\sqrt{M}-1)\}^2$$

该信号星座的平均功率为

$$E_s=\frac{2}{3}(M-1)$$

比如，16 QAM 星座可以表示为 $\{\pm 1, \pm 3\}^2$，其平均功率为 10。

设发送端采用的信号星座为 χ。发送端将某星座点输入信道，此时接收端收到的信号为 y。假设以接收信号 y 为圆心、r 为半径的圆内恰好包含 n_m 个星座点：

$$s_1, s_2, \cdots, s_{n_m}$$

显然，当计算后验概率向量的前 n_m 个最大分量时，只需要这 n_m 个信号点。对于任意的信号星座，确定半径 r 后，即可确定接收信号周围的星座点。然而，对于一般星座，无法直

接计算出该区域内的星座点数。另外，给定 n_m，也很难确定所需的半径 r。显然，增大半径 r，圆区域内包含的信号点的个数也将增加，实际中很难确定具体增加的信号点的个数。本节利用 QAM 星座的特点给出一个低复杂度的算法，可部分解决上述问题。图 5.14 以 IEEE 802.11a－1999 协议中的 64 QAM 为例，说明接收信号 y、半径 r 和相应的星座点之间的关系。

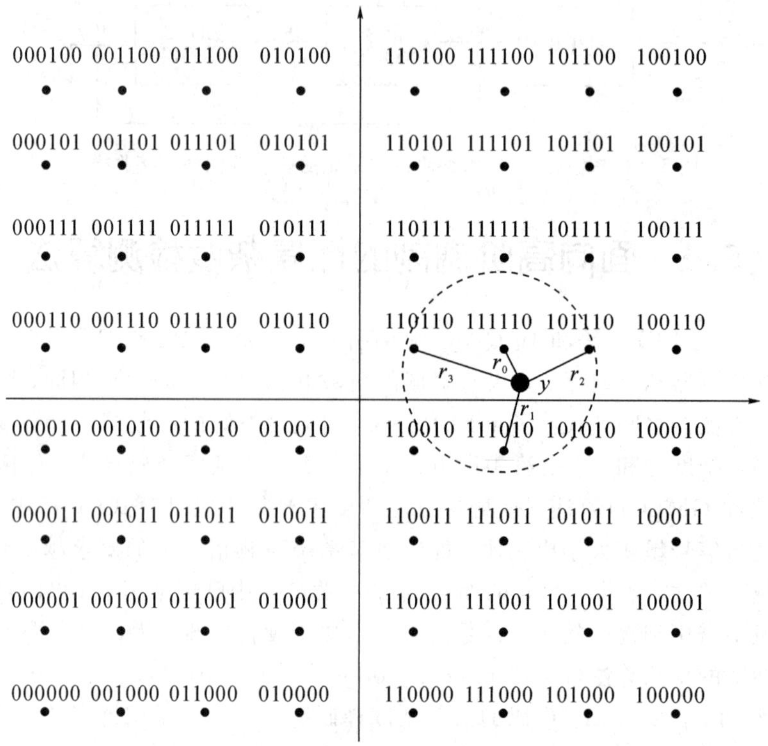

图 5.14　IEEE 802.11a－1999 中的 64 QAM 星座图

给定半径 r 和接收信号 y，以 y 为圆心、r 为半径的圆内的 n_m 个星座点为 $M_r=\{s_1, s_2, \cdots, s_{n_m}\}$。记星座点为 s_i 与接收点 y 之间的欧氏距离为 $r_i(1\leqslant i\leqslant n_m)$。集合 M_r 中与接收点 y 的最短欧氏距离为

$$r_{\min}=\min_i r_i$$

显然，有

$$r_{\min}\leqslant r,\ r_{\min}\leqslant r_i$$

在 AWGN 信道中，星座点与接收点之间的欧氏距离越短，该星座点的后验概率越大。因此，欧氏距离最短的点是最有可能的发送点，一种估算圆内各点的后验概率的方法为

$$\Pr(s_i\mid y)\propto R(s_i)=\frac{r-r_i}{r-r_{\min}} \tag{5.5}$$

同时，圆外星座点的概率设置为零。基于以上算法，可以给出一个实数向量，通过归一化，得到一个概率向量，其中：

$$\Pr(s_i\mid y)=\frac{R(s_i)}{\sum_{j=1}^{n_m}R(s_j)},\ i=1, 2, \cdots, n_m$$

该向量可作为检测器的输出、译码器的输入。

给定接收信号和半径可估算圆内点的概率。对于不同的调制方式，半径为 r 的圆内星座点的个数随着半径和接收点位置的变化而动态变化。若不能确定半径为 r 的圆内可能的星座点数，上述算法的优势将不明显。对于一般的信号星座，很难确定半径为 r 的圆内星座点数的变化规律。对于本节讨论的 QAM 星座，可以给出半径为 r 的圆内星座点数的上下界。表 5.1 中给出了在 QAM 星座中不同半径下圆内所包含的星座点数目的最大值和最小值(可辅助检测器的实现)。比如，当半径选取为 $r=\sqrt{2}d_{\min}$ 时，圆内星座点数目的最大值和最小值分别为 9 和 4。

表 5.1　不同半径下圆内星座点个数的最大值和最小值

半径 r	星座点数最大值	星座点数最小值
$r<\frac{d_{\min}}{2}$	1	0
$r=\frac{d_{\min}}{2}$	2	0
$\frac{d_{\min}}{2}<r<\frac{\sqrt{2}}{2}d_{\min}$	2	0
$r=\frac{\sqrt{2}}{2}d_{\min}$	4	1
$\frac{\sqrt{2}}{2}d_{\min}<r<d_{\min}$	4	1
$r=d_{\min}$	5	2
$d_{\min}<r<1.25d_{\min}$	5	4
$1.25d_{\min}<r<\sqrt{2}d_{\min}$	7	4
$r=\sqrt{2}d_{\min}$	9	4
$\sqrt{2}d_{\min}<r<1.5d_{\min}$	9	4
$r=2d_{\min}$	13	7
$r=2\sqrt{2}d_{\min}$	20	9

上述检测算法只需要计算欧氏距离，其主要运算为实数运算，不涉及指数运算。表 5.2 中给出了上述低复杂度检测算法的复杂度分析。为了比较，表 5.2 中还给出了传统检测算法的复杂度。从表 5.2 中可以看出，本节提出的算法的复杂度较低。下面通过仿真对比本节提出的低复杂度检测算法与传统检测算法在多元 LDPC 码编码调制系统中的性能。

表 5.2　不同检测算法的计算复杂度

算法	加法运算	乘法运算	指数运算
低复杂度检测算法	$2n_m$	$2n_m$	
传统检测算法	q	$4q$	q

例 5.2　本例仿真本节提出的低复杂度算法的性能。选用一个基于 64 元非规则多元码 $C_{64}[174, 87]$ 和 64 QAM 的编码调制系统，多元码 $C_{64}[174, 87]$ 的校验结点和变量结点的最大度分别为 6 和 3。该编码调制系统在不同检测算法下的误比特率见图 5.15。仿真中用

到的检测算法有传统检测算法和低复杂度检测算法，采用的译码算法为 QSPA，最大迭代次数为 50。从图 5.15 中可以看出，相对于传统检测算法，本节提出的低复杂度检测算法带来了一定的性能损失。在信噪比较低时，低复杂度检测算法带来的性能损失较大。随着信噪比的增加，低复杂度检测算法的性能损失逐渐变小。这主要因为低复杂度检测算法只在接收信号周围搜索，当信噪比较低时，接收信号距离实际发送信号一般较远，当信噪比较大时，接收信号以很高的概率落在发送信号周围。

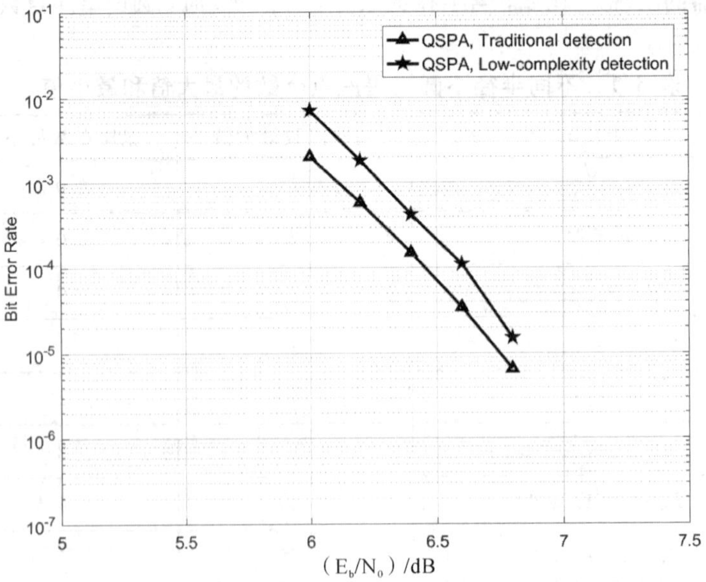

图 5.15　基于多元 LDPC 码 C_{64}[174，87] 和 64 QAM 的编码调制系统在不同检测译码算法下的误比特率

5.4　联合检测译码算法

5.2 节介绍了多元 LDPC 码编码调制系统的检测译码算法，该算法包括软入软出检测器和软入硬出译码器(如图 5.9 所示)。在该检测译码算法中，检测器和译码器之间没有迭代。本节介绍一类低复杂度检测译码算法，该算法包含三个模块，分别为量化器、软入硬出检测器和硬入硬出译码器。本节提出的算法在检测器和译码器之间进行迭代，因此该算法为联合检测译码算法(joint detection-decoding algorithm)。联合检测译码算法的核心思想如下：在迭代过程中不断更新信道接收信号，使其逐步靠近最可能的星座点，接收端根据译码器的输出移动接收信号。联合检测译码算法的框架性描述如下：

(1) 检测器根据更新后的接收信号做硬判决并将判决结果传给变量结点和校验结点；

(2) 校验结点基于硬判决结果计算外信息并传给与其相邻的变量结点；

(3) 变量结点根据收到的外信息(维度为 1)计算传递至检测结点的信息；

(4) 检测结点基于变量结点传来的信息在星座图上移动接收信号。

上述算法思想最早由 Wang 等人在 2010 年国际信息论年会上提出[49]。联合检测译码算法与传统检测译码算法在设计理念上有本质区别。传统检测译码算法通过迭代更新后验概率，而联合检测译码算法则通过迭代更新接收符号。本节介绍一种更新规则简单、紧凑的联合检测译码算法，该算法只包含整数运算和有限域运算，因此具有较低的实现复杂度。

5.4.1　软迭代去噪译码算法

本小节详细介绍多元 LDPC 码编码调制系统的软迭代去噪译码算法(soft iterative noise reduction algorithm，SINRA)[116]，图 5.13 中给出了该算法的系统模型。假设编码调制系统采用的星座为一个 ℓ 维的星座 χ，相应的映射规则为 ϕ。迭代去噪译码算法包含五个步骤，分别为截取和量化、检测结点硬判决、校验结点计算硬外信息、变量结点投票并计数、检测结点去噪。下面详细描述每一个步骤的具体操作。

1. 截取和量化

AWGN 信道的接收信号为连续信号，软迭代去噪算法通过译码器输出修正接收信号。为避免过多的实数操作，软迭代去噪算法需将接收信号量化为整数信号。软迭代去噪算法的量化过程如下。首先，检测器将信道接收向量序列 $\boldsymbol{y}$ 按以下规则进行截取(clipping)：

$$\tilde{y}_{i,j}=\begin{cases}T, & y_{ij}\geqslant T\\ -T, & y_{ij}\leqslant -T\\ y_{i,j}, & \text{其他}\end{cases}\tag{5.6}$$

其中，$i=0, 1, \cdots, n-1$，$j=0, 1, \cdots, \ell-1$。截取后的接收信号落在一个高维正方体中。正实数 T 用于限制接收信号的范围，如果参数 T 太小，截取操作将严重扭曲原始接收信号，进而影响联合检测译码器的性能。参数 T 设置的基本要求如下：T 必须满足 $\chi\subseteq[-T,T]^{\ell}$。另外，参数 T 不能太大。当量化精度受限时，若 T 太大，量化信号之间的区分度不高，此时也会影响联合检测译码器的性能。

通过截取操作，接收信号的每一维都在区间$[-T, T]$内。下面采用区间$[-T, T]$上的 b-比特均匀量化器 $\mathcal{Q}$ 量化信号 $\tilde{y}_{i,j}$，具体量化公式为

$$\mathcal{Q}(\tilde{y}_{i,j})=[\tilde{y}_{i,j}2^{b}/(2T)]\tag{5.7}$$

其中，$[x]$ 表示离实数 x 最近的整数。量化后的结果记为 $\boldsymbol{w}=(w_0, w_1, \cdots, w_{n-1})$，其中，$w_i$ 的表示如下：

$$w_i=(\mathcal{Q}(\tilde{y}_{i,0}), \mathcal{Q}(\tilde{y}_{i,1}), \cdots, \mathcal{Q}(\tilde{y}_{i,\ell-1}))\in\mathbb{Z}^{\ell}$$

向量 $\boldsymbol{w}$ 为整数向量，是检测器的输入信息。软迭代去噪算法在迭代过程中更新 $\boldsymbol{w}$，为便于算法描述，记 $\boldsymbol{w}^{(0)}=\boldsymbol{w}$。

2. 检测结点硬判决

在软迭代检测译码算法中，检测器只需输出硬判决结果，即距离接收信号最近的星座点。前一步已经将接收信号量化为整数表示，为了便于检测，需要同时将信号星座 χ 进行量化。给定量化参数 b，式 (5.7) 也可用于量化星座点。量化后的星座与原星座可能不同，为使得量化后的星座与原星座相差不大，量化器 $\mathcal{Q}$ 不能太粗糙。星座点 $(x_1, x_2, \cdots, x_{\ell-1})\in\chi$ 对应的量化星座点为

$$(\mathcal{Q}(x_1), \mathcal{Q}(x_2), \cdots, \mathcal{Q}(x_{\ell-1}))\in\mathbb{Z}^{\ell}$$

将利用量化器 $\mathcal{Q}$ 量化后的信号星座记为 $\chi_{\mathcal{Q}}$，称为量化星座。在多元 LDPC 码编码调制

系统中，发送信号依然来自原始星座 χ，而在接收端进行信号检测时则利用量化星座 χ_Q。有限域 $\mathbb{F}_q$ 与量化星座 χ_Q 之间的映射关系同样记为 ϕ。图 5.16 和图 5.17 中分别给出了 16 QAM 和 8 PSK 的原始星座图和量化星座图，其中，“∘”表示原始星座点，“□”表示量化星座点。若量化星座点和原始星座点重合，只画出量化星座点。

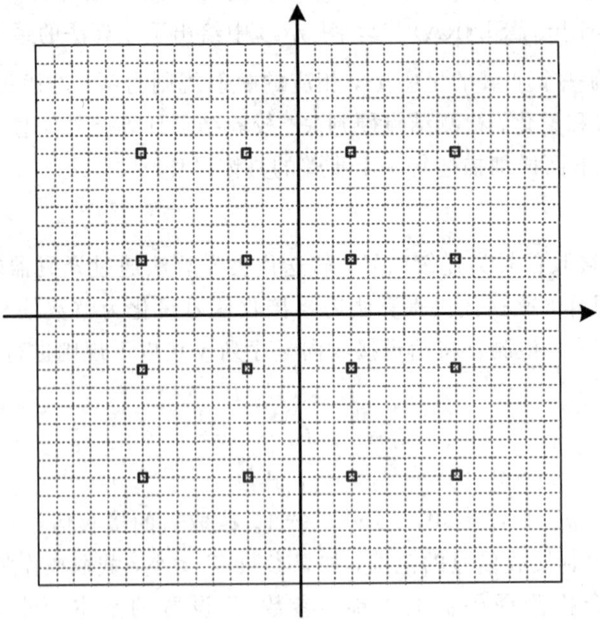

图 5.16　16 QAM 的原始星座图和量化星座图

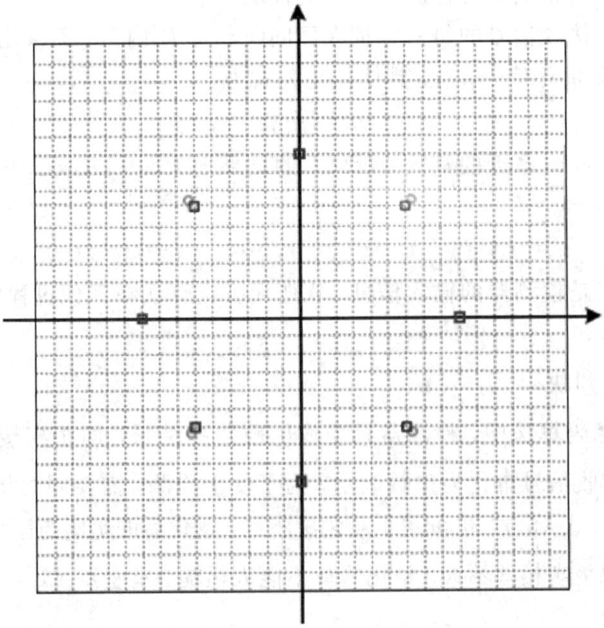

图 5.17　8 PSK 的原始星座图和量化星座图

软迭代去噪算法为迭代译码算法，迭代过程中更新量化接收信号 $\boldsymbol{w}$。为便于描述，

将第 k 次迭代中检测器的输入向量记为 $\boldsymbol{w}^{(k)}$。特别地，有 $\boldsymbol{w}^{(0)}=\boldsymbol{w}$。在第 k 次迭代中，检测结点基于 $\boldsymbol{w}^{(k)}$ 做硬判决，判决方式为

$$\hat{v}_j^{(k)}=\phi^{-1}(\arg\min_{x\in\chi_Q}\|w_j^{(k)}-x\|^2) \tag{5.8}$$

其中，$\|\cdot\|$ 表示二范数。记上述硬判决序列为 $\boldsymbol{v}^{(k)}=(v_0^{(k)}, v_1^{(k)}, \cdots, v_{n-1}^{(k)})$，检测结点将硬判决序列 $\boldsymbol{v}^{(k)}$ 传给变量结点。

3. 校验结点计算硬外信息

校验结点接收与其相连的变量结点传来的硬判决结果，并按其约束计算输出外信息。记第 i 个校验结点在第 k 次迭代的伴随式为 $s_i^{(k)}$，其值为

$$s_i^{(k)}=\sum_{j\in\mathcal{N}_c(i)}\hat{v}_j^{(k)}h_{i,j} \tag{5.9}$$

第 i 个校验结点的约束为 $s_i^{(k)}=0$。为满足该约束，第 i 个校验结点传到变量结点 $V_j(j\in\mathcal{N}_c(i))$ 的外信息为

$$\sigma_{i,j}^{(k)}=-h_{i,j}^{-1}(s_i^{(k)}-h_{i,j}\hat{v}_j^{(k)})=-h_{i,j}^{-1}s_i^{(k)}+\hat{v}_j^{(k)} \tag{5.10}$$

式 (5.10) 中的运算均为有限域运算。外信息 $\sigma_{i,j}^{(k)}$ 将被传给变量结点 V_j，该消息的维度为 1。图 5.18 中给出了校验结点处理和传递信息的过程。变量结点接收与其相连的校验结点传来的外信息。如果某域元素出现的频次较高，则变量结点取该域元素的可能性就高，这是迭代去噪译码算法的主要设计思路。

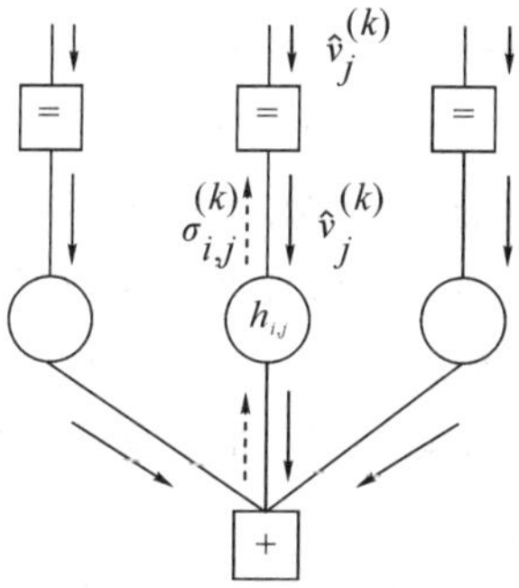

图 5.18　校验结点的信息更新示意图

4. 变量结点投票并计数

一个度为 γ 的变量结点可收到 γ 个外信息。用 $f_j^{(k)}(\alpha)(\alpha\in\mathbb{F}_q)$ 表示变量结点 V_j 在第 k 次迭代中收到的信息集 $\{\sigma_{i,j}^{(k)}\}_{i\in\mathcal{N}_v(j)}$ 中有限域元素 α 出现的次数。为方便起见，称 $f_j^{(k)}(\alpha)$ 为 α 的票数。对于列重为 λ 的变量结点，有

$$f_j^{(k)}(\alpha)\in[0,\lambda],\ \sum_{\alpha\in\mathbb{F}_q}f_j^{(k)}(\alpha)=\lambda$$

最多票数和次多票数分别记为 $f_{\max}$ 和 f_{sub}，即

$$f_{\max}=\max_{\alpha\in\mathbb{F}_q}\{f_j^{(k)}(\alpha)\},\ f_{\text{sub}}=\max_{\alpha\in\mathbb{F}_q\backslash\{\hat{v}_j^{(k)}\}}\{f_j^{(k)}(\alpha)\} \tag{5.11}$$

如前所述，票数越多，发送该域元素的可能性越大。为降低传送消息的维度，软迭代去噪算法中只考虑票数最多的域元素，记为 $\hat{v}_j^{(k)}$。因此，有

$$\hat{v}_j^{(k)}=\arg\max_{\alpha\in\mathbb{F}_q}\{f_j^{(k)}(\alpha)\} \tag{5.12}$$

除了绝对票数可以表征发送可能性外，相对票数也可用于表征发送可能性。最多票数和次多票数的差越大，发送 $\hat{v}_j^{(k)}$ 的可能性也越大。最多票数和次多票数的差为

$$\Delta f_j^{(k)} = f_{\max} - f_{\text{sub}} \tag{5.13}$$

变量结点将二维向量($\hat{v}_j^{(k)}$, $\Delta f_j^{(k)}$)传给检测结点。图 5.19 为变量结点的信息更新示意图，从图中可以看出，在软迭代去噪算法中，变量结点到检测结点的消息维度仅为 2。

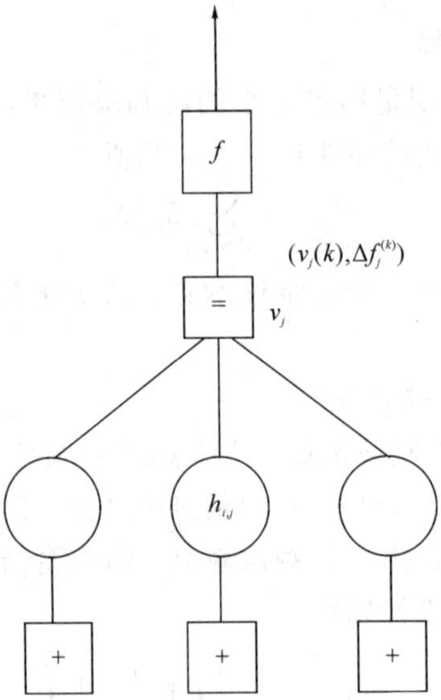

图 5.19　变量结点的信息更新示意图

为便于读者理解，用一个实例展示上述票数统计和变量结点的处理过程。对于一个列重为 $\lambda=16$ 的变量结点，票数总和为 16。假设在一次迭代中，$\alpha^0 \in \mathbb{F}_q$ 得到 6 票，$\alpha^1 \in \mathbb{F}_q$ 得到 4 票，$\alpha^2 \in \mathbb{F}_q$ 得到 3 票，$\alpha^3 \in \mathbb{F}_q$ 得到 2 票，$\alpha^4 \in \mathbb{F}_q$ 得到 1 票，其余元素都得 0 票。从上述投票结果可以看出，得到最大票数的元素为 α^0，最大票数和次大票数的差值为 $6-4=2$。因此从该变量结点传递到检测结点的信息为

$$(\hat{v}_j^{(k)}, \Delta f_j^{(k)}) = (\alpha^0, 6-4) = (\alpha^0, 2)$$

二元组($\hat{v}_j^{(k)}$, $\Delta f_j^{(k)}$)只能反映部分投票结果。下面的分析表明选择二元组($\hat{v}_j^{(k)}$, $\Delta f_j^{(k)}$)作为消息的原因。直观上，差值 $\Delta f_j^{(k)}$ 越大，硬判决结果 $\hat{v}_j^{(k)}$ 越可靠。假设校验矩阵里的非零元素是随机选取的，那么从码元 v_j 到硬判决结果 $\hat{v}_j^{(k)}$ 的信道可以看作一个 q 元的对称信道。记该信道的交错概率为 p，基于上面的假设，外信息$\sigma_{i,j}^{(k)}$ 正确的概率小于 $p_c = (1-p)^{(\rho-1)}$，其中 ρ 为第 j 列的列重。外信息错误的概率可估算为 $p_e = \dfrac{1-p_c}{q-1}$。进一步，参照密度进化方法，假设全部外信息独立。基于以上概率模型，可以估算 $\alpha \in \mathbb{F}_q$ 和 $\beta \in \mathbb{F}_q$ 为发送符号的概率比值，具体计算方式为

$$\begin{aligned}\text{LLR}_j^{(k)}(\alpha, \beta) &= \log \frac{\Pr(\alpha)}{\Pr(\beta)} \approx \log \frac{p_c^{f_j^{(k)}(\alpha)} (p_e)^{\lambda - f_j^{(k)}(\alpha)}}{p_c^{f_j^{(k)}(\beta)} (p_e)^{\lambda - f_j^{(k)}(\beta)}} \\ &= (f_j^{(k)}(\alpha) - f_j^{(k)}(\beta)) \log \frac{p_c}{p_e}\end{aligned} \tag{5.14}$$

由式(5.14)可以看出，两个域元素的对数概率比与它们的得票差呈线性关系。因此，

票数越大，发送该符号的概率越大。票数最多和票数次多的两个域元素为发送可能性最大的两个元素。记票数最多和票数次多的域元素分别为 α 和 β，这两个元素的对数概率比为

$$\mathrm{LLR}_j^{(k)}(\alpha, \beta) \approx (f_{\max} - f_{\mathrm{sub}}) \log \frac{p_c}{p_e} \tag{5.15}$$

从式(5.15)可以看出，票数差值 $\Delta f_j^{(k)} = f_{\max} - f_{\mathrm{sub}}$ 越大，判决结果 $\hat{v}_j^{(k)}$ 越可靠。因此，二元组($\hat{v}_j^{(k)}$，$\Delta f_j^{(k)}$)可以反映投票结果的大部分信息。和 EMS 算法类似，为降低复杂度，软迭代译码算法只将主要信息传给检测结点。二元组($\hat{v}_j^{(k)}$，$\Delta f_j^{(k)}$)只是一种可选的主要信息表征方式，有兴趣的读者可设计新的主要信息表征方式。

5. 检测结点去噪

第 j 个检测结点接收来自第 j 个变量结点的二维消息($\hat{v}_j^{(k)}$，$\Delta f_j^{(k)}$)，检测结点利用该二维消息移动接收信号 $w_j^{(k)}$，在移动过程中，检测结点需要确定移动方向和移动步长。由于第 j 个变量结点的判决结果支持 $\hat{v}_j^{(k)}$，因此需要将接收信号向星座点 $\phi(\hat{v}_j^{(k)})$ 的方向移动。由于 $\Delta f_j^{(k)}$ 的值越大，判决结果 $\hat{v}_j^{(k)}$ 越可靠，因此移动步长应与票数差值 $\Delta f_j^{(k)}$ 成正比。下面给出具体的信号移动规则。

根据接收信号和硬判决结果定义第 j 个检测结点的移动方向向量：

$$\boldsymbol{L}_j = (L_{j,0}, \cdots, L_{j,\ell-1}) \triangleq \phi(\hat{v}_j^{(k)}) - w_j^{(k)} \tag{5.16}$$

如果硬判决符号 $\hat{v}_j^{(k)}$ 是发送符号，则向量 $-\boldsymbol{L}_j$ 代表噪声的方向。为降低噪声的影响，需要将接收信号沿着噪声降低的方向移动，即沿着 $\boldsymbol{L}_j$ 的方向移动。另一方面，如果星座点 $\phi(\hat{v}_j^{(k)})$ 与接收信号 $w_j^{(k)}$ 之间的欧氏距离太远，则译码器硬判决结果的可靠性较低。此时不应该移动接收信号。综上所述，迭代去噪算法中的信号移动准则如下：

(1) 如果硬判决 $\phi(\hat{v}_j^{(k)})$ 与接收信号 $w_j^{(k)}$ 之间的欧氏距离超过给定门限值，则不移动接收信号。具体地，如果：

$$\| \phi(\hat{v}_j^{(k)}) - w_j^{(k)} \|^2 > D^2$$

则有 $w_j^{(k+1)} = w_j^{(k)}$。

(2) 如果 $\| \phi(\hat{v}_j^{(k)}) - w_j^{(k)} \|^2 \leqslant D^2$，则将接收信号 $w_j^{(k)}$ 的第 i 个分量沿着 $L_{j,i}$ 的方向移动，移动的步长为 $|L_{j,i}|$ 和 $\Delta f_j^{(k)}$ 中的较小值。具体的移动规则为

$$w_{j,i}^{(k+1)} = w_{j,i}^{(k)} + \mathrm{sgn}(L_{j,i}) \min(|L_{j,i}|, \Delta f_j^{(k)}) \tag{5.17}$$

其中，$w_{j,i}^{(k)}$ 和 $w_{j,i}^{(k+1)}$ 分别表示 $w_j^{(k)}$ 和 $w_j^{(k+1)}$ 的第 i 个分量。

在上述移动规则中，接收信号的每个维度独立移动，不同维的移动步长可能不同，因此实际的移动方向和 $\boldsymbol{L}_j$ 有出入。上述移动规则中的参数 D 影响算法的性能：若 D 太大，则大多数情况下都将移动信号；若 D 太小，则大多数情况下都不会移动信号(参数 D 的选取规则在仿真中给出)。

下面以二维星座为例说明接收信号的移动过程。式(5.17)给出的更新规则可分为如下三种情况。

(1) $|L_{j,0}| \leqslant \Delta f_j^{(k)}$，$|L_{j,1}| \leqslant \Delta f_j^{(k)}$：接收信号 $w_j^{(k)}$ 的移动方向和向量 $\boldsymbol{L}_j$ 的方向一致，如图 5.20 所示。

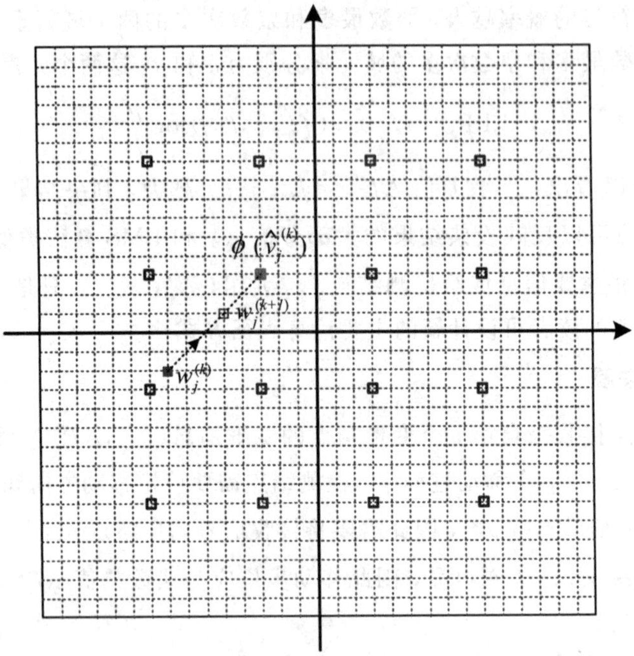

图 5.20 当$|L_{j,0}| \leqslant \Delta f_j^{(k)}$和$|L_{j,1}| \leqslant \Delta f_j^{(k)}$时的移动方向

(2)$|L_{j,0}| > \Delta f_j^{(k)}$，$|L_{j,1}| \leqslant \Delta f_j^{(k)}$：接收信号$w_j^{(k)}$的移动方向和向量$\boldsymbol{L}_j$的方向不一致，如图 5.21 所示。

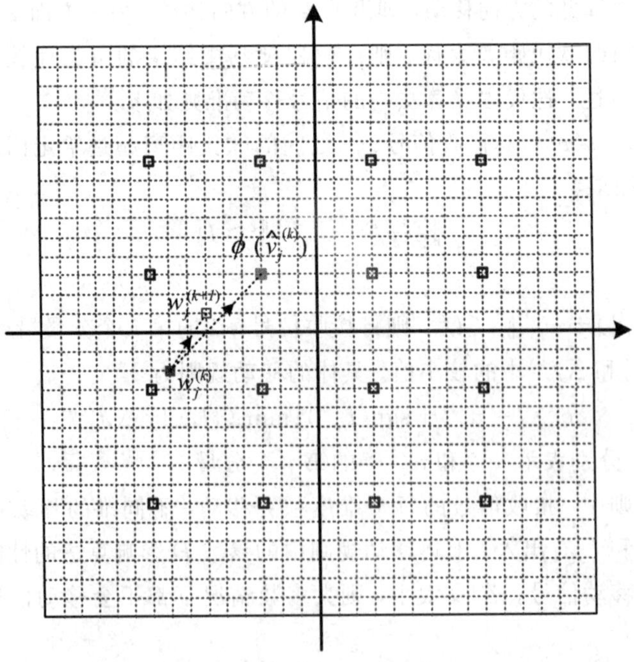

图 5.21 当$|L_{j,0}| > \Delta f_j^{(k)}$和$|L_{j,1}| \leqslant \Delta f_j^{(k)}$时的移动方向

(3)$|L_{j,0}| \leqslant \Delta f_j^{(k)}$，$|L_{j,1}| \leqslant \Delta f_j^{(k)}$：接收信号$w_j^{(k)}$的移动方向和向量$\boldsymbol{L}_j$的方向不一致，如图 5.22 所示。

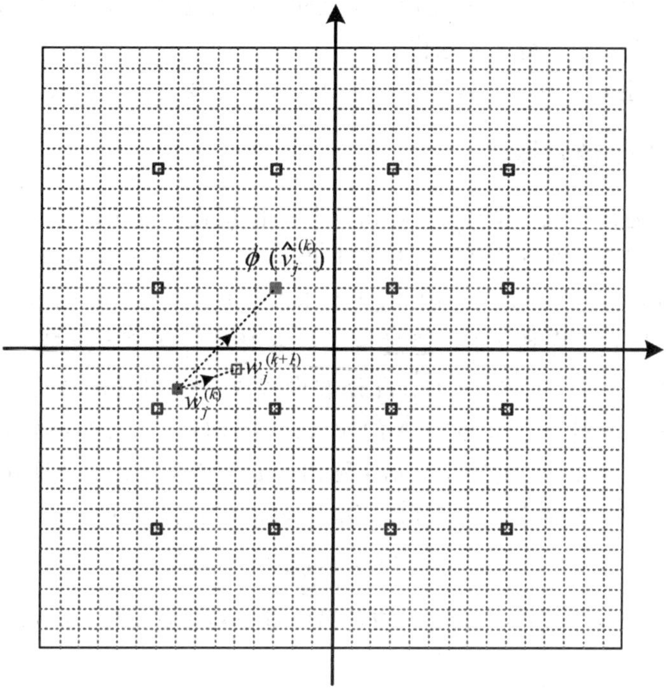

图 5.22　当 $|L_{j,0}| \leqslant \Delta f_j^{(k)}$ 和 $|L_{j,1}| > \Delta f_j^{(k)}$ 时的移动方向

6. SINRA 总结

检测器更新了接收信号后得到新的接收信号 $\boldsymbol{w}^{(k+1)}$。基于新的接收信号，软迭代去噪译码算法(SINRA)开始新一轮迭代。若迭代过程中有 $\hat{\boldsymbol{v}}^{(k)} \cdot \boldsymbol{H}^{\mathrm{T}} = \boldsymbol{0}$，则停止迭代。算法 5.1 给出了软迭代去噪算法的流程，SINRA 的参数有 T、b 和 D(后面给出这些参数的建议取值)。

✲算法 5.1　软迭代去噪算法

(1) 初始化。根据式(5.6)和式(5.7)截取和量化信道接收向量序列 $\boldsymbol{y}$，得到量化信号 $\boldsymbol{w}^{(0)}$。选择最大迭代次数 $\mathcal{L} > 0$，并令 $k=0$。

(2)迭代。当 $k < \mathcal{L}$ 时，执行如下步骤：

步骤 1：检测结点根据式 (5.8) 做硬判决，得到 $\hat{\boldsymbol{v}}^{(k)}$。

步骤 2：校验结点根据式(5.9)和式(5.10)计算外信息 $\sigma_{i,j}^{(k)}$。

步骤 3：变量结点根据式 (5.12) 和式 (5.13) 计算信息对 $(\hat{v}_j^{(k)}, \Delta f_j^{(k)})$；若 $\hat{\boldsymbol{v}}^{(k)}$ 满足校验，输出 $\hat{\boldsymbol{v}}^{(k)}$ 并结束译码。

步骤 4：若 $\| \phi(\hat{v}_j^{(k)}) - w_j^{(k)} \|^2 \leqslant D^2$，检测结点按式 (5.17) 移动 $w_j^{(k)}$ 得到新的接收信号 $w_j^{(k+1)}$；否则，令 $w_j^{(k+1)} = w_j^{(k)}$。

步骤 5：令 $k=k+1$。

(3) 译码结束。如果 $k=\mathcal{L}$，则译码失败。

SINRA 与已有的低复杂度译码算法[42, 48, 94]的思想存在不同之处。在 SINRA 中，多元 LDPC 译码器的输出信息用于估计噪声方向进而移动接收信号。另外，SINRA 和 QSPA/FFT - QSPA 还存在如下三个不同点。

(1) 在 SINRA 中，各类结点间传递的都是硬信息，因此便于硬件实现。

(2) 在 SINRA 中，检测结点和变量结点之间需进行迭代。在 QSPA/FFT - QSPA 中，检测结点和变量结点之间一般无需迭代。

(3) SINRA 的主要运算为整数运算，而 QSPA 的主要运算为实数运算。

5.4.2 硬迭代去噪译码算法

对于一些实际通信系统，检测器只输出硬判决信息且不能更改检测器，此时只能使用硬判决译码算法。因此，在 SINRA 的基础上提出适用于该场景的硬迭代去噪译码算法(hard iterative noise reduction algorithm，HINRA)。HINRA 以检测器的硬判决结果作为初始信息，当给定硬判决序列 $\boldsymbol{z}$ 时，通过星座逆映射可得到硬判决星座点序列 $\boldsymbol{w}=(w_0, w_1, \cdots, w_{n-1})$，其中，$w_j=\mathcal{Q}(\phi(z_j))$。此处假设接收端已知发送端所用的调制和映射方式，将硬判决星座点序列 $\boldsymbol{w}$ 作为 SINRA 的输入即得到 HINRA。HINRA 也可用于可直接获得信道输出 $\boldsymbol{y}$ 的通信系统，此时需对信道输出按如下两个步骤做预处理：

(1) 根据式 (5.8) 做硬判决，得到硬判决序列 $\boldsymbol{z}=(z_0, z_1, \cdots, z_{n-1})$，其中，

$$z_j=\phi^{-1}(\arg\min_{x\in\chi_{\mathcal{Q}}}\|y_j-x\|^2) \tag{5.18}$$

(2) 根据式(5.7)对硬判决序列 $\boldsymbol{z}$ 对应的星座点序列进行量化，得到初始输入 $\boldsymbol{w}$，其中，$w_j=\mathcal{Q}(\phi(z_j))$。

5.4.3 迭代去噪译码算法的复杂度

下面讨论 SINRA 和 HINRA 的计算复杂度。记多元 LDPC 码的校验矩阵 $\boldsymbol{H}$ 中的非零元个数为 δ。对于 (λ, ρ)-规则多元 LDPC 码，$\delta=n\lambda=m\rho$。下面分析 SINRA(HINRA)一次迭代中的计算复杂度。

(1) 检测结点硬判决需要进行 $n(2\ell-1)$ 次整数加法、$n\ell$ 次整数乘法和 $n(q-1)$ 次整数比较。

(2) 计算校验和 $\boldsymbol{s}^{(k)}$ 需要进行 $\delta-m$ 次有限域加法和 δ 次有限域乘法。

(3) 计算校验结点的外信息需要进行 2δ 次有限域乘法和 2δ 次有限域加法。

(4) 在变量结点处，为得到得票最多和得票次多的元素，需要进行 $2\delta-3n$ 次整数比较；变量结点计算 $\Delta f_j^{(k)}$ 需要进行 n 次整数加法；变量结点验证 $\hat{\boldsymbol{v}}$ 是否为码字，需要进行 $\delta-m$ 次有限域加法和 δ 次有限域乘法。

(5) 检测结点验证 $\|\phi(\hat{v}_j^{(k)})-w_j^{(k)}\|^2\leqslant D^2$ 是否成立，需要进行 $n(2\ell-1)$ 次整数加法和 $n\ell$ 次整数乘法。

(6) 检测结点更新 $\boldsymbol{w}^{(k)}$ 需要进行 $2n\ell$ 次整数加法、$n\ell$ 次整数乘法和 $2n\ell$ 次整数比较。

表 5.3 中总结了 SINRA(HINRA)的计算复杂度。为了进行对比，表 5.3 中也给出了 FFT - QSPA 的计算复杂度。从表 5.3 中可以看出，SINRA 的计算复杂度远远低于 FFT - QSPA 的计算复杂度。

表 5 - 3　不同译码算法的计算复杂度比较

算法	整数加	整数比	整数乘	域操作	实数加	实数比	实数乘
S(H)INRA	$6n\ell-n+\delta$	$(2\ell+q)n+2\delta$	$3n\ell$	$6\delta-2m$			
FFT - QSPA				$2\delta-m$	$(8+m)q\mathrm{lb}q$	$n(q-1)$	$3\delta-m$

5.4.4 迭代去噪译码算法的性能

下面以两个多元 LDPC 码为例说明迭代去噪算法的性能。假设采用的信号星座为 χ，该星座的最小欧氏距离 $d_{\min}$ 为

$$d_{\min}=\min\{d(x,y):x\in\chi,\ y\in\chi,x\neq y\} \tag{5.19}$$

其中，$d(x, y)$表示 x 和 y 之间的欧氏距离。信号星座 χ 的最大分量 $a_{\max}$ 定义为

$$a_{\max}=\max\{|x_i|:\ x\in\chi,\ 0\leqslant i<\ell\} \tag{5.20}$$

其中，$|x_i|$表示星座点 x 的第 i 分量 x_i 的绝对值。所有星座点均在 ℓ 维正方体 $[-a_{\max}, a_{\max}]^{\ell}$ 中。比如，16 QAM 星座 $\chi=\{\pm1,\ \pm3\}^2$ 的最小欧氏距离为 $d_{\min}=2$，最大分量为 $a_{\max}=3$。BPSK 星座 $\chi=\{+1,\ -1\}^4$ 的最小欧氏距离为 $d_{\min}=2$，最大分量为 $a_{\max}=1$。仿真中 SINRA 的参数 T、b 和 D 按照如下方式选取：

$$\begin{aligned}&T=a_{\max}+d_{\min}\\&b=\lceil \mathrm{lb}(8\lambda T/d_{\min})\rceil\\&D=4\lambda\end{aligned} \tag{5.21}$$

其中，λ 为多元 LDPC 码的校验矩阵的最大列重。仿真中所有译码算法的最大迭代次数均为 50。

例 5.3 考虑基于有限域构造的多元 LDPC 码 $C_{64}[3969,\ 3273]$[58,60]，其校验矩阵的维度为 2016×3969。该码的校验矩阵满足行列约束，其中行重和列重分别为 62 和 32。仿真中用到的信道为 AWGN 信道，采用了三种调制方式，分别为 BPSK 调制、8 PSK 调制和 64 QAM 调制。

对于 BPSK 调制，量化比特数设置为 $b=8$。图 5.23 中给出了软迭代去噪算法和硬迭代去噪算法的性能。为了进行对比，图 5.23 中也给出了 FFT - QSPA 的性能。从图 5.23 中

可以看到，在误符号率为 10^{-4}时，SINRA 与 FFT - QSPA 的性能仅差 0.6 dB；HINRA 与 FFT - QSPA 的性能仅差 0.9 dB。图 5.24 中给出了 SINRA 在不同的最大迭代次数下的误码性能。从图 5.24 中可以看出，当最大迭代次数为 10 时，SINRA 已有很好的性能。

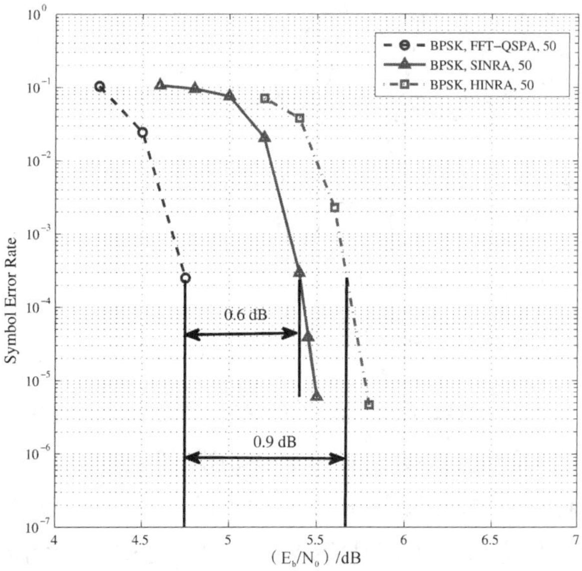

图 5.23 $C_{64}[3969,\ 3273]$和 *BPSK* 在不同译码算法下的误符号率

因此，对于该码，SINRA 的收敛速度较快。

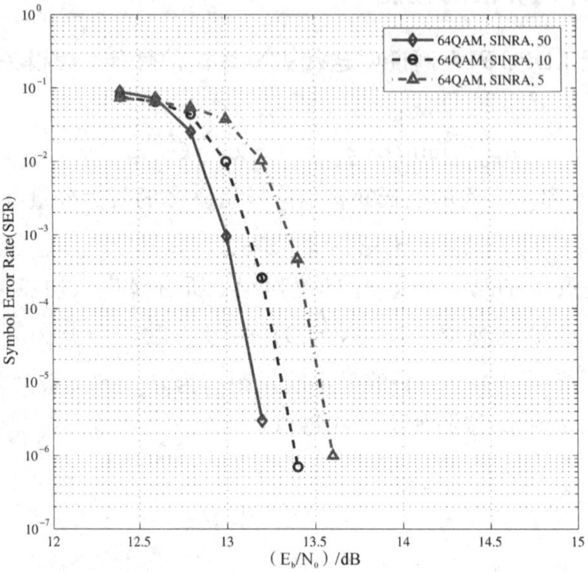

图 5.24　C_{64}[3969，3273] 和 BPSK 在 SINRA 译码时的收敛速度

对于 8 PSK 调制，量化比特数设置为 $b=9$。图 5.25 中给出了软迭代去噪算法、硬迭代去噪算法和FFT -QSPA 的性能。从图 5.25 中可以看出，在误符号率为 10^{-4}时，SINRA 与 FFT -QSPA 的性能仅差 0.6 dB；HINRA 与 FFT - QSPA 的性能仅差 0.9 dB。另外，仿真结果表明，当最大迭代次数为 10 时，SINRA 已有较好的性能。

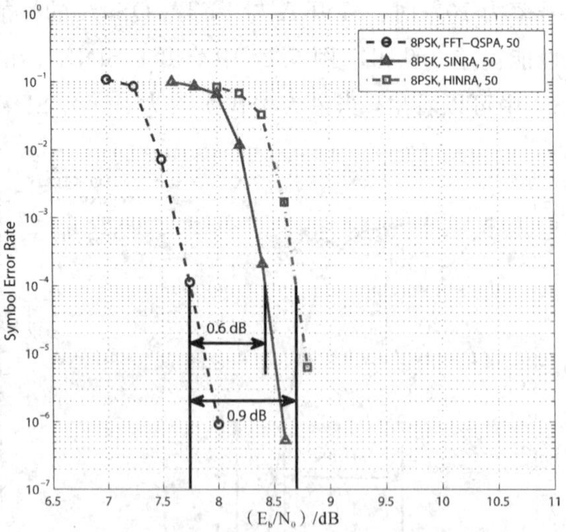

图 5.25　C_{64}[3969，3273] 和 8 PSK 在不同译码算法下的误符号率

对于 64 QAM 调制，量化比特数设置为 $b=9$。图 5.26 中给出了软迭代去噪算法、硬迭代去噪算法和 FFT - QSPA 的性能。从图 5.26 中可以看出，在误符号率为 10^{-4}时，SINRA 与 FFT - QSPA 的性能仅差 0.7 dB；HINRA 与 FFT - QSPA 的性能差 1.0 dB。另外，仿真结果表明，当最大迭代次数为 10 时，SINRA 已有较好的性能。

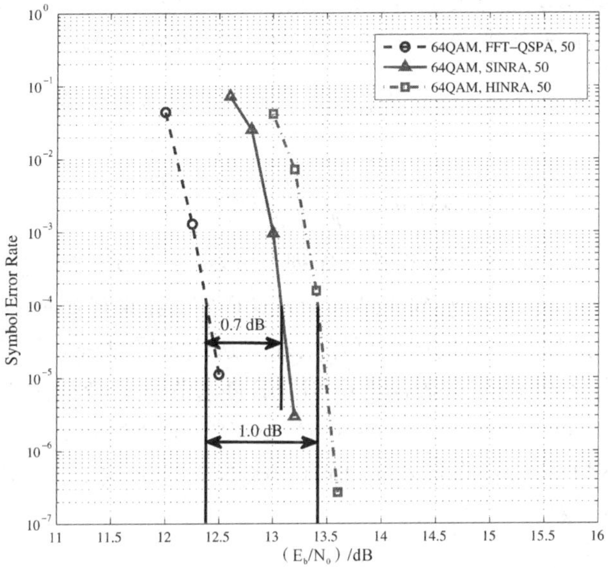

图 5.26　C_{64}[3969, 3273] 和 64 QAM 在不同译码算法下的误符号率

这些仿真结果表明，SINRA 算法的性能损失较小，收敛速度较快。然而，随着调制阶数的增加，SINRA 算法的性能损失有所增大。为降低计算复杂度，SINRA 中传递的消息均为硬判决消息。如果允许传递部分软信息，则可以减少 SINRA 的性能损失。如何选择有效的软信息值得深入研究。

在 SINRA 中，检测结点沿着噪声的反方向逐步移动接收信号。下面展示 SINRA 中接收信号的移动过程。图 5.27 中显示了译码过程中两个接收信号在星座图上的移动过程，其

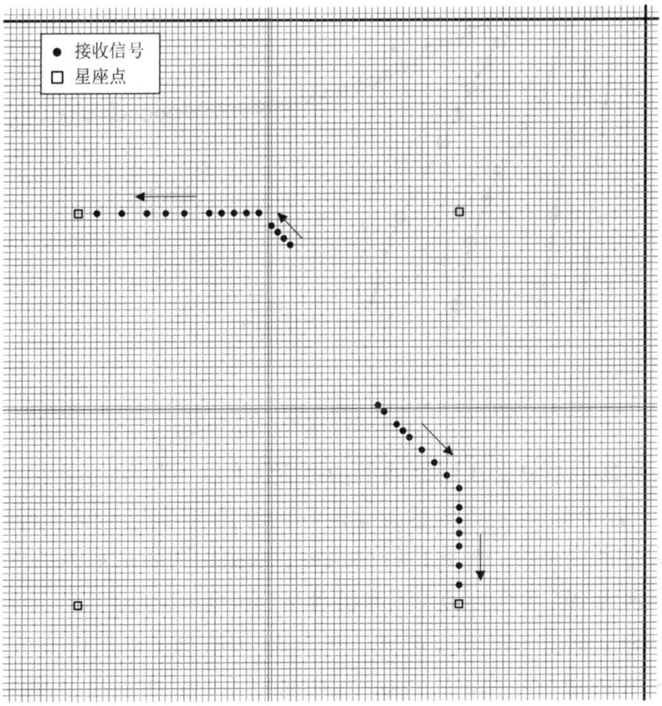

图 5.27　*SINRA* 译码时两个接收信号的移动轨迹

中，仿真信噪比为 13 dB。为方便展示，此处只展示了星座图的部分区域。从图 5.27 中可以看出，随着迭代的进行，接收信号逐渐靠近星座点。图中的间隔反映了移动的步长，每次移动的步长有差异。

为进一步展示迭代去噪的过程，定义接收信号的归一化均方误差(normalized mean squared error，NMSE)为

$$\mathrm{NMSE}=\frac{1}{n\ell\sigma^2}\left\|\frac{2T}{2^b}\boldsymbol{w}^{(k)}-\boldsymbol{x}\right\|^2 \tag{5.22}$$

其中，σ^2 是高斯信道的方差，$\boldsymbol{x}$ 为发送信号序列。如果归一化均方误差接近于零，则接收信号与发送信号序列很近，此时的硬判决结果为发送码字。如果译码成功，则在迭代过程中，接收序列逐渐靠近发送序列。为使读者更好地理解迭代去噪过程，我们跟踪归一化均方误差在迭代过程中的变化，图 5.28 中给出了 NMSE 随着迭代的变化过程，其中信噪比为 13 dB，调制为 64 QAM。在译码开始，即 $k=0$ 时，NMSE 的值约为 1.0。可以看出，随着迭代的进行，有的帧的 NMSE 很快降到 0.0；而有的帧的 NMSE 则缓慢下降。NMSE 下降得越快，SINRA 收敛得也越快。

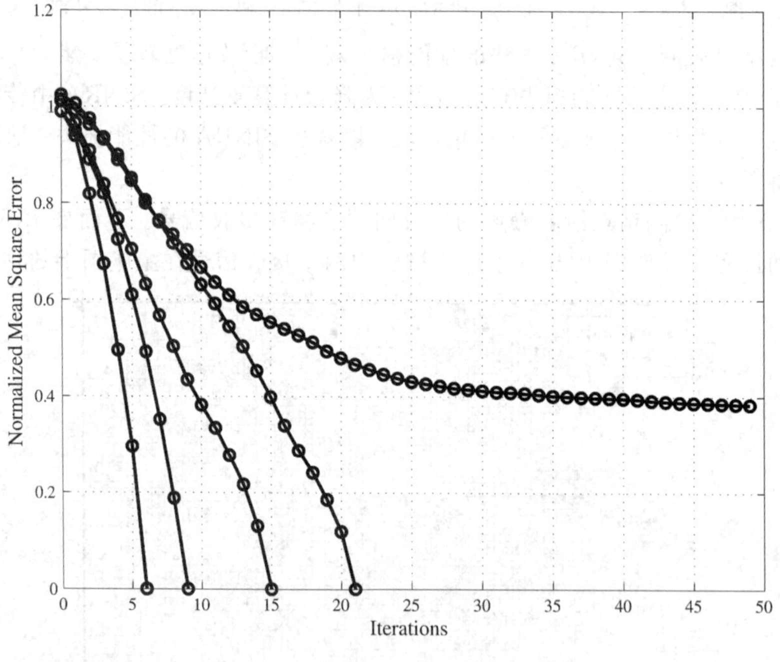

图 5.28　NMSE 在迭代中的变化示例

例 5.4　本例仿真一个定义在更大域上的多元 LDPC 码。基于有限几何方法可构造多元 LDPC 码 $C_{256}[255, 175]$[59]，该码的校验矩阵的维度为 255×255，行重和列重都为 16。该校验矩阵包含大量的冗余行，且满足行列约束。本例用到的信道为 AWGN 信道，采用了三种调制方式，分别为 BPSK、16 QAM 和棋盘格(checkerboard lattice)D_4 调制。

对于 BPSK 调制，量化比特数为 $b=8$。图 5.29 中给出了软迭代去噪算法、硬迭代去噪算法和 FFT-QSPA 的误符号率。从图 5.29 中可以看出，在误符号率为 10^{-5} 时，SINRA 与 FFT-QSPA 的性能差 1.0 dB；HINRA 与 FFT-QSPA 的性能差 1.2 dB。图 5.30 中给

出了 SINRA 算法的平均迭代次数。从图 5.30 中可以看出，在误符号率为 10^{-5} 时，SINRA 平均只需两次迭代就可收敛。

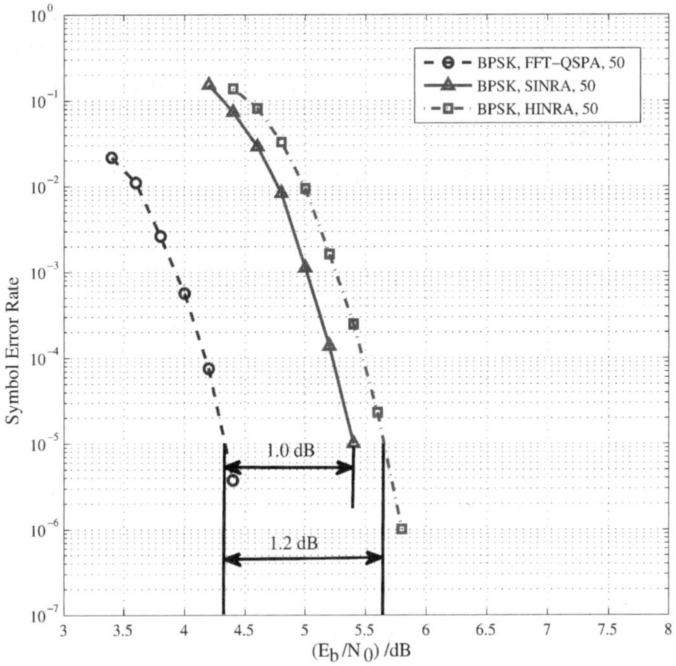

图 5.29　C_{256}[255，175] 和 BPSK 在不同译码算法下的误符号率

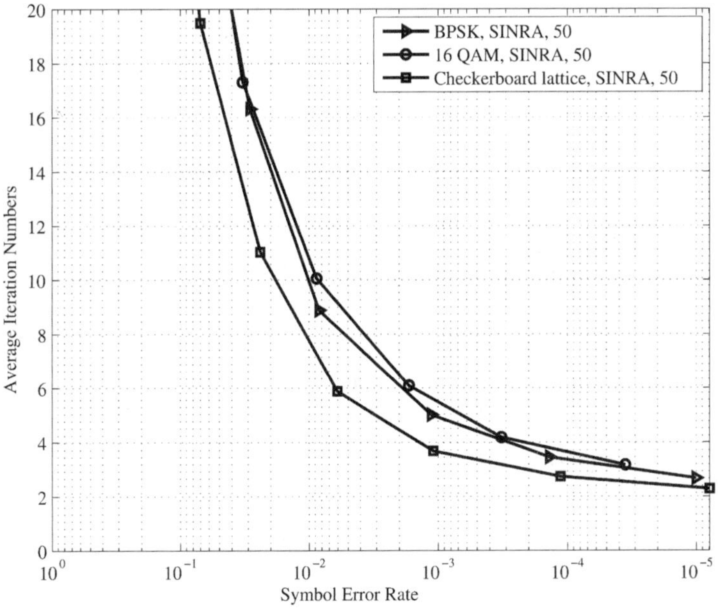

图 5.30　C_{256}[255，175] 采用 SINRA 译码时的平均迭代次数

对于 16 QAM 调制，量化比特数为 $b=9$。图 5.31 中给出了软迭代去噪算法、硬迭代去噪算法和 FFT－QSPA 的误符号率。从图 5.31 中可以看出，在误符号率为 10^{-5} 时，SINRA 与 FFT－QSPA 的性能差 1.1 dB；HINRA 与 FFT－QSPA 的性能差 1.3 dB。图 5.30 中给出了

SINRA 算法的平均迭代次数。可以看出，在误符号率为 10^{-5}时，SINRA 平均只需两次迭代就可收敛。

对于基于棋盘格(checkerboard lattice) D_4 格的调制[117-118]，量化比特数为 $b=10$。图 5.32 中给出了软迭代去噪算法、硬迭代去噪算法和 FFT - QSPA 的误符号率。从图 5.32 中可以看出，在误符号率为 10^{-5}时，SINRA 与 FFT - QSPA 的性能差 1.0 dB；HINRA 与 FFT - QSPA 的性能差 1.2 dB。图 5.30 中给出了 SINRA 算法的平均迭代次数。从 5.30 中可以看出，在误符号率为 10^{-5}时，SINRA 平均只需两次迭代就可收敛。

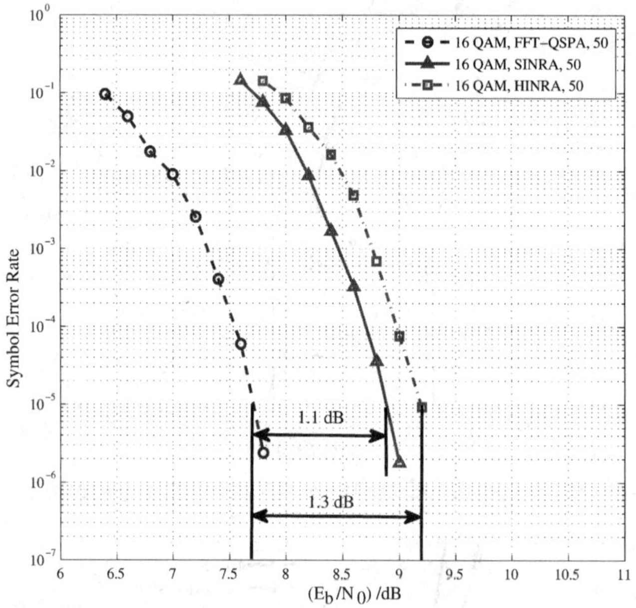

图 5.31　C_{256}[255，175] 和 16 QAM 在不同译码算法下的误符号率

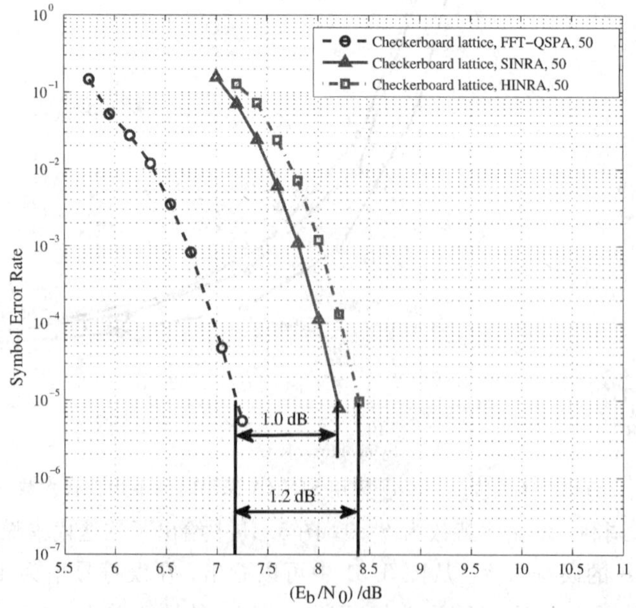

图 5.32　C_{256}[255，175] 和 D_4 格在不同译码算法下的误符号率

最后比较 SINRA 算法和 FFT - QSPA 的译码复杂度。从表 5.3 中可以看出，SINRA 单次迭代的计算量远低于 FFT - QSPA。迭代算法的复杂度不仅与单次迭代的计算复杂度相关，还和算法的平均迭代次数相关。我们用平均计算复杂度度量一个算法的计算复杂度，用符号$O(A)$表示算法 A 需要的平均计算量。下面以多元 LDPC 码 $C_{256}[255, 175]$ 和 D_4 格调制为例比较计算复杂度。在误符号率为 10^{-5} 时，SINRA 和 FFT - QSPA 的平均计算量分别为

$$O(\text{SINRA})=2.60\times 441.0n=292\ 383$$

$$O(\text{FFT - QSPA})=1.89\times 35\ 149n=16\ 940\ 061$$

从上面的比较可以看出，SINRA 的平均计算复杂度远远低于 FFT - QSPA。

文献[117 - 118]详细介绍了本例中用到的 D_4 格。基于 D_4 格的信号星座具有较低的平均发送能量与低复杂度检测算法。

5.5　信号星座成形

5.5.1　编码增益与成形增益

传统的编码调制系统一般采用均匀分布的信号星座。对于这类编码调制系统，即使采用最好的编码技术，也不能有效逼近 AWGN 信道的容量。比如，在高谱效率场景下，基于等概 QAM 信号星座的编码调制系统的性能极限与 AWGN 信道容量的差距约为 1.53 dB。星座成形(constellation shaping)技术是一种用于构造逼近信道容量的星座的技术，它将均匀分布的信号序列映射到服从(近似服从)信道最佳输入分布的信号序列。

对于一个星座，可定义其成形增益，该增益与包含该星座的区域 R 相关。一个 N 维区域 R 的成形增益定义如下：在同样的谱效率下，采用在 R 内均匀分布的信号星座相对于采用在 N 维立方体内均匀分布的信号星座所节约的平均功率。N 维区域 R 的平均功率记作 $P(R)$。比如，在二维空间中，R 可选为以原点为圆心的圆，它的平均功率低于相同面积的正方形的平均功率。记 N 维区域 R 的体积为 $V(R)$。如果 R 为一个 N 维立方体，该立方体的边长为$V(R)^{\frac{1}{N}}$，则 N 维立方体的平均功率为

$$P_{\text{b}}(R)=\frac{V(R)^{\frac{2}{N}}}{6}$$

因此，N 维区域 R 的成形增益为

$$\gamma_{\text{s}}(R)=\frac{P_{\text{b}}(R)}{P(R)}$$

给定体积，成形增益与 R 的平均功率成反比。当体积 $V(R)$给定时，N 维球的平均功率最小，此时的成形增益也最大。当 N 为偶数时，体积为 $V(R)$的 N 维球的平均功率为

$$P_{\text{o}}(R)=\frac{2\left[V(R)\left(\frac{N}{2}\right)!\right]^{\frac{2}{N}}}{(N+2)\pi}$$

因此，N 维球的成形增益为

$$\gamma_{\text{s}}(R)=\frac{\pi(N+2)}{12\left[\left(\frac{N}{2}\right)!\right]^{\frac{2}{N}}}=\frac{\pi(L+1)}{12[L!]^{1/L}}$$

其中，$L=\frac{N}{2}$。采用 Stirling 近似公式 $n!\approx(n/e)^n$ 可知，成形增益的极限为

$$\lim_{L\to\infty}\gamma_s(R)=\frac{\pi e}{6}=1.5328\ \text{dB}$$

由于器件精度和复杂度等原因，实际中不可能采用球形信号。研究人员一直致力于设计实现复杂度低、成形增益高的信号星座。

5.5.2 信号星座成形基本原理

由 5.5.1 节的分析可知，星座成形是逼近 AWGN 信道容量的必要手段。AWGN 信道的最佳输入分布为高斯分布。一般很难在复杂度受限的情况下产生服从高斯分布的信号星座。因此，有必要研究近似高斯信号星座的低复杂度实现技术。高斯星座的近似生成技术称为星座成形技术。常用的低复杂度星座成形技术有几何成形技术和概率成形技术。

几何成形技术的基本思想如下：直接在 N 维球内寻找信号星座点，每个星座点的发送概率相等。图 5.33 中给出了一个基于几何成形技术的信号星座图，图中每个点都具有相等的发送概率。概率成形技术的基本思想如下：调整不同信号星座点的发送概率，使得信号星座对应的边缘概率分布接近高斯分布。图 5.34 中给出了一个基于概率成形技术的信号星座图，在该调制方式中，+1 和 −1 发送的概率为 $\frac{3}{8}$，而 +3 和 −3 发送的概率为 $\frac{1}{8}$。存在多种方式实现不等概发送，比如，如下的多对一映射可实现图 5.34 中的概率成形星座：

$$\phi(000)=-3,\ \phi(001)=-1,\ \phi(010)=-1,\ \phi(011)=-1,$$
$$\phi(100)=+1,\ \phi(101)=+1,\ \phi(110)=+1,\ \phi(111)=+3$$

对比图 5.33 和图 5.34 可以看出，几何成形和概率成形是两种完全不同的星座成形方法。将图 5.33 中的二维信号投影到一维时（计算每一维的边缘分布）得到的分布与图 5.34 具有相似性。为设计成形增益更大的信号星座，可联合使用几何成形方法和概率成形方法。

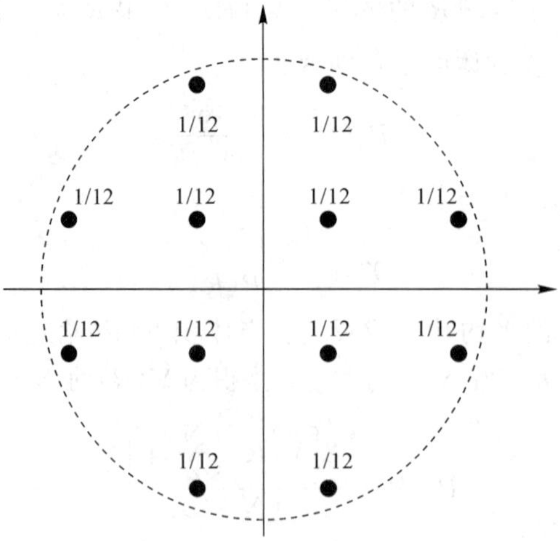

图 5.33　基于几何成形技术设计的二维信号星座

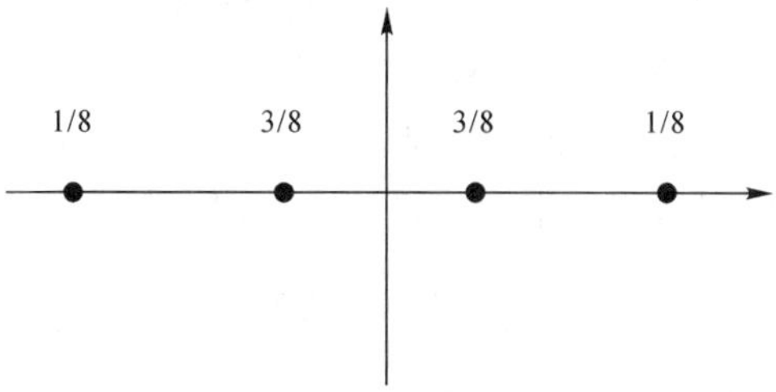

图 5.34 基于概率成形技术设计的一维信号星座

5.5.3 两种星座成形实现方法

5.5.2 节介绍了星座成形的基本原理和两种常见的星座成形技术。对于几何成形技术，通常需要在高维空间中选择最优的信号星座。这是一个很难的问题，基于搜索的信号星座的设计方法复杂度非常高。另外，当采用高维信号星座时，为保持同样的频谱效率，需采用更多的信号星座点。由于检测复杂度与信号星座大小成正比，因此实际系统中一般不会采用高维信号星座。对于概率成形技术，由于发送信号通常取自一个有限集合，因此很难有效逼近高斯分布。目前文献中已有多种实现上述星座成形技术的低复杂度方法。下面介绍两种易于实现的成形方法，分别为 Gallager 映射和多层叠加。

Gallager 博士提出了一种基于多对一映射构造近似最佳输入分布的方法。在该方法中，比特序列与发送符号之间的映射为多对一映射，即多个长度均为 ℓ 的比特串被映射到同一个传输信号。假设每一个 ℓ 长的信息比特串的发生概率相同，由于在发送端采用了多对一映射，因此实际发送信号不等概。上述概率成形方法称为 Gallager 映射法，基于 Gallager 映射设计成形星座时需首先确定需采用的信号星座，然后指定相应的映射方式。在后续仿真中将给出一个基于 Gallager 映射和几何成形的二维信号星座。

另外一种易于实现的成形方法是基于多层叠加的成形方法[112]。在多层叠加成形方法中，首先将发送比特序列分为若干层；然后将每一层的比特序列采用 BPSK 进行调制，不同层采用幅度不同的 BPSK 调制；最后，将所有层的信号进行叠加，得到发送信号序列。在多层叠加成形方法中，通过调整每一层信号星座的幅度，可调整最终的信号星座以及每个星座点的发送概率。如果所有层采用相同的幅度，那么最终得到的信号星座在坐标轴上是等距分布的，且靠近原点的星座点的发送概率高于远离原点的星座点。如果各层幅度不一样，那么最终得到的信号星座在坐标轴上不等距。比如，在两层叠加成形方法中，如果两层的幅度均为 0.5，则得到的信号星座集合为$\{-1, 0, +1\}$，相应的发送概率为

$$\Pr(-1) = 0.25,\ \Pr(0) = 0.5,\ \Pr(+1) = 0.25$$

5.5.4 性能评估

下面用一个例子说明如何利用几何成形与概率成形设计逼近 AWGN 信道容量的信号星座。以传统的 QAM 为基础，通过几何成形和概率成形得到新的信号星座。首先，通过几何成形优化星座设计，在二维空间中，最优的星座形状为以原点为中心的圆。因此首先删除 QAM 星座中能量较大的星座点，从而得到一个类似圆形的信号星座区域。其次，通过概率成形优化信号星座。在概率成形中，将刚刚删除的信号星座点映射到圆内能量较小的

点，从而使得不同点的发送概率不一样且能量越低发送概率越高。通过上述设计流程，基于 64 QAM，设计一个新的包含 44 个信号点的信号星座，如图 5.35 所示。从图中可以看出，在新的信号星座中，能量低的信号星座点的发射概率高，而能量高的信号星座点的发射概率低。比如，当信息序列为等概率的二进制序列时，距离原点最近的四个信号星座点的发送概率为$\frac{3}{64}$，而距离原点最远的信号星座点的发送概率为$\frac{1}{64}$。图 5.35 中同时给出了一种信息比特到信号星座点的映射方式。由于该信号星座仅仅包含 44 个可用信号点，因此当信噪比较高时，该信号星座的频谱效率肯定低于 64 QAM。图 5.35 中的信号星座称为 44 QAM。图 5.36 中给出了 44 QAM 的可达速率。为了进行比较，图 5.36 中也给出了 64 QAM的可达速率和高斯信道容量。从图 5.36 中可以看出，在 0 dB 到 9 dB，44 QAM 的可达速率高于 64 QAM；在 0 dB 到 6 dB，44 QAM 的可达速率与 AWGN 信道容量之间的差距非常小；在高信噪比区域，44 QAM 的可达速率低于 64QAM 的可达速率。可以看出，在低信噪比区域采用 44 QAM 信号星座是一个不错的选择；然而当信噪比较高时，采用 44 QAM信号星座将会带来很大的性能损失。

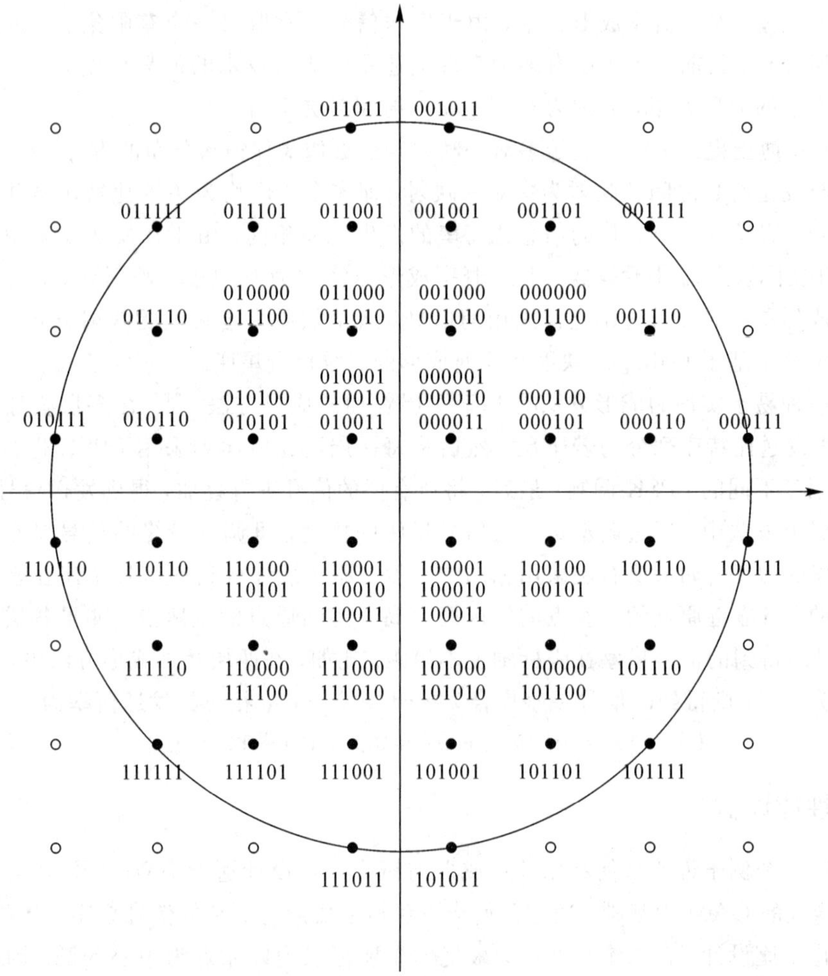

图 5.35　一个基于几何成形和概率成形的 44 QAM 信号星座

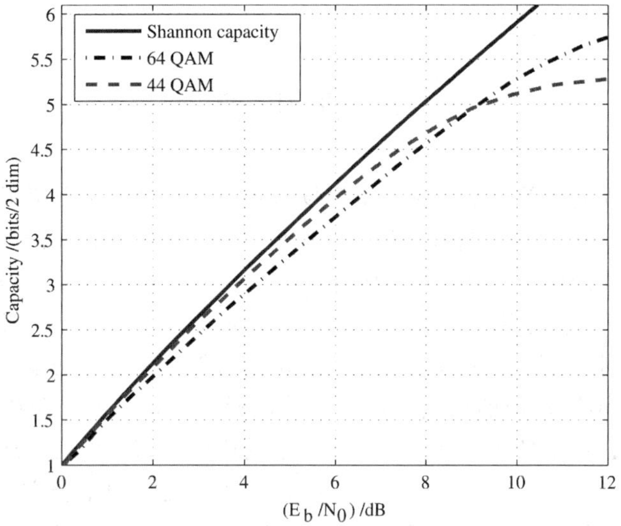

图 5.36　基于几何成形和概率成形构造的 44 QAM 信号星座的可达速率

接下来通过数值仿真比较 64 QAM 和 44 QAM 在基于多元 LDPC 码的编码调制系统中的性能。由于 44 QAM 信号星座在中低传输速率时的性能优势较明显，因此在仿真中分别选用两个码率均为 0.5 的 64 元多元 LDPC 码 C_{64}[160，80]和 C_{64}[388，194]。在接收端，采用的译码算法为 QSPA，译码的最大迭代次数为 50。图 5.37 中给出了上述两个多元LDPC 码分别与 64 QAM 调制和 44 QAM 调制结合时的误比特率。从图 5.37 中可以看出，对于这两个码，44 QAM调制相对于 64 QAM 调制的成形增益约为 0.4 dB。在上述仿真中，基于 64 QAM 的编码调制系统与基于 44 QAM 的编码调制系统的实现复杂度基本相同。

从上面的实例可以看出，通过信号星座成形可改善编码调制系统的性能。另外，对于采用 44 QAM 的系统，由于调制过程中将多个多元符号映射到同一个传输信号，因此不同信号星座点的发送概率不同，在计算多元 LDPC 译码器的初始输入概率向量时，需要考虑不同发送信号的先验概率的差异。

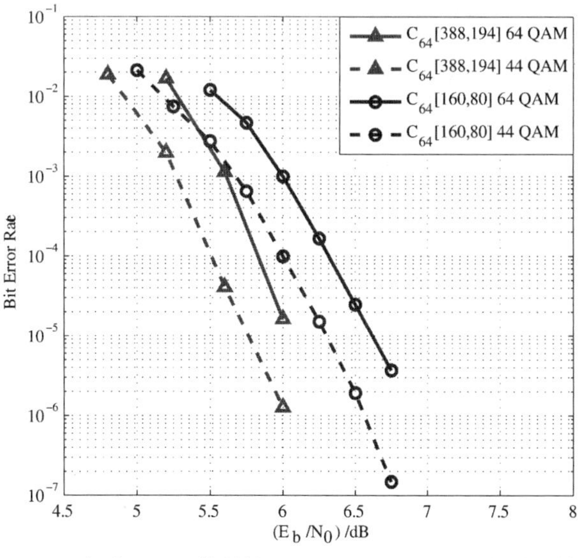

图 5.37　多元 LDPC 编码的 64 QAM 和 44 QAM 的误比特率

本章小结

编码调制是实现高谱效通信系统的重要技术手段。本章首先介绍了一般编码调制系统和基于多元 LDPC 码的编码调制系统的基本原理。由于多元 LDPC 码的低复杂度译码算法一般不需要全部的检测信息，因此利用该特点可在一定程度上降低编码调制系统的检测复杂度。其次，介绍了一种适用于多元 LDPC 码编码调制系统的低复杂度检测算法。当采用低复杂度检测算法时，检测器和译码器之间的迭代可能带来性能增益。再次，初步探讨了多元 LDPC 码编码调制系统的低复杂度迭代检测译码算法，重点介绍了迭代去噪译码算法。星座成形技术是逼近编码调制系统信道容量的必需手段。最后，介绍了两种星座成形技术的基本原理，探讨了多元 LDPC 码与星座成形技术之间的结合方式，主要考虑星座大小与有限域阶数一致的编码调制系统。更一般的情形是星座大小与有限域阶数不一致的编码调制系统。研究这种场景下的多元 LDPC 码编码调制系统具有重要意义。在这类系统中，一个有限域符号可能映射到多个星座点，一个星座点也可能由多个有限域符号映射得到，因此如何在检测器和迭代器之间迭代值得深入研究。

第 6 章

多元 LDPC 码的应用

本书第 3 章～第 5 章介绍了多元 LDPC 码的构造方法、译码方法以及基于多元 LDPC 码的编码调制系统。在这些章节中，我们关注的信道均为 AWGN 信道。这些章节中的仿真结果表明，多元 LDPC 码在 AWGN 信道下具有非常好的性能。为进一步拓展多元 LDPC 码的应用潜能，需要探索它们在其他信道下的纠错性能。常用的信道模型包括衰落信道、删除信道、码间串扰信道等。

本章主要探讨多元 LDPC 码在复杂通信系统中的应用，主要内容如下：

(1) 在本章 6.1 节我们将多元 LDPC 码应用于快时变信道中，快时变信道的代表为高速移动通信系统。

(2) 在本章 6.2 节我们将探讨多元 LDPC 码在深空通信中的应用。在深空通信中，连续相位调制是一种常用的调制方式。和前面章节介绍的调制方式不同，连续相位调制为有记忆调制。本节探讨多元 LDPC 编码的连续相位调制系统的接收和发送模型。

(3) 在本章 6.3 节我们将探讨多元 LDPC 码在存储系统中的应用。

6.1 多元 LDPC 码在高速移动通信系统中的应用

当前无线通信的主要特征为移动、宽带与规模网络化。作为带动信息产业高速增长的重要引擎，无线通信业的平稳快速发展，对于促进社会经济发展、改善提高人们的生活质量、提升我国在航空、航天、交通运输以及国防等领域的科技实力起着非常重要的作用。无线通信正面临着前所未有的挑战。首先，多媒体宽带业务爆炸式发展，频谱资源稀缺日益严重；其次，用户数与业务类型激增，网内、网间干扰成为制约性能和容量的瓶颈；再次，网络拓扑趋于复杂，规模日益增大，系统的优化设计难以实施；最后，信号处理与协作技术的日益复杂更带来设备复杂度、能耗与时延的大幅增加。此外，随着各项相关科学技术的发展，无线通信技术已用于各种更为复杂的场景。其中，超高速移动场景下稳定、可靠、高效的宽带无线通信网络是未来无线通信发展的重要趋势之一。目前已有的超高速移动场景包括轮轨列车(最高测试速度为 574.8 km/h、最高运营速度为 380 km/h)，磁悬浮列车(最高测试速度为 581 km/h 、运营速度为 431 km/h)，飞机(运营速度为 400～1000 km/h)，导弹(飞行速度为 980 ~ 20 000 km/h)以及航天飞机(第一宇宙速度为 28 440 km/h，环绕地球飞行；第二宇宙速度为 40 320 km/h，脱离地球引力)等。然而，现有的无线通信体系主要面向中低速场景，如何针对上述超高速移动场景进行优化设计，实现信息的高效、可靠传输也是无线通信发展面临的新挑战。

6.1.1 基于 OFDM 的高速移动通信系统模型

高移动信道最重要的特点是信道快变，这对同步、信道估计以及编码都带来巨大的挑战。本节基于多元 LDPC 码设计面向高速移动通信系统的高可靠、高谱效编码传输方案。为便于编码设计，本节考虑一个简单、快变的宽带通信系统。该系统采用 N 载波正交频分复用(orthogonal frequency division multiplexing，OFDM)。图 6.1 中给出了该系统的模块图，包括反离散傅里叶变换(inverse discrete fourier transform，IDFT)、循环前缀插入(cyclic prefix insertion，CP 插入)、信道、循环前缀去除(cyclic prefix removal，CP 去除)和离散傅里叶变换(discrete fourier transform，DFT)。为了方便，记第 k 个子载波发送的信号为 x_k。假设发送信号的平均功率 E_x 满足 $E_x=\mathbb{E}[|x_k|^2]=1$。上述 OFDM 系统发送信号的时间域表示为

$$s(n)=\frac{1}{\sqrt{N}}\sum_{k=0}^{N-1}x_k\,\mathrm{e}^{\mathrm{j}2\pi kn/N},\ -N_{\mathrm{cp}}\leqslant n\leqslant N-1 \tag{6.1}$$

其中，N_{cp} 为循环前缀的长度，N_{cp} 需大于或等于信道的最大延迟扩散。OFDM 传输系统的接收信号为

$$r(n)=\sum_{\ell=0}^{L-1}h_\ell(n)s(n-\ell)+w(n) \tag{6.2}$$

其中，L 为多径数，$h_\ell(n)$ 为第 ℓ 径在时刻 n 的信道冲击响应，$w(n)$ 为均值为零、方差为 σ_w^2 的复高斯噪声。在此，我们假设该快衰落信道的最大多普勒频移为 $f_{\mathrm{d}}=f_{\mathrm{c}}v/c$，其中，$f_{\mathrm{c}}$ 为载波频率，v 为终端的移动速度，c 为光速。

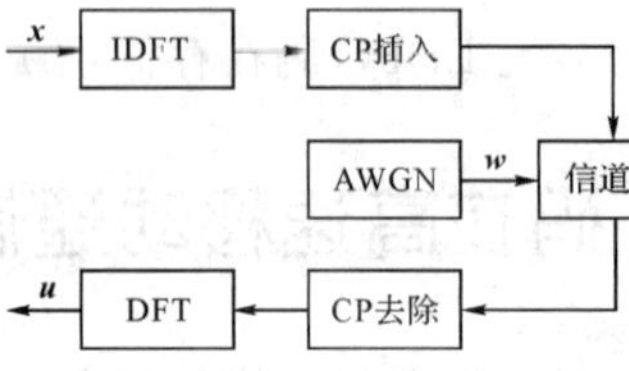

图 6.1 一个基于 OFDM 的通信系统的框架图

在接收端，通过离散傅里叶变换后，第 k 个子载波的输出信号为

$$y_k=\frac{1}{\sqrt{N}}\sum_{n=0}^{N-1}r(n)\,\mathrm{e}^{-\mathrm{j}2\pi kn/N} \tag{6.3}$$

显然，可以将式 (6.3)变换为

$$y_k=H_kx_k+i_k+w_k \tag{6.4}$$

其中：

$$H_k=\frac{1}{N}\sum_{n=0}^{N-1}H_k(n) \tag{6.5}$$

$$i_k=\frac{1}{N}\sum_{\substack{m=0\\m\neq k}}^{N-1}\left[\sum_{n=0}^{N-1}H_m(n)\,x_m\mathrm{e}^{\mathrm{j}2\pi n(m-k)/N}\right] \tag{6.6}$$

$$w_k=\frac{1}{\sqrt{N}}\sum_{n=0}^{N-1}w(n)\,\mathrm{e}^{\mathrm{j}2\pi k\ell/N} \tag{6.7}$$

$$H_k(n) = \sum_{\ell=0}^{L-1} h(n,\ell)\, \mathrm{e}^{\mathrm{j}2\pi k\ell/N} \tag{6.8}$$

式 (6.6) 中的 i_k 表示第 k 个子载波的载波间干扰。式 (6.7) 中的高斯噪声 w_k 的方差为 σ_w^2。另外，$\mathbb{E}[h_\ell(n)h^*_{\ell+\Delta\ell}(n+\Delta n)] = \alpha R_h(\Delta n T_s)\mathrm{e}^{-\ell/L}\delta(\Delta\ell)$，其中，$T_s$ 为采样周期，α 为功能归一化常量，满足 $\sum_{\ell=0}^{L-1}\alpha\,\mathrm{e}^{-\ell/L} = 1$。

基于以上表示，可将接收向量 $\boldsymbol{y}$ 表示为

$$\boldsymbol{y} = \mathrm{diag}(\boldsymbol{H})\boldsymbol{x} + \boldsymbol{i} + \boldsymbol{w} \tag{6.9}$$

其中，$\boldsymbol{H} = \boldsymbol{F}\boldsymbol{H}_t\boldsymbol{F}^{\mathrm{H}}$，$\boldsymbol{i} = \boldsymbol{H}'\boldsymbol{x}$，$\boldsymbol{F}$ 是大小为 N 的离散傅里叶变换矩阵，$\boldsymbol{H}_t$ 参见式 (6.10)，$\boldsymbol{H}'$ 是将矩阵 $\boldsymbol{H}$ 的主对角元素设为零得到的，$\boldsymbol{w} = [w_0, w_1, \cdots, w_{N-1}]^{\mathrm{T}}$。

$$\boldsymbol{H}_t = \begin{bmatrix} h_0(0) & 0 & \cdots & 0 & 0 & \cdots & 0 \\ h_1(1) & h_0(1) & \cdots & 0 & 0 & \cdots & 0 \\ \vdots & \vdots & & \vdots & \vdots & & \vdots \\ h_{L-1}(L-1) & h_{L-2}(L-1) & \cdots & h_0(L-1) & 0 & \cdots & 0 \\ 0 & h_{L-1}(L) & \cdots & h_1(L) & h_0(L) & \cdots & 0 \\ \vdots & \vdots & & \vdots & \vdots & & \vdots \\ 0 & 0 & \cdots & h_{L-1}(N-1) & h_{L-2}(N-1) & \cdots & h_0(N-1) \end{bmatrix} \tag{6.10}$$

6.1.2　多元 LDPC 编码的高移动通信系统及其性能

多元 LDPC 码在多种信道下的性能均优于二元 LDPC 码。下面比较多元 LDPC 码、二元 LDPC 码和 Turbo 码在高移动宽带信道下的性能。在 OFDM 系统中，除了常见的加性高斯白噪声外，还存在由多普勒频移引起的载波间干扰。多普勒平移的大小与接收端的移动速度相关。一般来说，载波间干扰主要来自相邻的几个子载波。为减轻载波间干扰对系统性能的影响，需进行均衡接收。常用的均衡算法有最小二乘(least square, LS)均衡、线性最小均方误差(linear minimum mean square error, LMMSE)均衡和部分 LMMSE 均衡。这几种均衡算法的优缺点总结如下：

LS 均衡算法在噪声较小时可有效地消除载波间干扰，但当噪声较大时，LS 均衡在抑制载波间干扰的同时会放大信道噪声，从而影响系统性能。LMMSE 均衡同时考虑噪声和载波间干扰，其性能优于 LS 均衡。但是和 LS 均衡一样，LMMSE 的实现复杂度较高，不适用于实时性要求较高的系统。部分 LMMSE 只用一部分子载波进行均衡，而将其他的子载波看作噪声，因此可在性能与实现复杂度之间进行折中。在迭代接收中，需要修改部分 LMMSE 均衡算法使其输出软信息。下面给出一个实例说明多元 LDPC 码在高移动通信系统中的性能。

例 6.1　本例比较结构化(structured)多元 LDPC 码、基于 PEG 的多元 LDPC 码和 IEEE 802.16e 中的二元 LDPC 码在信道快变 OFDM 系统中的性能。此处我们采用文献[119]中的高移动信道模型，选用两个 256 元的多元 LDPC 码——结构化多元 LDPC 码 $C_{256}[72, 36]$和基于 PEG 的多元 LDPC 码 $C_{256}[72, 36]$。二元 LDPC 码为 IEEE 802.16e 中的二元 LDPC 码 $C_2[576, 288]$。以上几个纠错码具有可比的码率和码长。发送端采用基于

16 QAM 的 OFDM，其中，子载波数为 $N=512$。

当移动速度为 360 km/s 时，以上三个码在高移动通信系统中的性能见图 6.2。从图 6.2 中可以看出：

(1) 多元 LDPC 码和二元 LDPC 码均可用于应对高移动通信系统的噪声。

(2) 多元 LDPC 码的误码性能优于二元 LDPC 码。

(3) 结构化的多元 LDPC 码的性能优于基于 PEG 的多元 LDPC 码。

综上所述，相对于基于 PEG 的多元 LDPC 码，结构化多元 LDPC 码在实现复杂度和纠错性能方面均有明显的优势。

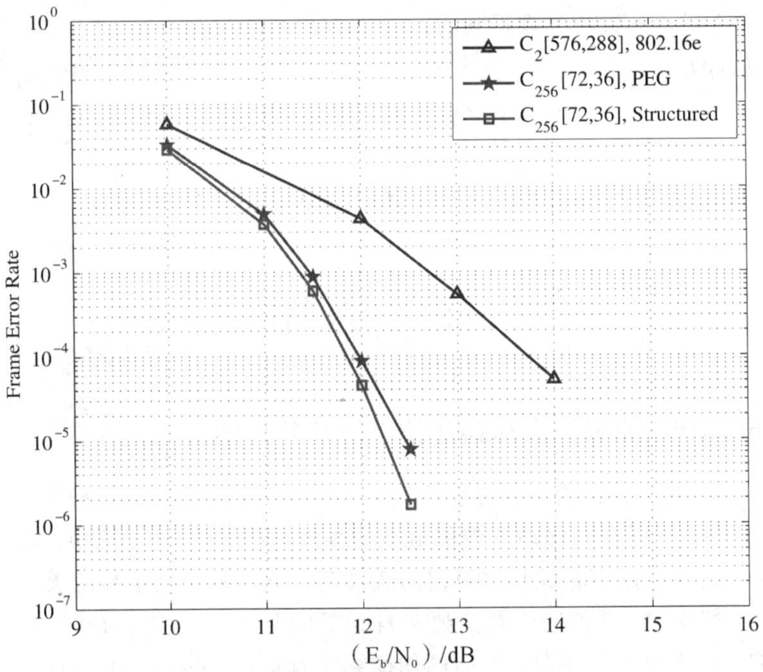

图 6.2　三种多元 LDPC 码在快变 OFDM 系统中的误帧率

例 6.2　本例中，我们进一步比较中码率多元 LDPC 码、二元 LDPC 码和 Turbo 码在快变通信系统中的性能。本例选用一个结构化多元 LDPC 码 C_{64}[384，192]，与之比较的二元 LDPC 码为 C_2[2304，1152]，Turbo 码为[2316，1152]。仿真中假设发送端采用基于 64 QAM 的 OFDM，其中，子载波数为 1024。

图 6.3 中给出了上述三种码在快变 OFDM 系统中的性能，此处考虑的移动速度为 240 km/s 和 500 km/s。从图 6.3 中可以看出：

(1) 在移动速度相对较低，即 $v=240$ km/s 时，三种码的误码性能均随着信噪比的增加而下降；多元 LDPC 码的性能优于二元 LDPC 码和 Turbo 码的性能。

(2) 当移动速度较快，即 $v=500$ km/s 时，三种码的误码性能随着信噪比的增加下降得非常缓慢。移动太快时，信道质量太差，这三种纠错码均不能有效地纠正错误。因此，高速时需采用纠错性能更强的码。

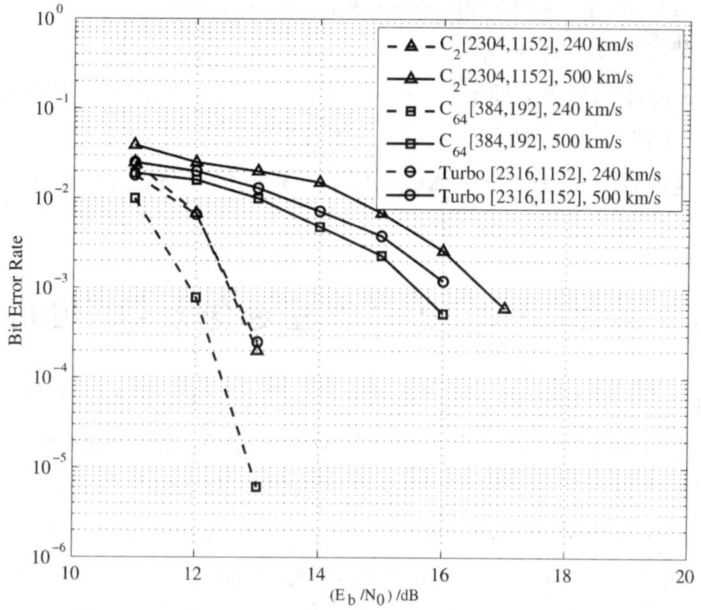

图 6.3　三种中码率码在快变 OFDM 系统中的误比特率

例 6.3　本例中，我们进一步比较高码率多元 LDPC 码、二元 LDPC 码和 Turbo 码在快变通信系统中的性能。本例选用一个结构化多元 LDPC 码 C_{64}[384，256]，与之比较的二元 LDPC 码为 C_2[2304，1536]，Turbo 码为[2316，1536]。仿真中假设发送端采用基于 64 QAM 的 OFDM，其中，子载波数为 1024。

图 6.4 中给出了上述三种码在快变 OFDM 系统中的误比特率，此处考虑的移动速度为 240 km/s 和 500 km/s。

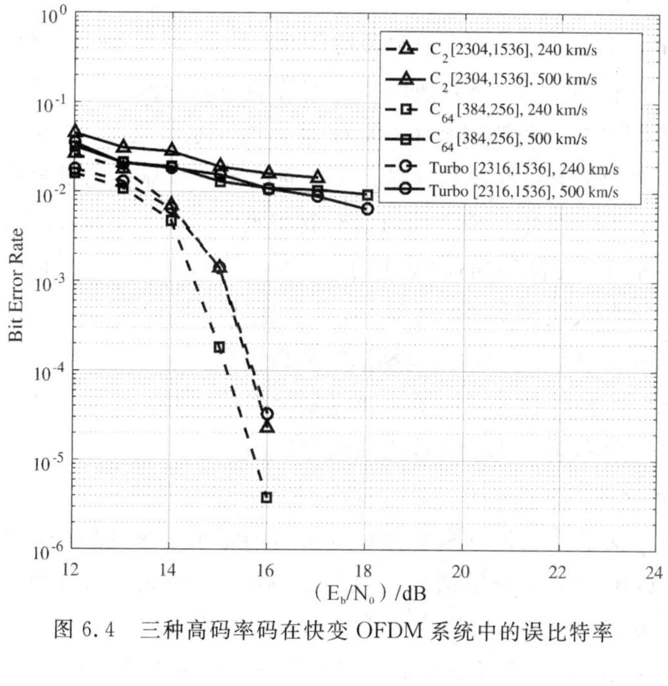

图 6.4　三种高码率码在快变 OFDM 系统中的误比特率

从图 6.4 中可以看出，采用高码率码高移动系统的误码性能的走势与采用中码率码高移动系统性能走势图相似，具体地：

(1) 在移动速度相对较低，即 v=240 km/s 时，三种码的误码性能均随着信噪比的增加而下降；多元 LDPC 码的性能优于二元 LDPC 码和 Turbo 码的性能。

(2) 当移动速度较快，即 v=500 km/s 时，三种码的误码性能随着信噪比的增加下降得非常缓慢。

6.2 多元 LDPC 码在深空通信系统中的应用

对深空进行探测和开发一直是人类的理想。从 1959 年前苏联成功发射“月球一号”以来，世界各国在空间探测和空间利用上展开了激烈的竞争。在空间探测方面，人类已经成功完成了上百次深空探测活动，并在一些天体上实现了探测器的软着陆。1997 年美国与欧空局合作发射了土星探测器“卡西尼-惠更斯”号，8 年后成功降落并对土星的卫星进行了探测。2003 年美国相继发射了火星探测器“勇气号”和“机遇号”，它们到达火星后给地球传回了大量的高清图像。2011 年美国国家宇航局发射了新一代火星探测器“好奇号”，于 2012 年成功着陆。我国在空间探测方面起步较晚。1970 年我国成功发射了第一颗人造地球卫星“东方红一号”，之后相继发送了上百颗人造地球卫星。在载人航天方面，2003 年我国成功发射了“神舟五号”载人飞船。2011 年我国成功发射了第一个空间实验室“天宫一号”，并与“神舟八号”飞船成功实现了无人对接任务。今后十五年的发展重点是对月球和火星进行探测，2014 年我国发射了空间站核心舱，并力争于 2020 年前后建成国家级太空实验室。

6.2.1 深空通信中的编码与调制

在空间探测中，深空通信承担了非常关键的角色。深空通信的主要任务是将探测器获取到的各种空间信息传回地球，没有通信技术支持的空间探测是毫无意义的。空间通信的研究主要涉及信道编码技术和调制技术。空间通信具有通信距离远、传输时延大、接收信噪比低等特点。高效的信道编码技术是提高深空通信系统可靠性的重要技术手段。1989 年美国的伽利略空间计划[120]中采用了(4,1,15)卷积码(convolutional code, CC)作为纠错编码，该码达到误码率 10^{-5} 时所需的信噪比为 E_b/N_0= 1.75 dB，不过该码距离香农限还有 2.5 dB。2004 年美国的火星探测器采用了(6,1,15)卷积码与(255, 223)里德-所罗门码构成的串行级联码。2006 年美国发射的火星勘测轨道探测器(mars reconnaissance orbiter)中采用了 Turbo 码[121-126]。随着任务数的增大和传输速率的提高，未来空间探测中需要采用编码增益更高的信道编码技术，如 LDPC 码或极化码。

随着空间探测技术的发展，深空通信对调制技术的要求越来越严苛。首先，空间通信信道为非线性信道。为使空间探测发射机获得足够的输出功率和效率，其功率放大器一般工作在非线性区域，这就要求发射信号的包络尽量恒定，同时，通过非线性器件时也不会引起频谱扩展。其次，空间通信信道为带限信道。随着传输速率的提高以及空间竞争的加剧，干扰会变得越来越严重。为降低干扰，需要采用频谱紧凑的调制方式。

目前，空间探测系统一般采用二元相移键控（BPSK）和正交相移键控（QPSK）。这两种调制方式虽然具有包络恒定的特点，但其频谱特性不好，主要表现为：旁瓣较高、滚降速度慢、带外能量大。BPSK 和 QPSK 均为无记忆调制技术。20 世纪 80 年代出现的连续相位调制（continuous phase modulation，CPM）是一类有记忆的相位调制技术。由于传输信号相位连续，因此 CPM 可以有效克服一般数字相位调制信号因相位突变所带来的频谱泄漏等问题 [127-128]。CPM 不仅具有恒包络的特点，还具有相位连续的特点。由于相位变化平滑，CPM 信号的旁瓣功率低且谱密集中，因此，CPM 比普通的相位调制具有更好的频谱特性，特别适用于功率放大器为非线性的带限系统。

调制技术的性能指标主要有能量效率和频谱效率。能量效率描述调制技术在低功率情形下正确传送信号的能力，频谱效率描述调制技术在有限带宽内正确传送信号的能力。数字通信系统通常在两者之间折中，差错控制编码以牺牲频谱效率换取能量效率，多进制调制技术以牺牲能量效率换取频谱效率。由于具有良好的频谱特性，CPM 具有较高的频谱效率。同时，由于具有内在的记忆性，CPM 可用简单的状态转移网格结构描述，因此 CPM 具备高效的发送机和接收机。另外，通过 Rimoldi 分解，一个 CPM 调制系统可以表示为由连续相位编码器（continuous phase encoder，CPE）和无记忆调制器（memoryless modulator，MM）构成的级联系统 [129]。如果在 CPM 调制器前面加上纠错编码，则可构成基于 CPM 的串行级联（serially concatenated continuous phase modulation，SCCPM）编码调制系统[130]。一般地，纠错码编码器和连续相位调制器之间存在比特级的交织器。以上特性使得 CPM 在深空通信系统中具有广阔的应用前景。目前，CPM 已在卫星通信 [131-132]、移动通信[133-134] 和光纤通信 [135] 等系统中得到了广泛应用。本节重点介绍多元 LDPC 编码的 CPM 编码调制系统，将该系统与基于 BCH 的 CPM 编码调制系统进行对比后发现，多元 LDPC 编码的 CPM 系统具有良好的纠错性能。

6.2.2　连续相位调制

CPM 的发送信号可表示为

$$z(t,\boldsymbol{v})=\sqrt{\frac{2E_s}{T}}\cos\left(2\pi f_0 t+\psi(t,\boldsymbol{v})+\psi_0\right) \tag{6.11}$$

其中，$\psi(t,\boldsymbol{v})=2\pi h\sum_{i=0}^{\infty}v_i q(t-iT)$ 为累积相位；E_s、T、f_0 和 ψ_0 分别表示信号能量、信号间隔时间、载波频率和初始相位；h 代表调制指数，通常取 $h=K/P$；向量 $\boldsymbol{v}$ 为 M 进制输入符号序列，即 $v_i\in\{\pm1,\pm3,\cdots,\pm(M-1)\}$；$q(t)$ 为相位脉冲函数，一般定义为频率脉冲函数 $g(t)$ 的积分。一般地，K 和 P 为互质整数。并非所有的函数都可作为相位脉冲函数，相位脉冲函数 $q(t)$ 必须为连续单调递增函数，其满足如下性质：

$$q(t)=\begin{cases}0, & t\leqslant 0\\ \dfrac{1}{2}, & t>LT\end{cases} \tag{6.12}$$

相位脉冲函数 $q(t)$ 在区间 $t\in[0,LT]$ 内的取值由频率脉冲函数 $g(t)$ 的积分定义，其定义方式为

$$q(t)=\int_{-\infty}^{t} g(\tau)\mathrm{d}\tau \tag{6.13}$$

频率脉冲函数 $g(t)$ 只在区间 $t\in[0, LT]$ 内取非零值，此区间以外均为零。频率脉冲函数 $g(t)$ 需满足：

$$\int_{-\infty}^{+\infty} g(\tau)\mathrm{d}\tau=\frac{1}{2} \tag{6.14}$$

参数 L 表示频率脉冲函数 $g(t)$ 的脉冲宽度。由上述定义可知，一个 CPM 系统可由参数 M、h、L 和 $g(t)$ 完全确定。

根据参数取值的不同可将 CPM 进行分类。根据脉冲宽度 L 的取值，可将 CPM 分为全响应 CPM 和部分响应 CPM。脉冲宽度 $L=1$ 对应于全响应 CPM；脉冲宽度 $L>1$ 对应于部分响应 CPM。根据 M 的取值，可将 CPM 分为二进制 CPM 和多进制 CPM。参数 $M=2$ 对应于二进制 CPM；参数 $M>2$ 对应于多进制 CPM(高阶 CPM)。多进制 CPM 具有良好的频谱特性，但其实现复杂度较高。为实现性能和复杂度之间的折中，目前主要研究四进制 CPM。CPM 也可依据频率脉冲函数 $g(t)$ 进行分类。

几种常见 CPM 的 $g(t)$ 定义如下：

(1) 矩形频率脉冲(REC tangular frequency pulse，REC)

$$g(t)=\begin{cases}\dfrac{1}{2LT}, & 0\leqslant t\leqslant LT\\ 0, & \text{其他情况}\end{cases} \tag{6.15}$$

(2) 升余弦频率脉冲(raised cosine frequency pulse，RC)

$$g(t)=\begin{cases}\dfrac{1}{2LT}\left[1-\cos\left(\dfrac{2\pi t}{LT}\right)\right], & 0\leqslant t\leqslant LT\\ 0, & \text{其他情况}\end{cases} \tag{6.16}$$

相对于基于 REC 的 CPM，基于 RC 的 CPM 的相位轨迹更加平滑，信号功率谱更加集中。

(3) 谱升余弦频率脉冲(spectral raised cosine frequency pulse，SRC)

$$g(t)=\frac{1}{LT}\frac{\sin\left(\dfrac{2\pi t}{LT}\right)}{\dfrac{2\pi t}{LT}}\frac{\cos\left(\beta\dfrac{2\pi t}{LT}\right)}{1-\left(\dfrac{4\beta t}{2LT}\right)^{2}},\ 0\leqslant\beta\leqslant 1 \tag{6.17}$$

其中，β 用于调节 CPM 的功率谱密集程度。

本书主要讨论 REC 系列和 RC 系列的 M 进制 CPM。为便于表示，分别用记号 MLREC 和 MLRC 表示这两类 CPM。例如，Q3RC 代表 $M=4$、$L=3$ 的基于 RC 的 CPM，而 O2RC 代表 $M=8$、$L=2$ 的基于 RC 的 CPM。

随着探测距离的增大，未来深空通信对可靠性和频谱效率都将提出更高的要求。例如，深空通信的上行链路需要支持的谱效率范围为 0.75～2.25 bits/(s・Hz)，其对误码率的要求将提高到 10^{-7}，这一误码率要求远远高于传统无线通信。为适应下一代深空探测，有必要探索适用于 CPM 的高谱效、高可靠的编码调制系统。串行级联是一种实现高谱效、高可靠传输的通用框架。

本节重点介绍基于多元 LDPC 码的串行级联 CPM(SCCPM)系统，并给出该系统的两类迭代联合检测译码算法。SCCPM 系统的谱效率 [133] 可估计为

$$\mathrm{SE}\approx R\cdot\frac{\mathrm{lb}M}{B_{\mathrm{u}}\cdot T}\tag{6.18}$$

其中，R 为纠错码的码率，M 为 CPM 的进制，T 为符号间隔，B_{u}为 CPM 的归一化双边带宽。归一化双边带宽 B_{u}依赖于参数 M、L、h 以及相位脉冲 $q(t)$。通常，归一化双边带宽定义为带内包含 99%功率的带宽。从式(6.18)可以看出，SCCPM 系统的谱效率由外码的码率 R 以及 CPM 的参数共同决定。

为了提高频谱效率，需要选择合适的 CPM 参数。一般情况下，部分响应连续相位调制(partial-response CPM，PRCPM)比全响应连续相位调制(full-response CPM，FRCPM)具有更紧凑的频谱，因此其在串行级联系统中也具有更高的谱效率。使用高阶 PRCPM 可进一步提高 SCCPM 的谱效率。目前，四进制 PRCPM 已用于第二代数字视频广播系统[132]。四进制 PRCPM 的频率脉冲由 RC 类型和 REC 类型组合而成。

早期的 SCCPM 系统中一般采用二元码作为外码。例如，文献[131]研究了基于扩展二元 BCH 码和高阶 PRCPM 的 SCCPM 系统。该文献中同时给出了 SCCPM 系统在不同谱效率下的误码性能。在采用二元码的 SCCPM 系统中，发送端需将二进制码字转换为多进制序列，进而产生 CPM 信号；接收端需将解调得到的多进制概率转换为二进制概率。为获得更好的纠错性能，一般需要在二元码译码器和检测器之间迭代。因此迭代时既需将译码输出的二进制概率转换为多进制概率，又需将解调得到的多进制概率转换为二进制概率。这些概率转换不仅带来不必要的复杂度，还会带来性能损失。因此，和高阶编码调制系统一样，高阶 PRCPM 系统更应选择多元码作为外码。鉴于多元 LDPC 码的性能优势，本节介绍基于多元 LDPC 码的 SCCPM系统并分析其纠错性能。在此之前，详细介绍一般 CPM 系统的仿真方法。

6.2.3　连续相位调制的波形仿真

1. CPM 的 Rimoldi 分解

状态网格图可用来描述 CPM 的传输信号的相位转移轨迹。给出网格图表示，可以利用网格图上的算法实现 CPM 检测。然而，原始的 CPM 信号表达式对应的网格图是时变的，不便于利用该网格进行检测。1988 年，Rimoldi 对 CPM 的原始表达式进行了变换，使得新表示法在所有调制指数下均对应于时不变的网格图[129]，该分解称为 Rimoldi 分解。下面简单介绍 Rimoldi 分解的原理。

CPM 信号的原始信号表达式见式 (6.11)，该信号的累积相位为

$$\psi(t,\boldsymbol{v})=2\pi h\sum_{i=0}^{\infty}v_iq(t-iT)$$

首先，定义倾斜相位为

$$\begin{aligned}\psi'(t,\boldsymbol{v})&=\psi(t,\boldsymbol{v})+\pi h\frac{(M-1)t}{T}\\&=\pi h\sum_{i=0}^{j-L}v_i+2\pi h\sum_{i=j-L+1}^{j}v_iq(t-iT)+\pi h\frac{(M-1)t}{T}\end{aligned}$$

记 $\bar{v}_i=\dfrac{v_i+(M+1)}{2}$，显然有 $\bar{v}_i\in\{0,1,2,\cdots,M-1\}$。倾斜相位的表达式可写为

$$\psi'(t,\bar{v}) = \pi h\sum_{i=0}^{j-L}[2\bar{v}_i-(M-1)]+2\pi h\sum_{i=j-L+1}^{j}[2\bar{v}_i-(M-1)]q(t-iT)+$$
$$\pi h(M-1)\frac{(jT+\tau)}{T}$$
$$=2\pi h\sum_{i=0}^{j-L}\bar{v}_i+4\pi h\sum_{i=0}^{L-1}\bar{v}_{j-i}q(\tau+iT)+\pi h\frac{(M-1)\tau}{T}$$
$$-2\pi h(M-1)\sum_{i=0}^{L-1}q(\tau+iT)+(L-1)(M-1)\pi h$$
$$\triangleq 2\pi h\sum_{i=0}^{j-L}\bar{v}_i+4\pi h\sum_{i=0}^{L-1}\bar{v}_{j-i}q(\tau+iT)+W(\tau)$$

其中：

$$t=jT+\tau \quad (0\leqslant\tau\leqslant T)$$

$$W(\tau)=\pi h\frac{(M-1)\tau}{T}-2\pi h(M-1)\sum_{i=0}^{L-1}q(\tau+iT)+(L-1)(M-1)\pi h$$

倾斜相位对应的物理倾斜相位 $\bar{\psi}(t,\bar{\boldsymbol{v}})$ 为

$$\begin{aligned}\bar{\psi}(t,\bar{\boldsymbol{v}})&=[\bar{\psi}(t,\bar{\boldsymbol{v}})]\bmod 2\pi\\&=\left[\left(2\pi K/P\sum_{i=0}^{j-L}\bar{v}_i\right)\bmod P+4\pi h\sum_{i=0}^{L-1}\bar{v}_{j-i}q(\tau+iT)+W(\tau)\right]\bmod 2\pi\\&\triangleq\bar{\psi}(\tau+jT,\bar{\boldsymbol{v}})\end{aligned}\tag{6.19}$$

其中，$0\leqslant\tau\leqslant T$，mod 表示模运算。

记 $\theta_j=\left(2\pi h\sum_{i=0}^{j-L}\bar{v}_i\right)\bmod P$，$\boldsymbol{X}_j=[\bar{v}_j,\bar{v}_{j-1},\cdots,\bar{v}_{j-L+1},\theta_j]$。物理倾斜相位也可用 $\bar{\psi}(\tau,\boldsymbol{X}_j)$ 表示。基于以上符号，可将 CPM 的信号表示为

$$\begin{aligned}z(t,\boldsymbol{v})&=\sqrt{\frac{2E_s}{T}}\cos(2\pi f_0t+\bar{\psi}(t,\boldsymbol{v})-\pi h(M-1)t/T+\psi_0)\\&\triangleq\sqrt{\frac{2E_s}{T}}\cos(2\pi f_1t+\bar{\psi}(t,\boldsymbol{v})+\psi_0)\\&=\sqrt{\frac{2E_s}{T}}\cos(2\pi f_1t+\psi_0)\cos(\bar{\psi}(\tau,X_j))-\sin(2\pi f_1t+\psi_0)\sin(\bar{\psi}(\tau,\boldsymbol{X}_j))\\&\triangleq I(\tau,\boldsymbol{X}_j)\Phi_I(\tau)+Q(\tau,\boldsymbol{X}_j)\Phi_Q(\tau)\end{aligned}\tag{6.20}$$

其中：

$$f_1=f_0+h(M-1)/(2T),\ I(\tau,\boldsymbol{X}_j)=\sqrt{\frac{E_s}{T}}\cos(\bar{\psi}(\tau,\boldsymbol{X}_j))$$

$$Q(\tau,\boldsymbol{X}_j)=\sqrt{\frac{E_s}{T}}\sin(\bar{\psi}(\tau,\boldsymbol{X}_j))$$

$$\Phi_I(\tau)=\sqrt{\frac{1}{2}}\cos(2\pi f_1t+\psi_0),\ \Phi_Q(\tau)=-\sqrt{\frac{1}{2}}\sin(2\pi f_1t+\psi_0)$$

从上面的表达式可以看出，通过正交调制可实现 CPM。该实现方式包含连续相位编码器(CPE)和无记忆调制器(MM)两个模块，其中，CPE 的输入为 $\bar{\boldsymbol{v}}$、输出为 $\boldsymbol{X}_j$；MM 的输入为 $\boldsymbol{X}_j$、输出为 CPM 信号。CPE 和 MM 的结构分别如图 6.5 和图 6.6 所示。由图 6.5 可以

看出，CPE 是一个基于模 P 运算的卷积码。当纠错码和 CPM 进行级联时，可在 CPE 和纠错码译码器之间进行迭代，进而改进纠错性能。从图 6.5 还可以看出，$\boldsymbol{X}_j$ 取决于 $\bar{\boldsymbol{v}}_j$，…，$\bar{\boldsymbol{v}}_{j-L+1}$ 和累积相位 $\theta_j = \left(2\pi h \sum_{i=0}^{j-L} \bar{v}_i\right) \bmod P$。因此，CPM 可输出 PM^L 种信号。

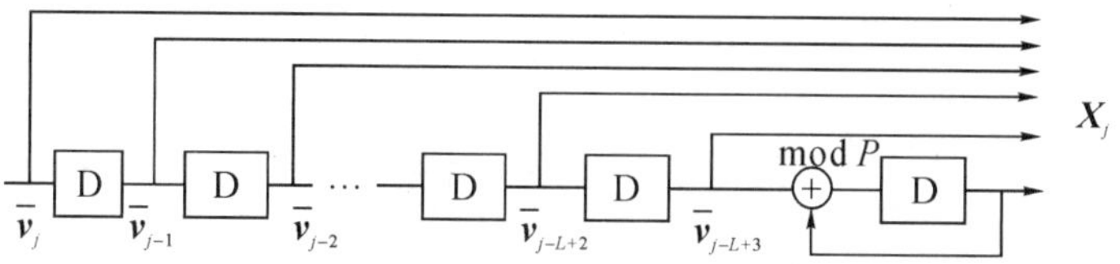

图 6.5　连续相位编码器(CPE)的结构图

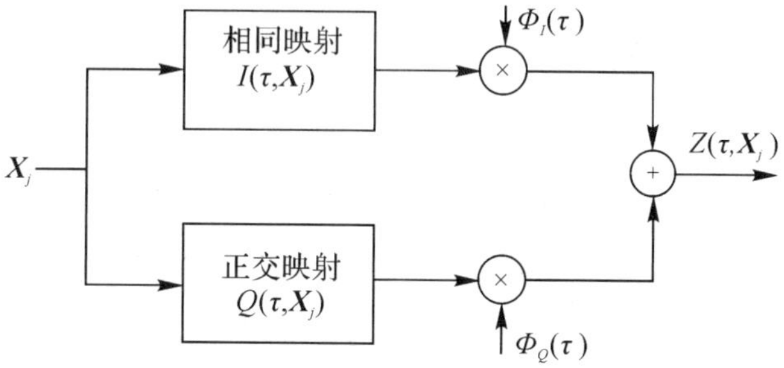

图 6.6　无记忆调制器(MM)的结构图

2. 信号空间法

一个 CPM 的不同波形的数量为 PM^L。本节只考虑 AWGN 信道，与采用无记忆调制的通信系统不同，采用 CPM 的通信系统的接收端需根据接收波形计算各种可能发送波形的似然值。由于 CPM 的发送波形之间具有非常复杂的相关性，因此传统数字通信的仿真技术不再适用。

本小节讨论 CPM 系统的仿真问题，可用三种方法仿真 CPM 系统的噪声[136]。第一种为相关噪声法，但此方法很少有人研究。第二种为离散采样法，该方法对发送波形在每符号间隔 T 内采样 ξ 次，如果波形在采样间隔内基本不变，就直接叠加不相关且独立同分布的离散高斯噪声，此时离散噪声的方差为 $\sigma^2 = N_0\xi/(2T)$ 。对于平滑的 CPM 信号，采样次数一般取为 $\xi = 4 \sim 16$。一般地，对于不同的 CPM，需要通过仿真确定最佳的采样次数 ξ。第三种为信号空间法，该方法将发送信号分解为信号空间上正交分量的线性组合，这里的正交分量也称为正交基。正交分解后，可直接在每个正交方向上叠加方差为 $\sigma^2 = N_0/2$ 的独立同分布的高斯噪声，该仿真方法的复杂度与正交方向的维度成正比。如果能用维度较小的空间来表示一个 CPM 信号，则信号空间法的仿真复杂度低于离散采样法。对于状态数较少的二元 CPM，一般取采样次数 $\xi=6$；对于状态数较多的高阶 CPM，一般取采样次数 $\xi=20$。下面介绍基于信号空间法的 CPM 波形仿真过程，并说明信噪比的计算方法。

为仿真 CPM 的波形，可采用 Gram-Schmidt 正交化对 CPM 的复基带信号进行正交化并得到相应的标准正交基。任何一个发送波形均可表示为标准正交基的线性组合。下面介绍 Gram-Schmidt 正交化过程。

首先，由发送波形求出正交基。假设 t 时刻有 m 种可能的发送波形，分别记为 $z_1(t)$，$z_2(t)$，…，$z_m(t)$。则可通过以下算式计算一组正交基 $\phi_1(t)$，$\phi_2(t)$，…，$\phi_m(t)$：

$$\begin{aligned}
&\phi_1(t)=z_1(t),\\
&\phi_2(t)=z_2(t)-\frac{\langle z_2(t),\ \phi_1(t)\rangle}{\langle \phi_1(t),\ \phi_1(t)\rangle}\cdot\phi_1(t),\\
&\quad\vdots\\
&\phi_m(t)=z_m(t)-\frac{\langle z_m(t),\ \phi_1(t)\rangle}{\langle \phi_1(t),\ \phi_1(t)\rangle}\cdot\phi_1(t)-\cdots-\frac{\langle z_m(t),\phi_{m-1}(t)\rangle}{\langle \phi_{m-1}(t),\phi_{m-1}(t)\rangle}\cdot\phi_{m-1}(t)
\end{aligned}\tag{6.21}$$

其中，$\langle z_i(t),z_j(t)\rangle=\int_0^T z_i(t)z_j^*(t)\mathrm{d}t$ 表示波形 $z_i(t)$ 和波形 $z_j(t)$ 之间的内积，$z_j^*(t)$ 为 $z_j(t)$ 的共轭复数。

由以上正交基可得出一组标准正交基 $\varepsilon_1(t)$，$\varepsilon_2(t)$，…，$\varepsilon_m(t)$。标准正交基的计算过程为

$$\varepsilon_1(t)=\frac{\phi_1(t)}{\|\phi_1(t)\|},\ \cdots,\ \varepsilon_m(t)=\frac{\phi_m(t)}{\|\phi_m(t)\|}\tag{6.22}$$

其中，$\|\phi_i(t)\|$ 表示信号 $\phi_i(t)$ 的范数，即 $\|\phi_i(t)\|=\sqrt{\langle\phi_i(t),\ \phi_i{}^*(t)\rangle}$。对于标准正交基，有

$$\|\varepsilon_1(t)\|=\|\varepsilon_2(t)\|=\cdots=\|\varepsilon_m(t)\|=1$$

给定标准正交基，将每种可能发送的波形表示为这组正交基的线性组合。具体的线性组合表达式为

$$\begin{aligned}
&z_1(t)=\langle z_1(t),\ \varepsilon_1(t)\rangle\cdot\varepsilon_1(t),\\
&z_2(t)=\langle z_2(t),\ \varepsilon_1(t)\rangle\cdot\varepsilon_1(t)+\langle z_2(t),\ \varepsilon_2(t)\rangle\cdot\varepsilon_2(t),\\
&\quad\vdots\\
&z_m(t)=\langle z_m(t),\ \varepsilon_1(t)\rangle\cdot\varepsilon_1(t)+\cdots+\langle z_m(t),\ \varepsilon_m(t)\rangle\cdot\varepsilon_m(t)
\end{aligned}\tag{6.23}$$

设 $a_{ij}=\langle z_i(t),\ \varepsilon_j(t)\rangle$，则式 (6.23) 可变为

$$\begin{aligned}
&z_1(t)=a_{11}\cdot\varepsilon_1(t),\\
&z_2(t)=a_{21}\cdot\varepsilon_1(t)+a_{22}\cdot\varepsilon_2(t),\\
&\cdots\\
&z_m(t)=a_{m1}\cdot\varepsilon_1(t)+a_{m2}\cdot\varepsilon_2(t)+\cdots+a_{mm}\cdot\varepsilon_m(t)
\end{aligned}\tag{6.24}$$

由于 $\varepsilon_1(t)$，$\varepsilon_2(t)$，…，$\varepsilon_m(t)$ 彼此正交，因此第 i 个发送波形 $z_i(t)$ 可由 m 维离散向量 $[a_{i1}, a_{i2}, \cdots, a_{im}]$ 表示。在接收端，将接收波形与各个标准正交基积分得到组合系数。接收波形在该正交方向的性质均由该系数刻画。由于正交基的特性，在 CPM 仿真时，发送波形 $z_m(t)$ 也可用 m 维离散向量 $[a_{m1}, a_{m2}, \cdots, a_{mm}]$ 表示，即

$$\begin{aligned}
&z_1(t)\triangleq[a_{11},\ 0,\ 0,\ \cdots,\ 0],\\
&z_2(t)\triangleq[a_{21},\ a_{22},\ 0,\ \cdots,\ 0],\\
&\cdots\\
&z_m(t)\triangleq[a_{m1},\ a_{m2},\ a_{m3},\ \cdots,\ a_{mm}]
\end{aligned}\tag{6.25}$$

CPM 调制后所有波形的能量归一化为 1。如果正交化过程没有误差，则正交化后的波形能量仍然为 1，即有

$$\| a_{i1} \|^2 + \| a_{i2} \|^2 + \cdots + \| a_{ii} \|^2 = 1 \tag{6.26}$$

其中，$1 \leqslant i \leqslant m$。如果正交化过程中存在误差，则式(6.26)不完全成立。

理论上，对于有 m 种波形的 CPM，正交基的个数不超过 m。实际中，某些正交基的范数很小。由于式(6.21)中除法运算的分母恰为正交基的范数。因此对于这类正交基，若不进行特殊处理，会使得正交化产生很大误差。具体地，当范数小到一定程度时，除法运算会带来较大的误差，因此仿真中必须去掉这些分量。仿真时设定一个阈值 D，当正交基 $\phi_i(t)$ 的范数小于此阈值时，去掉该正交基，最后保留下来的正交基称为有效基。设有效基的个数为 $\hat{m}$，显然 $\hat{m} \leqslant m$。丢掉一些无效正交基势必带来误差，阈值 D 的取值需根据误差情况而定。在实际仿真中，一般选择 $D=0.001 \sim 0.1$。例如，对于 $h=1/7$ 的 Q3RC，一共有 $m=PM^L=7\times 4^3=448$ 种波形。当 $D=0.001$ 时，有效基的个数为 $\hat{m}=6$。可以看出，有效基的个数远远小于实际正交基的个数。采用这 6 个有效基表示 CPM 波形带来的误差可忽略不计。若此时采用离散采样法，需取 $\xi=20$ 才能使得两种方法的误码性能一致。因此，信号空间法比离散采样法更有效，实现复杂度更低。若设 $D=0.1$，则有效基个数为 $\hat{m}=3$。此时，信号空间法的误差比较大。对于其他两种 CPM 类型，仿真参数设置如下：对于 $h=1/2$ 的 O2RC，一共有 $m=128$ 种波形，当 $D=0.01$ 时，有效基个数为 $\hat{m}=12$；对于 $h=1/2$ 的 H2RC；一共有 $m=512$ 种波形，当 $D=0.10$ 时，有效基个数为 $\hat{m}=15$。

3. CPM 系统中信噪比的定义

基于信号空间法的无编码 CPM 的信噪比的定义为

$$\mathrm{SNR_{cpm}} = 10 \times \lg \frac{E_b}{N_0} \tag{6.27}$$

其中，E_b 为每比特的平均能量，N_0 为噪声的能量。采用信号空间法仿真时，一个 CPM 波形由 $\hat{m}$ 个复数表示。对于 M 进制 CPM，一个输入符号代表 $\mathrm{lb}M$ 个比特，而一个输入符号由一个 $2\hat{m}$ 维的实数向量表示，因此每维对应于 $\mathrm{lb}M/(2\hat{m})$ 比特。若正交化过程无误差，则 $E_s=1$；若正交化过程有误差，则 $E_s<1$。对于 CPM，一个波形的平均能量为

$$E_s = \frac{\sum_{i=1}^{m}\sum_{j=1}^{\hat{m}} \| a_{ij} \|^2}{m} \tag{6.28}$$

因此，每比特的平均能量为

$$E_b = \frac{\dfrac{E_s}{2\hat{m}}}{\dfrac{\mathrm{lb}M}{2\hat{m}}} = \frac{E_s}{\mathrm{lb}M}$$

一个波形输入一个 AWGN 信道时将叠加 $2\hat{m}$ 个离散的实数噪声，因此信噪比为

$$\mathrm{SNR_{cpm}} = 10 \times \lg \frac{E_b}{N_0} = 10 \times \lg \frac{E_s}{N_0\ \mathrm{lb}M} = 10 \times \lg \frac{E_s}{2\sigma^2\ \mathrm{lb}M} \tag{6.29}$$

其中，E_s 由式 (6.28)给出。

6.2.4　基于多元 LDPC 码的 SCCPM 系统

6.2.1～6.2.3 节介绍了 CPM 的基本原理，包括 CPM 的分解、仿真及性能指标等。下面介绍基于多元 LDPC 码的串行级联连续相位调制系统。

1. SCCPM 的系统模型

基于多元 LDPC 码和 M 进制 PRCPM 的串行级联系统的发送和接收模型如图 6.7 和图 6.8 所示，其中，M 进制 PRCPM 由 CPE 和 MM 两个模块表示。为便于映射，假设定义多元 LDPC 码的有限域 $\mathbb{F}_q$ 的阶数为 $q=M$ 。记所用的多元 LDPC 码为 $C_q[n, k]$。该码的校验矩阵的维度为 $m\times n$。基于 $C_q[n, k]$ 的 SCCPM 系统共包含六个模块，分别为编码、符号交织、CPE、MM、信道、检测与译码。下面给出上述各个模块的具体说明。

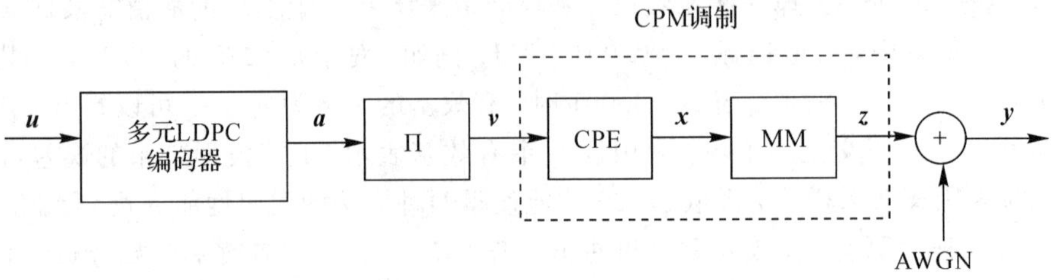

图 6.7　多元 LDPC 码与 PRCPM 串行级联系统的发送端

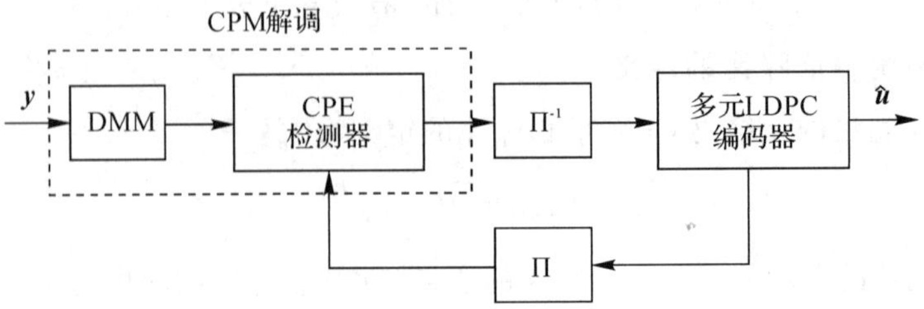

图 6.8　多元 LDPC 码与 PRCPM 串行级联系统的接收端

1）编码

将信息序列 $\boldsymbol{u}=(u_0, u_1, \cdots, u_{k-1})\in\mathbb{F}_q^k$ 输入多元 LDPC 码的编码器，得到码字 $\boldsymbol{a}=(a_0, a_1, \cdots a_{n-1})\in\mathbb{F}_q^n$。

2）符号交织

将多元码码字 $\boldsymbol{a}=(a_0, a_1, \cdots, a_{n-1})$ 输入符号交织器 Π，得到多元序列 $\boldsymbol{v}=(v_0, v_1, \cdots, v_{n-1})$。符号交织器 Π 的逆交织器记为 Π^{-1}。

3）CPE

将交织后的序列 $\boldsymbol{v}=(v_0, v_1, \cdots, v_{n-1})$ 输入 CPE 编码器，得到输出序列 $\boldsymbol{x}=(x_0, x_1, \cdots, x_{n-1})$。

4）MM

利用 MM 将 $x=(x_0, x_1, \cdots, x_{n-1})$ 映射得到发送波形序列 $\boldsymbol{z}=(z_0, z_1, \cdots, z_{n-1})$。

5）信道

将波形序列 $\boldsymbol{z}$ 输入 AWGN 信道，得到接收波形序列 $\boldsymbol{y}=(y_0, y_1, \cdots, y_{n-1})$，其中，

$y_j = z_j + w_j(0 \leqslant j \leqslant n-1)$，$w_j$ 为高斯白噪声。

6）检测与译码

接收端收到序列 $\boldsymbol{y}$ 后试图恢复发送数据 $\boldsymbol{u}$。图 6.8 中给出了迭代接收模型。首先，无记忆解调器(图中用“DMM”表示)计算 $\boldsymbol{x}$ 的后验概率。其次，接收机在 CPE 检测器和多元 LDPC 译码器之间进行迭代检测译码，其中，CPE 检测器基于 CPE 的网格图，多元 LDPC 译码器基于多元 LDPC 码的正规图。在本质上，迭代检测译码算法基于 Turbo 原理。CPE 可以看作一个卷积码，因此可用的检测算法有维特比算法[137]、BCJR 算法[14]和 Max-Log-MAP 算法[138]。对于多元 LDPC 码，常用的译码算法有 QSPA 和 X-EMS 算法。SCCPM 系统也可用正规图表示，基于该正规图表示可实现 SCCPM 的检测和译码。接下来介绍 SC-CPM 的正规图表示。

2. 基于多元 LDPC 码和 PRCPM 的 SCCPM 系统的正规图表示

图 6.9 中给出了 SCCPM 的正规图，该图共包含六种结点，分别为 M 结点、T 结点、Π 结点、变量结点、校验结点、H 结点。正规图中包含 n 个 M 结点，用[M]表示，该类结点对应于 CPM 中的 MM。正规图中包含 n 个 T 结点，用[T]表示，该类结点对应于 CPM 中的 CPE。正规图中的 T 结点分别记为 T_0，T_1，…，T_{n-1}。正规图中包含一个 Π 结点，用[Π]表示，其约束为交织器 Π 定义的交织约束。正规图中包含 n 个变量结点，用⊜表示。一个变量结点对应于多元 LDPC 码校验矩阵 $\boldsymbol{H}$ 中的一列。正规图中的变量结点分别记为 V_0，V_1，

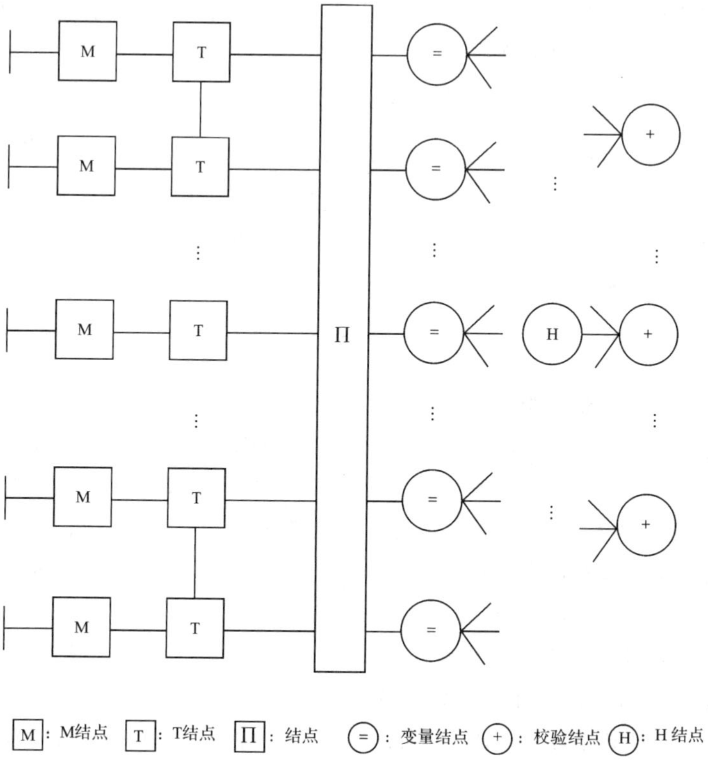

图 6.9　基于多元 LDPC 码和 PRCPM 的串行级联系统的正规图

…，V_{n-1}。正规图中包含 m 个校验结点，用⊕表示。一个校验结点对应于多元 LDPC 码校验矩阵 $\boldsymbol{H}$ 中的一行。正规图中的校验结点分别记为 C_0，C_1，…，C_{m-1}。正规图中包含 δ 个 $\boldsymbol{H}$ 结点，用Ⓗ表示，其中，δ 为校验矩阵 $\boldsymbol{H}$ 中非零元的个数。基于以上正规图表示，基于多元 LDPC 码的 SCCPM 系统可用正规图上的迭代消息传递/处理算法进行联合检测译码。为方便读者理解，下面简单介绍正规图上的 BCJR/QSPA 联合检测译码算法。

3. 基于 BCJR 和 QSPA 的联合检测译码算法

SCCPM 系统的检测和译码可基于该系统的正规图表示。该检测译码算法遵循一般的迭代消息传递/处理算法的基本原理。一般地，可以用 BCJR 算法实现 CPM 检测，用 QSPA 实现多元 LDPC 译码。本书将该检测译码算法称为 BCJR/QSPA 联合检测译码算法。为便于读者理解，下面给出 BCJR－QSPA 的基本步骤。

1）M 结点进行无记忆解调

M 结点根据接收波形 y_j 计算后验概率：

$$\Pr_{X_j|Y_j}\{x|y_j\}, x\in\chi$$

2）CPE 检测

将后验概率 $\Pr_{X_j|Y_j}\{x|y_j\}$ 作为 CPE 检测器的输入（CPE 检测器基于 BCJR 算法）。

3）多元 LDPC 译码

将 CPE 检测器的输出作为多元 LDPC 译码器的输入进行译码，多元码的译码器基于 QSPA。为获得更好的性能，需要在 CPE 检测器和多元 LDPC 译码器之间迭代。下面说明 M 结点的解调算法和 CPE 的网格表示法。

M 结点基于接收波形进行解调。令 χ 表示 MM 的输入信号 x_j 的集合。由前面的推导可知 $|\chi|=PM^L$。记 MM 的映射规则为 ϕ，则对于 j 时刻，有 $\phi(x_j)=z_j$。当采用信号空间法仿真时，每个发送波形都可表示为标准正交基的线性组合。记有效正交基的个数为 $\hat{m}$，则 j 时刻的发送波形 z_j 和接收波形 y_j 均可表示为 $\hat{m}$ 维的复向量。收到波形 y_j 后，M 结点进行无记忆解调，即计算后验概率 $\Pr_{X_j|Y_j}\{x|y_j\}$，$x\in\chi$，其计算方式为

$$\Pr_{X_j|Y_j}\{x|y_j\}\propto\exp\left(-\frac{\|y_j-\phi(x)\|^2}{2\sigma^2}\right), x\in\chi \tag{6.30}$$

其中，$\|.\|^2$ 表示平方的欧氏距离。

CPE 对应于一个基于模 P 运算的卷积码。该卷积码可由一个时不变网格图表示。该网格共有 n 段，分别用 $0\leqslant j\leqslant n-1$ 标注。网格图的每段有 PM^{L-1} 个状态，分别记为 $0\leqslant s\leqslant PM^{L-1}-1$，第 j 段的状态集合记为 S_j。从每个状态出发都有 M 条边，对应 M 种可能的输入符号。网格图的第 j 段对应码字的第 j 个符号 v_j。因此，可以用一个四元组 $\boldsymbol{b}\triangleq(s_j, v_j, x_j, s_{j+1})$ 描述一条边，其中，s_j 为起始状态，$v_j\in\mathbb{F}_q$ 为第 j 个码字符号，x_j 为输出波形，s_{j+1} 为末状态。第 j 段网格图的所有边的集合用 B_j 表示。因此，有 $|B_j|=PM^L$。我们在 CPE 的网格图表示上执行 BCJR 算法可实现 CPE 检测。

BCJR 算法的实现复杂度和 CPE 的网格图的边数成正比。由于 CPE 的网格图中包含的边数与 M 呈指数关系，因此 BCJR－QSPA 联合检测译码算法的实现复杂度很高。为解决该问题，下面给出基于 Max-Log-MAP 算法和 X－EMS 算法的低复杂度联合检测译码

算法。

4. 基于 Max-Log-MAP 和 X－EMS 的联合检测译码算法

BCJR－QSPA 的计算复杂度太高，很难应用于实际系统。为降低计算复杂度，可以使用低复杂度的检测器和低复杂度的译码器。接下来介绍基于 Max-Log-MAP 算法和 X－EMS算法的低复杂度联合检测译码算法，该算法称为Max-Log-MAP－X－EMS算法。Max-Log-MAP－X－EMS 算法处理的全部是对数域消息。与 BCJR－QSPA 一样，Max-Log-MAP－X－EMS算法的初始输入也是 M 结点的解调输出。与 BCJR－QSPA 不同，Max-Log-MAP－X－EMS 算法中 M 结点的解调输出不再是后验概率$\Pr_{X_j|Y_j}\{x|y_j\}$，而是 p 比特可能性函数(possibility function)。在 Max-Log-MAP－X－EMS 算法中，CPE 检测器基于 Max-Log-MAP 算法，多元 LDPC 译码器基于 X-EMS 算法。因此，该联合检测译码算法的运算全为整数操作。下面给出 p 比特可能性函数的算法。

为了使算法稳定并易于实现，译码算法一般采用对数域信息作为输入。对数域信息一般定义为后验概率向量或其线性变换的对数表示。一般地，随机变量 X 对应的对数域消息为

$$L_X(x)=[a_0\log\Pr(X=x)+a_1],\ x\in\chi$$

其中，$a_0>0$，$a_1\in\mathbb{R}$是两个常数，$[x]$表示最接近 $x\in\mathbb{R}$ 的整数。通过选择合理的参数 a_0 和 a_1，可使得 $L_X(x)\in[0,2^p-1]$。此时，消息向量 $\boldsymbol{L}_X$ 称为 p 比特可能性函数。算法 6.1 给出了 M 结点计算 p 比特可能性函数的过程。

✲算法 6.1　**M 结点的检测算法**

给定参数 p 和 $d_{\max}$。对于 $j=0,1,\cdots,N-1$，执行以下步骤。

步骤 1：对于每一个 $x\in\chi$，计算 $d(x)=\|y_j-\phi(x)\|^2$。

步骤 2：如果 $d(x)>d_{\max}$，设置 $d(x)=d_{\max}$。

步骤 3：对于每一个 $x\in\chi$，计算

$$L_{X_j}^{|\to T_j}(x)=\left[\frac{d_{\max}-d(x)}{d_{\max}}\times(2^p-1)\right],\ x\in\chi$$

将算法 6.1 的输出传给 T 结点作为迭代检测译码算法的输入。迭代检测译码算法的本质为正规图上的消息处理算法。此处不再详细给出每个结点的处理细节，有兴趣的读者可参见本书第 4 章。为便于读者理解，算法 6.2 中给出了 Max－Log－MAP－X－EMS 算法流程。

✲算法 6.2　**Max－Log－MAP－X－EMS 算法**

(1) M 结点解调。给定接收序列 $\boldsymbol{y}$，利用算法 6.1 进行解调。选定 X－EMS 算法的截断规则 F，设定最大迭代次数 L。

(2) 初始化。对所有的 $V_j(0\leqslant j\leqslant n-1)$和 $x\in\mathbb{F}_q$，设置 $L_{V_j}^{V_j\to T_j}(x)=0$，$L_{X_{ij}}^{H_{ij}\to V_j}(x)=0$。设置 $\ell=0$。

(3) 迭代。当 $\ell<L$ 时，执行如下步骤：

步骤 1(T 结点)：为网格图中的边 $\boldsymbol{b}_k=(s_k,v_k,x_k,s_{k+1})$，$0\leqslant k<n$ 分配整数度量：

$$L_k(\boldsymbol{b}_k)=L_{X_k}^{|\to T_k}(x_k)+L_{V_k^k}^{V_k\to T_k}(v_k)$$

其中，$L_{V_k^k}^{V_k\to T_k}(v_k)$初始化为 0。执行 Max－Log－MAP 算法，计算 T 结点到变量结点的外信

息 $\boldsymbol{L}_{V_k^{T_k}}^{T_k\to V_k}$。

步骤 2(X - EMS 算法)：利用 X - EMS 算法计算变量结点到 T 结点的外信息 $L_{V_j^{T_j}}^{T_j\to V_j}$。

6.2.5 基于多元 LDPC 码的 SCCPM 系统的性能

复杂度和性能是比较算法的重要指标。下面比较 6.2.4 节中迭代检测译码算法的复杂度和纠错性能。表 6.1 中给出了 BCJR 算法、Max - Log - MAP 算法和 QSPA 在一次迭代中的计算复杂度，其中，δ 表示校验矩阵 $\boldsymbol{H}$ 中非零元的个数，n 为多元码的码长，P 表示 PRCPM 的调制指数分母，q 为定义多元 LDPC 码有限域的大小，M 表示高阶 PRCPM 的阶数。从表 6.1 中可以看出，Max - Log - MAP 算法的操作数和 BCJR 算法一样多。Max - Log - MAP 算法的主要运算为整数运算，而 BCJR 算法的主要运算为实数运算。单次迭代的复杂度不能用于度量迭代算法的复杂度，后面的实例中将比较不同迭代检测算法的实际复杂度。下面给出比较迭代检测译码算法计算复杂度的准则。

表 6.1　不同算法在单次迭代中的计算复杂度

算法	整数加	整数比	域操作	实数乘	实数加	实数除
BCJR				$4NPM^L$	$3NPM^L$	
Max - Log - MAP	$4NPM^L$	$3NPM^L$				
QSPA			$q\delta$	$2q\delta$	$2q^2\delta$	$2q\delta$

将 BCJR - QSPA 的译码复杂度作为比较基准。联合检测译码算法的复杂度可由该算法与 BCJR - QSPA 之间的相对复杂度度量。在单次迭代中，Max - Log - MAP - X - EMS 算法的复杂度低于 BCJR - QSPA。然而，Max - Log - MAP - X - EMS 算法一般需要更多次的迭代才能收敛。为公平比较不同算法的复杂度，定义算法 A 的复杂度比值为

$$\text{Complexity Ratio}=\frac{\text{算法 } A \text{ 的总操作数}}{\text{BCJR - QSPA 的总操作数}} \tag{6.31}$$

式(6.31)中，总操作数为操作数的统计平均值，即译一帧需要的平均操作数。

下面通过三个例子说明多元 LDPC 码 SCCPM 系统的误码性能。这三个例子中分别选择四阶、八阶、十六阶的 PRCPM；$g(t)$均选择升余弦频率脉冲(RC)系列。仿真中所有迭代联合检测译码算法的最大迭代次数均为 80。

例 6.4　本例考虑基于 4 元 LDPC 码与 Q3RC 的 SCCPM 系统的性能，比较基于多元 LDPC 码的 SCCPM 系统与基于二元码的 SCCPM 系统的纠错性能，采用 BCJR - QSPA 作为迭代检测译码算法。选择两个具有相同正规图的 4 元 LDPC 码：一个 CS - LDPC 码 $C_4[645, 518]$和一个 QC - LDPC 码 $C_4[645, 516]$，通过阵列构造它们的邻接矩阵。对于 CS - LDPC 码，校验矩阵的每一列具有相同的非零元；对于 QC - LDPC 码，校验矩阵的每一个循环子矩阵的所有非零元取值相同。这两个码的码率均约为 0.8。对于 CPM，选择 Q3RC，调制指数 $h=1/7$，归一化带宽参数为 $B_uT\approx0.705$。根据式(6.18)可知该 SCCPM 系统的谱效率为

$$\text{SE}=0.8\times\frac{\text{lb}4}{0.705}\approx2.27\ \text{bits(s}\cdot\text{Hz)}$$

为展示基于多元 LDPC 码的 SCCPM 系统的性能优势，选取目前性能最好的基于二元码的 SCCPM 作为比较对象[131]。该 SCCPM 系统选用二元 eBCH 码作为外码。文献[131]中的结果表明，基于 eBCH 的 SCCPM 系统具有较快的收敛速度和较低的错误平层。该二元码的 SCCPM 系统由一个码率为 $R=0.794$ 的 [64,51] eBCH 码与 Q3RC 级联得到，其谱效率为

$$\mathrm{SE}=0.794\times\frac{\mathrm{lb}4}{0.705}\approx 2.25\ \mathrm{bits/(s\cdot Hz)}$$

可以看出，它的谱效率与基于多元 LDPC 码的 SCCPM 系统的谱效率非常接近。图 6.10 中给出了以上两个 SCCPM 系统的误帧率。从图 6.10 中可以看出，相对于二元 eBCH 码，4 元 LDPC 码在误帧率为 10^{-5} 时的编码增益约为 1.0 dB。同时可以看出，基于多元 LDPC 码的 SCCPM 系统的错误平层低于基于二元 eBCH 码的 SCCPM 系统。以上性能比较验证了多元 LDPC 码在 SCCPM 系统中的性能优势。

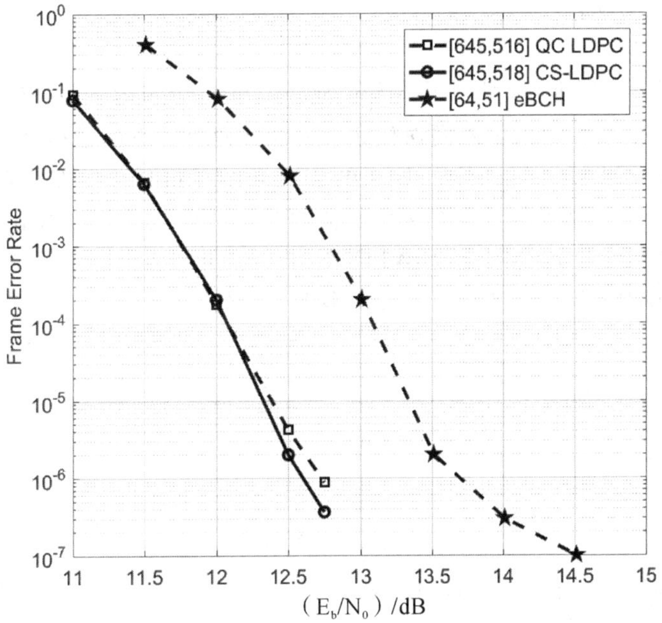

图 6.10　例 6.4 中 SCCPM 系统的误帧率

例 6.5　本例以 8 元 LDPC 码为例验证低复杂度联合检测译码算法的纠错性能与计算复杂度优势，仿真基于 8 元 LDPC 码和 O2RC 的 SCCPM 系统的性能，仿真中采用的是基于有限域构造的 8 元 CS－LDPC 码 C_8[225，173][62]。O2RC 的调制指数设为 $h=1/2$。Max－Log－MAP－X－EMS 算法的仿真参数设置如下。

(1) 对于 D－EMS 算法，设置 $D_s=100$，$D_b=100$；对于 T－EMS 算法，设置 $T_s=50$，$T_b=40$；对于 M－EMS 算法，设置 $M=4$。

(2) D－EMS、T－EMS 和 M－EMS 算法中的缩放因子分别取为 0.6、0.6 和 0.7。

(3) 量化参数选为 $p=9$，$d_{max}=10$。

图 6.11 中给出了本例 SCCPM 系统在不同迭代联合检测译码算法下的误帧率。从图 6.11 中可以看出，与 BCJR－QSPA 相比，Max－Log－MAP－X－EMS 算法的性能损失小

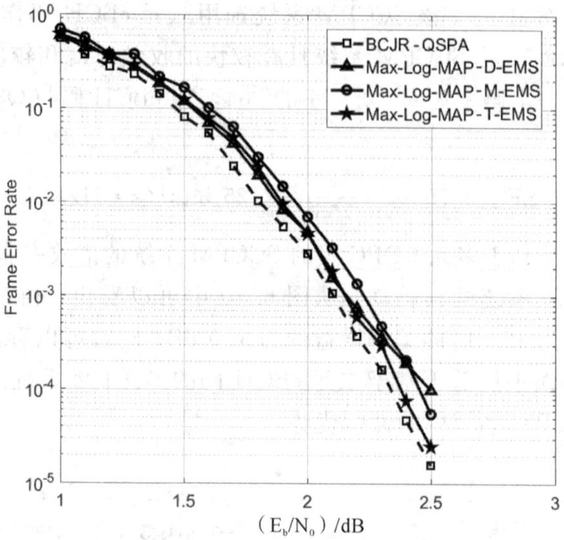

图 6.11　例 6.5 中 SCCPM 系统在不同联合检测译码算法下的误帧率

于 0.1 dB。图 6.12 中给出了不同迭代联合检测译码算法下的复杂度。从图 6.12 中可以看出，Max-Log-MAP-D-EMS 算法的实现复杂度最低。当 $E_b/N_0=2.5$ dB 时，Max-Log-MAP-D-EMS 算法的复杂度比值约为 0.75。同时可以看到，在低信噪比区域，Max-Log-MAP-T-EMS 算法比 BCJR-QSPA 更复杂。这主要由于当信噪比较低时，Max-Log-MAP-T-EMS 算法需要更多迭代次数。

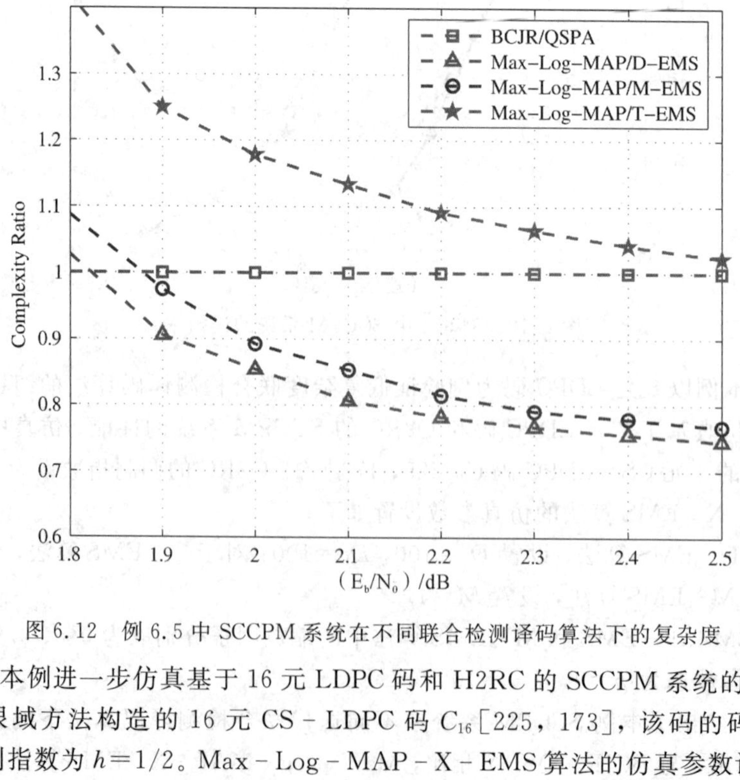

图 6.12　例 6.5 中 SCCPM 系统在不同联合检测译码算法下的复杂度

例 6.6　本例进一步仿真基于 16 元 LDPC 码和 H2RC 的 SCCPM 系统的性能。仿真中选用基于有限域方法构造的 16 元 CS-LDPC 码 $C_{16}[225, 173]$，该码的码率为 0.768。H2RC 的调制指数为 $h=1/2$。Max-Log-MAP-X-EMS 算法的仿真参数设置如下。

(1) 对于 D-EMS 算法，设置 $D_s=100$，$D_b=100$；对于 T-EMS 算法，设置 $T_s=50$，$T_b=50$；对于 M-EMS 算法，设置 $M=8$。

(2) D-EMS、T-EMS 和 M-EMS 算法的缩放因子分别为 0.6、0.6 和 0.7。

(3) 量化参数为 $p=9$，$d_{max}=10$。

图 6.13 中给出了本例中 SCCPM 系统在不同联合检测译码算法下的误帧率。从图 6.13 中可以看出，采用低复杂度联合检测译码算法带来的性能损失小于 0.1 dB。图 6.14 中给出了不同联合检测译码算法下的译码复杂度。从图 6.14 中可以看出，Max-Log-MAP-D-EMS 算法的实现复杂度最低。当 $E_b/N_0=1.8$ dB 时，Max-Log-MAP-D-EMS 算法的复杂度比值约为 0.5。

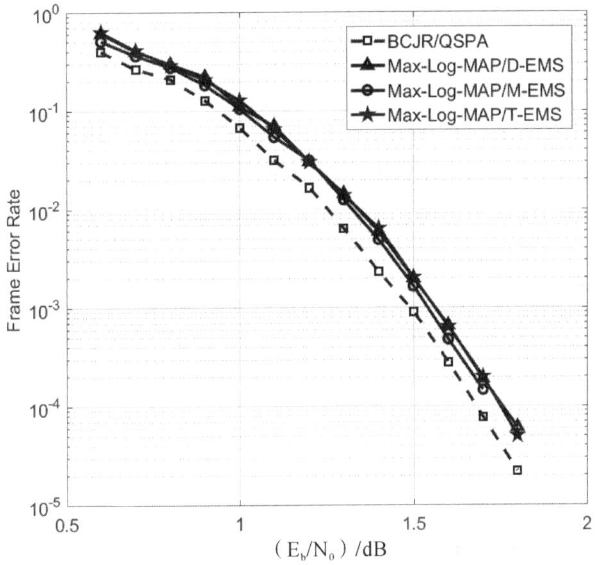

图 6.13　例 6.6 中 SCCPM 系统在不同联合检测译码算法下的误帧率

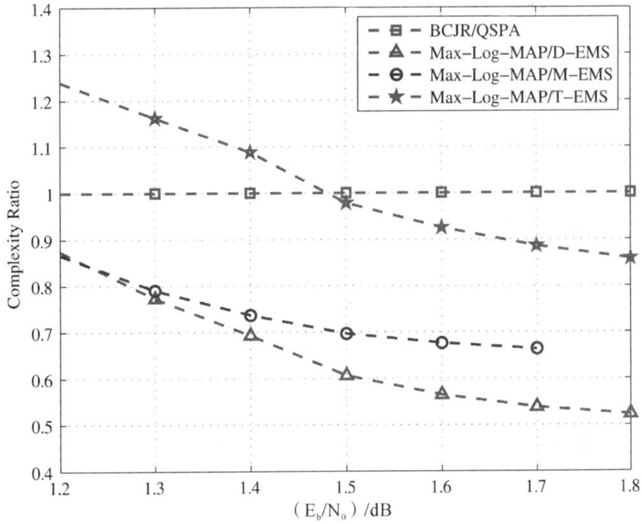

图 6.14　例 6.6 中 SCCPM 系统在不同联合检测译码算法下的复杂度

6.3 多元 LDPC 码在存储系统中的应用

随着技术的演进，用户对存储的需求呈指数增长的趋势。核心存储技术主要有传统的软盘、CD 、DVD 及最新的蓝光 CD 和 SSD 等。为扩大单位面积的存储效率，基本存储单元越来越小。当前，存储技术已经进入 10 nm 时代。降低制作工艺必将导致存储系统的可靠性下降。特别地，随着基本存储单元越来越小，存储单元之间的干扰越来越严重，进而严重影响系统性能。基本存储单元之间的干扰一般称为码间串扰。本节以码间串扰信道为基本模型说明多元 LDPC 码在存储系统中的应用。

6.3.1 码间串扰信道

一个 L 阶码间串扰信道的多项式刻画为

$$h(D) = h_0 + h_1 D + \cdots + h_L D^L \tag{6.32}$$

其中，系数 $h_\ell \in \mathbb{R}$。码间串扰信道的输出序列 $\boldsymbol{y}=(y_0, y_1, \cdots, y_{n-1})$ 与输入之间的关系为

$$y_t = \sum_{\ell=0}^{L} h_\ell x_{t-\ell} + w_t \tag{6.33}$$

其中，$x_t \in \chi$ 是 t 时刻的信道输入，w_t 是单边功率谱密度为 $N_0/2$ 的高斯白噪声的一个实现。考虑二元输入的码间串扰信道，即 $x_t \in \chi = \{-1, +1\}$。二元输入码间串扰信道的信噪比定义为

$$\mathrm{SNR} = 10 \times \lg \frac{\sum\limits_{0 \leqslant \ell \leqslant L} h_\ell^2}{N_0/2} \tag{6.34}$$

6.3.2 多元 LDPC 编码的存储系统的系统模型

本书考虑的多元 LDPC 编码的码间串扰信道的发送和接收模型如图 6.15 所示。该系统包含四个模块，分别为编码、映射、传输、检测与译码。各个模块的功能描述如下。

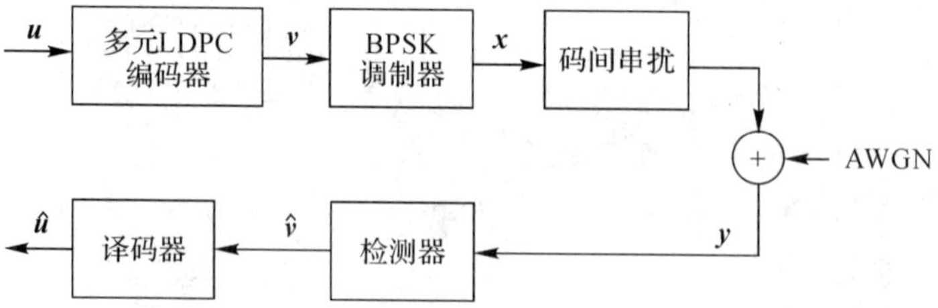

图 6.15 多元 LDPC 编码的码间串扰信道的发送和接收模型

1）编码

设信息序列 $\boldsymbol{u}=(u_0, u_1, \cdots, u_{k-1}) \in \mathbb{F}_q^k$ 为需要传输的信息序列。将序列 $\boldsymbol{u}$ 输入多元 LDPC 码的编码器后得到码字 $\boldsymbol{v}=(v_0, v_1, \cdots, v_{n-1}) \in \mathbb{F}_q^n$。

2）映射

基于有限域的向量表示，将码字 $\boldsymbol{v}$ 转换为二进制序列 $\boldsymbol{c}=(c_0, c_1, \cdots, c_{np-1})$。将二进制

序列 $\boldsymbol{c}$ 输入 BPSK 调制器后得到信道输入序列 $\boldsymbol{x}=(x_0, x_1, \cdots, x_{np-1})$，其中，$x_t=1-2c_t$。

3）传输

将序列 $\boldsymbol{x}$ 输入码间串扰信道，得到信道输出 $\boldsymbol{y}$。

4）检测与译码

当收到信道输出序列 $\boldsymbol{y}$ 后，接收者试图恢复信息序列 $\boldsymbol{u}$。该恢复过程可基于多元 LDPC 编码的码间串扰信道的正规图表示。图 6.16 中给出了多元 LDPC 编码的码间串扰信道的正规图，该正规图包括 n 个 T 结点，n 个变量结点、m 个校验结点和 δ 个 H 结点。鉴于本书前面已经给出多种正规图表示的详细描述，此处不再详细描述图 6.16 中的正规图。给定正规图，可运行迭代消息传递/处理算法实现联合检测译码。迭代联合检测译码算法主要包括 T 结点处理器、变量结点处理器和校验结点处理器。这些处理器分别对应于正规图中的三类结点。下面简述这三类处理器的功能。T 结点处理器以变量结点外信息和信道接收信号作为输入，实现对码间串扰信道的检测。T 结点处理器常用的算法有 BCJR 算法[14]及其简化搜索算法[139-141]。变量结点处理器和校验结点处理器与多元 LDPC 码中同类结点的处理方式相同，此处不再赘述。联合检测译码算法的复杂度主要集中在校验结点处理器。在迭代联合检测译码算法中，上述三类结点之间互相交换信息。信息交换的顺序有很多种，本书主要考虑以下两种交换方式。

（1）BCJR－once。迭代检测译码算法只运行一次 T 结点的检测算法（BCJR 算法）。

（2）BCJR－QSPA。迭代检测译码算法的运行流程为：T 结点—变量结点—校验结点—变量结点—T 结点……

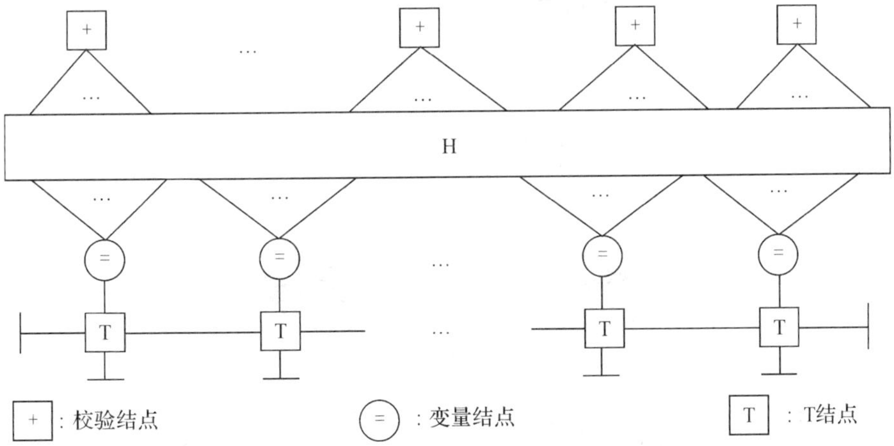

图 6.16　多元 LDPC 编码的码间串扰信道的正规图表示

多元 LDPC 编码的码间串扰系统可基于 BCJR 算法和 QSPA 实现迭代接收。由于 BCJR 算法和 QSPA 的实现复杂度都很高，有必要设计低复杂度的迭代联合检测译码算法，可采用基于 Max－Log－MAP 算法和 X－EMS 算法实现低复杂度迭代接收机。实际中，基于 Max－Log－MAP 算法和 X－EMS 算法的接收机的实现复杂度仍然较高，因此，仍有必要设计复杂度更低的联合检测译码算法。下面给出面向大数逻辑可译的多元 LDPC 编码的码间串扰信道的低复杂度迭代联合检测译码算法。

6.3.3 并节网格图表示

一个 L 阶码间串扰信道可以表示为时不变的网格图[137]。该网格图的每一段包含 2^L 个状态，从每个状态衍生出两条边，一条边对应输入 0，另一条边对应输入 1。为了方便，将该网格图称为原网格图。当采用多元 LDPC 编码时，一个多元符号对应于码间串扰信道的 p 节。因此，当采用 BCJR－QSPA 进行迭代检测译码时，需要在信道检测器和译码器之间交换信息。由于原网格图的每一节对应一个比特，因此迭代时需要在比特级消息和符号级消息之间转换。这种消息转换不仅带来额外的计算复杂度，还将引起性能损失。为解决以上问题，可采用基于并节网格图的检测算法。并节网格图由原网格图通过如下方式得到。

（1）并节网格图共有 n 节，第 j 节对应于多元 LDPC 码的第 j 个编码符号 V_j。

（2）每节并节网格图有 2^L 个状态，分别标记为 $S_j=\{0, 1, \cdots, 2^L-1\}$，每个状态 $s_j\in S_j$ 都对应于一个长度为 L 的二元序列，即 $s_j\leftrightarrow(x_{(j-1)L}, \cdots, x_{jL-1})$，其中，$x_t$ 是信道在 t 时刻的输入。

（3）从每个状态衍生出 q 条边，每条边由一个 4 元组 $\boldsymbol{b}\triangleq(s_j, v_j, \boldsymbol{z}_j, s_{j+1})$ 确定，其中，$v_j\in\mathbb{F}_q$ 表示当前边的输入，$\boldsymbol{z}_j$ 表示无噪输出，$s_j\in S_j$ 和 $s_{j+1}\in S_{j+1}$ 分别表示该边的左状态和右状态，第 j 节所有边的集合记为 B_j。

图 6.17 和图 6.18 中分别给出了 dicode 信道的原网格图和并节网格图，此处假设采用 16 元多元 LDPC 码。

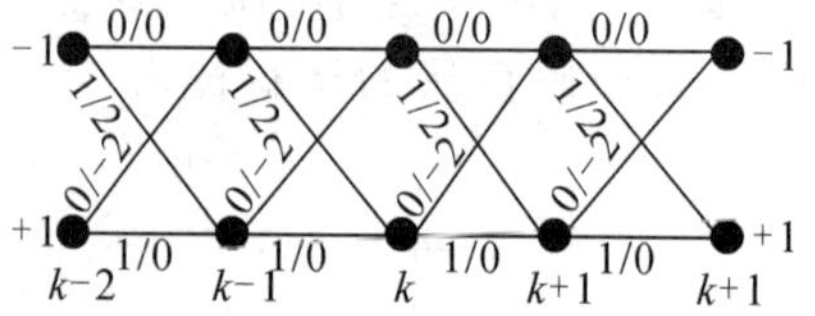

图 6.17 dicode 信道的原网格图表示

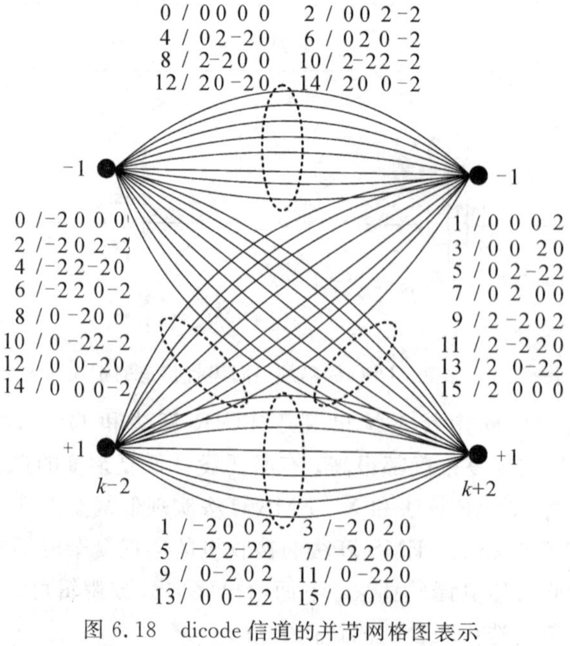

图 6.18 dicode 信道的并节网格图表示

6.3.4　低复杂度联合检测译码算法

低复杂度联合检测译码算法也是一类迭代译码算法，其主要步骤包括：计算可能性函数、T 结点 Viterbi 检测、变量结点计算伴随式、校验结点计算外信息、变量结点更新可能性函数。下面展开介绍每个步骤的具体计算过程。

1. 计算可能性函数

低复杂度联合检测译码算法的初始输入为可能性函数。下面给出一种计算可能性函数的方法。为了方便，将接收序列 $\boldsymbol{y}=(y_0, y_1, \cdots, y_{np-1})$ 写成 $\boldsymbol{y}=(\boldsymbol{y}_0, \boldsymbol{y}_1, \cdots, \boldsymbol{y}_{n-1})$，其中，$\boldsymbol{y}_j=(y_{jp}, y_{jp+1}, \cdots, y_{(j+1)p-1})$ 为一段长度为 p 的接收序列。可以看出，$\boldsymbol{y}_j$ 正好对应于多元 LDPC 码的第 j 个变量结点。利用信道输出计算并节网格图每条边上的初始信息，其计算方法在算法 6.3 中给出，其中，量化的比特数 $b \geqslant 1$ 为整数，最大欧氏距离 $d_{\max}>0$ 为正实数。

✲算法 6.3　计算可能性函数

对于 $j=0, 1, \cdots, n-1$，执行以下步骤。

步骤 1：对于边 $\boldsymbol{b}_j=(s_j, v_j, \boldsymbol{z}_j, s_{j+1}) \in B_j$，计算接收信号 $\boldsymbol{y}_j$ 和无噪输出信号 $\boldsymbol{z}_j$ 之间的平方欧氏距离，记为 $d_j(\boldsymbol{b}_j) = \| \boldsymbol{y}_j - \boldsymbol{z}_j \|^2$。

步骤 2：对于 $\boldsymbol{b}_j \in B_j$，如果 $d_j(\boldsymbol{b}_j) > d_{\max}$，设 $d_j(\boldsymbol{b}_j)=d_{\max}$。

步骤 3：给定 d_j，可能性函数的取值为

$$P_{z_j}^{|\to T_j}(\boldsymbol{z}_j)=\left[\frac{d_{\max}-d_j(\boldsymbol{b}_j)}{d_{\max}}(2^b-1)\right]$$

2. T 结点 Viterbi 检测

低复杂度联合检测译码算法中传递的消息主要为硬信息。为此，利用 Viterbi 算法寻找最有可能的接收路径，具体检测方式如下。边 $\boldsymbol{b}_j=(s_j, v_j, \boldsymbol{z}_j, s_{j+1}) \in B_j$ 的度量为

$$P_j(\boldsymbol{b}_j)=P_{z_j}^{|\to T_j}(\boldsymbol{z}_j)+P_{V_j}^{V_j\to T_j}(v_j) \tag{6.35}$$

其中，$P_{V_j}^{V_j\to T_j}$ 代表从变量结点传递到 T 结点的消息。译码开始时，消息向量 $P_{V_j}^{V_j\to T_j}$ 初始化为零向量。基于以上度量，T 结点在并节网格图上运行 Viterbi 算法进行检测。记 Viterbi 算法输出的一条最好的路径为 $\hat{\boldsymbol{b}}_0, \hat{\boldsymbol{b}}_1, \cdots, \hat{\boldsymbol{b}}_{n-1}$，该路径对应的输入序列记为 $\hat{\boldsymbol{v}}$。T 结点将输入序列 $\hat{\boldsymbol{v}}$ 传递给变量结点。Viterbi 检测只用到整数的加法和比较，实现复杂度很低。在 BCJR-QSPA 中，从 T 结点传递到变量结点的消息的维度为 q。在本节的低复杂度联合检测译码算法中，T 结点传递到变量结点的消息是一维的。

3. 变量结点计算伴随式

变量结点根据 Viterbi 检测所得的硬判决序列 $\hat{\boldsymbol{v}}$ 计算伴随式如下：

$$\boldsymbol{s} = \hat{\boldsymbol{v}}H^{\mathrm{T}} = (s_0, s_1, \cdots, s_{m-1}) \tag{6.36}$$

如果 $\boldsymbol{s}=\boldsymbol{0}$，译码器宣布译码成功并输出 $\hat{\boldsymbol{v}}$；否则变量结点将伴随式和硬判决序列传给校验结点。在 BCJR-QSPA 中，从变量结点传递到校验结点的消息是 q 维的，而在该算法中从

变量结点传递到校验节点的消息为硬判决及其伴随式。

4. 校验结点计算外信息

校验结点根据伴随式和硬判决结果计算外信息。根据校验结点的约束，校验结点到变量结点的外信息为

$$P_{V_j}^{C_i \to V_j} = -h_{i,j}^{-1}\left(\sum_{j' \in \mathcal{N}_c(i) \setminus \{j\}} h_{i,j'} z_{j'}\right) = -h_{i,j}^{-1}(s_i - h_{i,j} z_j) \tag{6.37}$$

其中，所有的操作都是有限域 $\mathbb{F}_q$ 中的操作。校验结点到变量结点的消息维数为 1。可以看出，该算法的校验结点的计算复杂度和存储复杂度均远远低于 QSPA。

5. 变量结点更新可能性函数

变量结点接收来自其相邻校验结点传来的外信息。直观上，如果多个校验结点传回的外信息为同一域元素，则该变量结点为该域元素的可能性较大。对于变量结点 V_j，用 $f_j(\alpha)$ 表示其接收到的外信息 $\boldsymbol{P}_{V_j}^{C_i \to V_j}$ 中域元素 α 出现的频率。基于该频次，变量结点 V_j 的可能性函数更新为

$$P_{V_j}^{V_j \to T_j}(\alpha) = P_{V_j}^{V_j \to T_j}(\alpha) + f_j(\alpha) \tag{6.38}$$

完成可能性函数更新后，变量结点将 $\boldsymbol{P}_{V_j}^{V_j \to T_j}$ 传给结点 T_j，T 结点接收到变量结点传来的新消息后开始新一轮迭代。

6.3.5 低复杂度联合检测译码算法的总结

在 6.3.4 节的算法中，码间串扰信道的检测器为 Viterbi 算法，多元 LDPC 码的译码器为广义大数逻辑译码算法(GMLGD 算法)。因此，上述低复杂度联合检测译码算法也称为 Viterbi - GMLGD 算法。与 BCJR - QSPA 相比，Viterbi - GMLGD 算法的主要特点包括：

(1) 传递的消息维度很低。

(2) 算法的主要操作为整数运算。

由于 Viterbi - GMLGD 算法中采用了广义大数逻辑译码器，因此该算法只适用于列重较重的多元 LDPC 编码的码间串扰信道。对于列重较轻的多元 LDPC 编码的码间串扰信道，Viterbi - GMLGD 算法会有较大的性能损失。为在复杂度与性能之间折中，此时可采用基于 X - EMS 算法的多元 LDPC 译码器。算法 6.4 给出了 Viterbi - GMLGD 算法的执行流程。

✲算法 6.4　Viterbi - GMLGD 算法

(1) 初始化。给定接收序列 $\boldsymbol{y}$，计算可能性函数，将其他所有的消息初始化为零向量。设定最大迭代次数 $\mathcal{L}$，并令 $\ell=0$。

(2) 迭代。当 $\ell<\mathcal{L}$ 时，执行以下步骤。

步骤 1：T 结点通过 Viterbi 算法计算硬判决序列 $\hat{\boldsymbol{v}}$。

步骤 2：变量结点计算伴随式 $\boldsymbol{s}$，如果 $\boldsymbol{s}=\boldsymbol{0}$，输出 $\hat{\boldsymbol{v}}$ 并终止迭代；否则，将 $\boldsymbol{s}$ 和 $\hat{\boldsymbol{v}}$ 传递给校验结点。

步骤 3：校验结点计算返回给变量结点的外信息。

步骤 4：变量结点更新可能性函数并将其传给 T 结点。

步骤 5：$\ell=\ell+1$。

(3) 译码结束。如果 $\ell=\mathcal{L}$，则译码失败。

6.3.6　低复杂度联合检测译码算法的复杂度和性能

算法复杂度和性能是衡量一个算法的重要指标。本小节首先分析 Viterbi - GMLGD 算法的复杂度，然后通过几个例子讨论该算法的性能，最后通过一个实例比较 Viterbi - GMLGD 算法与 BCJR - QSPA 的计算复杂度。

1. 低复杂度联合检测译码算法的复杂度

首先分析 Viterbi - GMLGD 算法在单次迭代中的计算复杂度。在每次迭代中，步骤 1 需要 $n2^L$ 次整数加法和 $n(q2^L-2^L)$ 次整数比较；步骤 2 需要 δ 次有限域操作；步骤 3 需要 3δ 次有限域操作；步骤 4 需要 $\delta+nq2^L$ 次整数加法。有限域 $\mathbb{F}_q$ 上的一个有限域操作可以通过 $\text{lb}q=p$ 次逻辑操作实现。Viterbi - GMLGD 算法的复杂度见表 6.2。为了比较不同算法的复杂度，表 6.2 中也列出了 BCJR 算法和 FFT - QSPA 的计算复杂度。由于不同算法需要的迭代次数不同，下面通过一个仿真实例比较它们的计算复杂度。

表 6.2　不同算法在每次迭代中所需要的计算次数

算法	整数加	整数比	域运算	实数乘	实数加	实数除
BCJR 算法				$2nq2^L$	$2n(q-1)2^L+nq(2^L-1)$	nq
FFT - QSPA			$q\delta$	$2q\delta$	$2q\delta\text{lb}q$	$2q\delta$
Viterbi - GMLGD 算法	$\delta+n(q+1)2^L$	$n(q-1)2^L$	$4q\delta$			

2. 性能仿真

例 6.7　本例仿真多元 LDPC 编码的 dicode 信道。dicode 信道由多项式 $h(D)=1-D$ 刻画。仿真中选择 32 元多元 LDPC 码 C_{32}[961，765] 作为纠错码，该码基于有限域方法构造，码率为 0.79。多元码 C_{32}[961，765] 的校验矩阵的行重为 31，列重为 10 和 11。由于该校验矩阵包含大量的冗余行且不包含长度为 4 的环，因此可以用广义大数逻辑译码算法译该码。

仿真中的量化参数为 $b=8$，$d_{\max}=80$，译码的最大迭代次数为 50。Viterbi - GMLGD 算法的误比特率如图 6.19 所示。为了便于比较，图 6.19 中也给出了 BCJR - QSPA 和 BCJR - once 的误比特率。从图 6.19 中可以看出，相对于 BCJR - QSPA，Viterbi - GMLGD 算法的性能损失约为 0.6 dB；而相对于 BCJR - once，Viterbi - GMLGD 算法的性能损失约为 0.5 dB。可以看出，相对于这些复杂度很高的联合检测译码算法，Viterbi - GMLGD 算法的性能损失很小。

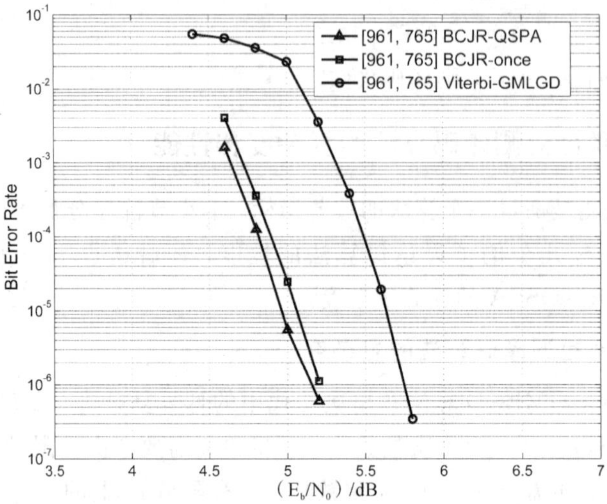

图 6.19 多元 LDPC 码 C_{32}[961, 765] 编码的 dicode 信道在不同算法下的误比特率

例 6.8 本例仿真多元 LDPC 编码的 EPR4 信道。EPR4 信道由多项式 $h(D)=1+D-D^2-D^3$ 刻画。仿真中选择 16 元多元 LDPC 码 C_{16}[225, 147] 作为纠错码，该码基于有限域构造得到，码率为 0.65。多元码 C_{16}[225, 147] 的校验矩阵的行重和列重都为 14。该码的行重较大且正规图的最小环长为 6，因此可以用广义大数逻辑译码算法译该码。

仿真中的量化参数为 $b=7$，$d_{\max}=160$，译码的最大迭代次数为 50。Viterbi - GMLGD 算法的误比特率如图 6.20 所示。为了便于比较，该图中也给出了 BCJR - QSPA 和 BCJR - once 的误比特率。从图 6.20 中可以看出，相对于 BCJR - QSPA，Viterbi - GMLGD 算法的性能损失为 0.5 dB；而相对于 BCJR - once，Viterbi - GMLGD 算法的性能损失为 0.4 dB。和例 6.7 的结果一样，相对于复杂度较高的联合检测译码算法，Viterbi - GMLGD 算法的性能损失很小。

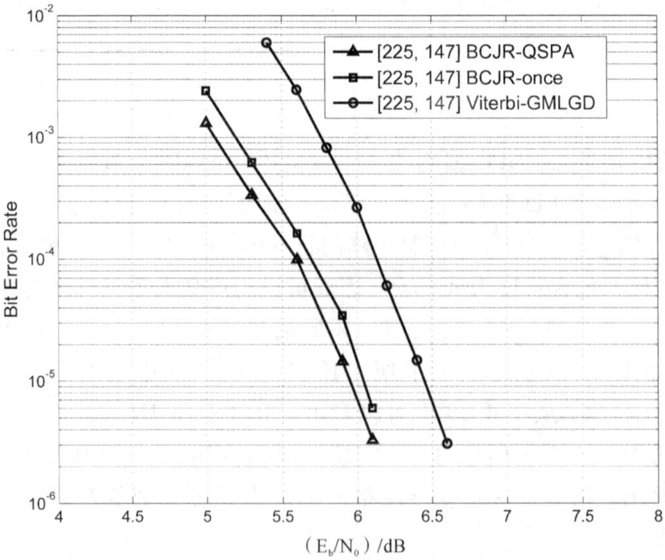

图 6.20 多元 LDPC 码 C_{16}[225, 147]编码的 EPR4 信道在不同算法下的误比特率

例 6.9 本节提出的算法主要针对多元 LDPC 编码的码间串扰信道，同时也可用于二元 LDPC 编码的码间串扰信道，并要求该二元 LDPC 码具有较大的列重且其正规图不包含长度为 4 的环。本例仿真 Viterbi－GMLGD 算法在二进制 LDPC 编码的码间串扰信道中的性能。仿真中选用的码间串扰信道为 dicode 信道，选用的码为基于有限几何的二元 LDPC 码 C_2[4095，3367]。该码是一个二进制循环码，码率为 0.82，它的校验矩阵的行重和列重都为 64。同时，该码的正规图不包含长度为 4 的环，因此大数逻辑译码算法适用于该码。

仿真中的量化参数为 $b=8$，$d_{max}=16$，最大迭代次数为 50。Viterbi－GMLGD 算法的误比特率如图 6.21 所示。为了便于比较，图 6.21 中也给出了 BCJR－SPA 和 BCJR－once 的误比特率。从图 6.21 中可以看出，和 BCJR－SPA 相比，Viterbi－GMLGD 算法的性能损失为 0.2 dB；和 BCJR－once 算法相比，Viterbi－GMLGD 算法几乎没有性能损失。另外，Viterbi－GMLGD 算法的错误平层低于 BCJR－SPA。

多元 LDPC 码 C_{32}[961，765]和二元 LDPC 码 C_2[4095，3367]的码长和码率相当。从图 6.19 和图 6.21 中可以看出，当各自采用最佳译码算法时，多元 LDPC 码 C_{32}[961，765] 的性能比二元 LDPC 码 C_2[4095，3367]好 0.8 dB。该结果反映了多元 LDPC 码比二元 LDPC 码更加适用于对抗码间串扰。当都采用低复杂度联合检测译码算法时，多元 LDPC 码 C_{32}[961，765]的性能比二元 LDPC 码 C_2[4095，3367] 好 0.35 dB。

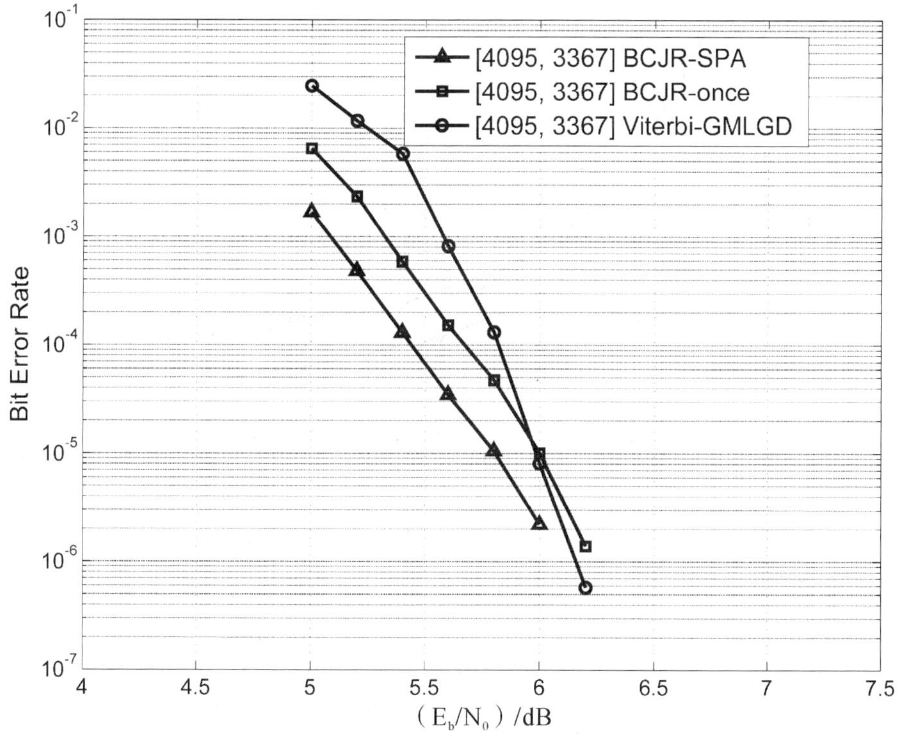

图 6.21 二元 LDPC 码 C_2[4095，3367] 编码的 dicode 信道在不同算法下的误比特率

例 6.10 本例通过一个实例比较不同算法的计算复杂度。仿真中选用 EPR4 信道，该信道由多项式 $h(D)=1+D-D^2-D^3$ 刻画，所选的多元 LDPC 码为 C_{16}[225，147]，该码的码率为 0.65。多元 LDPC 码 C_{16}[225，147] 由有限域方法构造得到，它的校验矩阵包含大

量的冗余行，该矩阵的行重和列重均为 14。由于该码的正规图不包含长度为 4 的环，因此该码可用广义大数逻辑译码算法译码。

仿真中的量化参数为 $b=7$，$d_{max}=160$，最大迭代次数为 50。图 6.22 中给出了不同联合检测译码算法的平均迭代次数。从图 6.22 中可以看出，BCJR - QSPA 的收敛速度快于 BCJR - once 的收敛速度；BCJR - once 与 Viterbi - GMLGD 算法具有相似的收敛速度。当误码率为 10^{-5} 时，BCJR - once 需要的平均迭代次数为 2.01；Viterbi - GMLGD 需要的平均迭代次数为 1.9；BCJR - QSPA 需要的平均迭代次数为 1.45。用 $O(A)$ 表示执行一次算法 A 所需要的平均运算次数，这里只统计计算次数，不区分计算类型。若进行更加细致的复杂度比较，则需考虑不同计算具有不同的实现复杂度。基于表 6.2 可知，Viterbi - GMLGD 算法在误码率为 10^{-5} 时的平均计算次数为

$$O(\text{Viterbi - GMLGD})=1.90\times O(\text{Viterbi})+1.90\times O(\text{GMLGD})=498\ 465$$

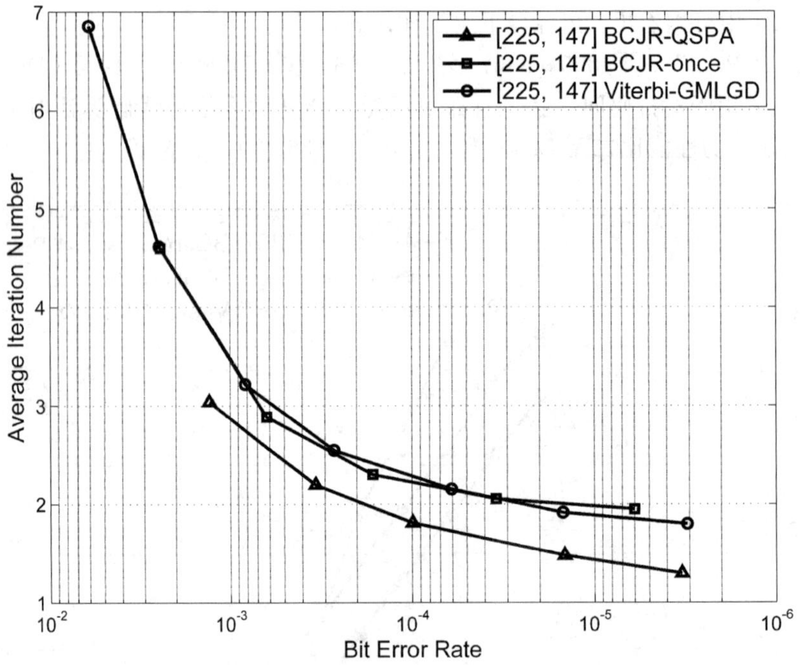

图 6.22　不同联合检测译码算法的平均迭代次数

在误比特率为 10^{-5} 时，BCJR - QSPA 和 BCJR - once 的平均计算次数分别为

$$O(\text{BCJR - QSPA})=1.45\times O(\text{BCJR})+1.45\times O(\text{FFT - QSPA})=1\ 153\ 620$$

$$O(\text{BCJR - once})=1.00\times O(\text{BCJR})+2.01\times O(\text{FFT - QSPA})=1\ 457\ 352$$

从上面的比较可以看出，BCJR - once 和 BCJR - QSPA 的计算复杂度相当，而 Viterbi-GMLGD 算法的计算复杂度明显低于前两种算法。由于 Viterbi - GMLGD 算法中主要用到了整数操作，而 BCJR - QSPA 主要用到了实数操作，因此上面的复杂度比较较为保守。

本章小结

本章重点介绍了多元 LDPC 码在高移动通信系统、深空通信系统、数字存储系统中的应用，详细描述了相应的发送和接收模型。多元 LDPC 码的潜在应用场景还有很多，有必要进一步拓展。对于复杂通信系统，除了要考虑多元 LDPC 码本身的译码复杂度外，还需考虑检测器等信号处理模块的计算复杂度。另外，在实际系统中，不仅需要考虑计算复杂度，还需要考虑算法逻辑、存储复杂度、布线和通信复杂度。计算复杂度低的算法不一定有利于硬件实现，相关研究尚处于起步阶段。

参考文献

[1] SHANNON C. A mathematical theory of communication[J]. Bell system technical journal, 1948, 27(3): 379 - 423(Part I), 623 - 656 (Part II).

[2] 仇佩亮，张朝阳，谢磊. 信息论与编码[M]. 2 版. 北京：高等教育出版社，2011.

[3] 王新梅，肖国镇. 纠错码-原理与方法[M]. 西安：西安电子科技大学出版社，2001.

[4] HAMMING R. Error detecting and correcting codes[J]. Bell system technical journal, 1950, 29(2): 147 - 160.

[5] GOLAY M. Notes on digital coding[J]. Proc. IRE, 1949, 657.

[6] MULLER D. Application of boolean algebra to switching circuit design and to error detec- tion[J]. IRE transactions on electronic computers, 1954, 3: 6 - 12.

[7] REED I. A class of multiple-error-correcting codes and the decoding scheme[J]. Transactions of the IRE professional group on information theory, 1954, 4: 38 - 49.

[8] HOCQUENGHEM A. Codes correcteurs d'erreurs[M]. Paris, French: Chiffres, 1959, 2: 147 - 156.

[9] BOSE R, RAY-CHAUDHURI D. On a class of error correcting binary group codes [J]. Information and control, 1960, 3(1): 68 - 79.

[10] REED I, Solomon G. Polynomial codes over certainfinite fields[J]. Journal of the society for industrial and applied mathematics (SIAM), 1960, 8(2): 300 - 304.

[11] LIN S, COSTELLO J. Error control coding: fundamentals and applications[M]. 2nd ed. Englewood Cliffs, NJ: Prentice-Hall, 2004.

[12] GALLAGER R. Low-density parity-check codes[M]. Cambridge, MA: MIT Press, 1962.

[13] VITERBI A. Error bounds for convolutional codes and an asymptotically optimum decod- ing algorithm[J]. IEEE transactions on information theory, 1967, 13(2): 260-269.

[14] BAHL L, COCKE J, JELINEK F, RAVIV J. Optimal decoding of linear codes for mini- mizing symbol error rate[J]. IEEE transactions on information theory, 1974, 20(2): 284-287.

[15] MOON T. Error correction coding: mathematical methods and algorithms[M]. Hoboken, New Jersey: John Wiley & Sons, Inc. , 2005.

[16] BERROU C, GLAVIEUX A, THITIMAJSHIMA P. Near Shannon limit error-correcting coding and decoding: turbo-codes [C]. Geneva, Switzerland: IEEE International Conference on Communications, 1993: 1064 - 1070.

[17] MACKAY D, NEAL R. Near Shannon limit performance of low-density parity-check codes[J]. Electronic letters, 1996, 32: 1645 - 1646.

[18] RICHARDSON T, URBANKE R. The capacity of low-density parity check codes under message-passing decoding [J]. IEEE transactions on information theory,

2001, 47(2): 599-618.

[19] RICHARDSON T, SHOKROLLAHI A, URBANKE R. Design of capacity-approaching low-density parity-check codes[J]. IEEE transactions on information theory, 2001, 47(2): 619-637.

[20] FELSTROM A. ZIGANGIROV K. Time-varying periodic convolutional codes with low-density parity-check matrix[J]. IEEE transactions on information theory, 1999, 45(6): 2181-2191.

[21] LENTMAIER M, SRIDHARAN A, COSTELLO D, ZIGANGIROV K. Iterative decod-ing threshold analysis for LDPC convolutional codes[J]. IEEE transactions on information theory, 2010, 56(10): 5274-5289.

[22] KUDEKAR S, RICHARDSON T, URBANKE R. Thresholdsaturation via spatial cou-pling: why convolutional LDPC ensembles perform so well over the BEC[J]. IEEE transactions on information theory, 2011, 57(2): 803-834.

[23] MA X, LIANG C, HUANG K, ZHUANG Q. Block Markov superposition transmission: construction of big convolutional codes from short codes[J]. IEEE transactions on information theory, 2015, 61(6): 3150-3163.

[24] LIANG C, MA X, ZHUANG Q, et al. Spatial coupling of generator matrices: a general approach to design good codes at a target BER[J]. IEEE transactions on communications, 2014, 62(12): 4211-4219.

[25] ZHAO S, MA X. Partially block Markov superposition transmission of a Gaussian source with nested lattice codes[J]. IEEE transactions on communications, 2016, 64(12): 5217-5226.

[26] TANNER R. A recursive approach to low complexity codes[J]. IEEE transactions on in formation theory, 1981, 27(5): 533-547.

[27] WIBERG N. Codes and decoding on general graphs[M]. Linkoping, Sweden: Linkoping University, April, 1996.

[28] MACKAY D. Good error-correcting codes based on very sparse matrices[J]. IEEE trans actions on information theory, 1999, 45(3): 399-431.

[29] LUBY M, MITZENMACHER M, SHOKROLLAHIMA M. Improvedlow density parity check codes using irregular graphs and belief propagation[C]. Cambrdge, MA: IEEE International Symposium on Information Theory, 1998: 117.

[30] CHUNG S, FORNEY D, RICHARDSON T, URBANKE R. On the design of low-density parity-check codes within 0. 0045 dB of the Shannon limit[J]. IEEE communications letters.

[31] BRINK S, KRAMER G. Design of repeat-accumulate codes for iterative detection and decoding[J]. IEEE transactions on signal processing, 2003, 51(11): 2764-2772.

[32] KOU Y, LIN S, FOSSORIER M. Low-density parity-check codes based on finite geometries: a discovery and new results[J]. IEEE transactions on information theory, 2001, 47(7): 2711-2736.

[33] DOLECEK L, ZHANG Z, ANANTHARAM V, et al. Analysis of absorbing sets and fully absorbing Sets of array-based LDPC codes[J]. IEEE transactions on information theory, 2010, 56(1): 181-201.

[34] HUANG Q, DIAO Q, LIN S. Trapping sets of structured LDPC codes[C]. IEEE International Symposium on Information Theory, 2011: 1086-1090.

[35] HUANG Q, DIAO Q, LIN S. Cyclic and quasi-cyclic LDPC codes on constrained paritycheck matrices and their trapping sets[J]. IEEE transactions on information theory, 2012, 58(5): 2648-2671.

[36] HUANG Q, KANG J, ZHANG L, et al. Two reliability-based iterative majority-logic decoding algorithms for LDPC codes [J]. IEEE transactions on communications, 2009, 57(12): 3597-3606.

[37] KANG J, HUANG Q, LIN S. An iterative decoding algorithm with backtracking to lower the error-floors of LDPC codes[J]. IEEE transactions on communications, 2011, 59(1): 64-73.

[38] DAVEY M, MACKAY D. Low-density parity-check codes over GF(q)[J]. IEEE communications letters, 1998, 2(6): 165-167.

[39] ZHOU B, KANG J, HUANG Q, et al. Non-binary LDPC codes vs. Reed-Solomon codes[C]. San Diego, CA: Information Theory and Applications Workshop, 2008: 175-184.

[40] MACKAY D, DAVEY M. Evaluation of Gallager codes for short block length and high rate applications[C]. IMA Workshop Codes, Syst., Graphical Models, 1999.

[41] BARNAULT L, DECLERCQ D. Fast decoding algorithm for LDPC over GF(q) [C]. Paris, France: IEEE Information Theory Workshop, 2003: 70-73.

[42] DECLERCQ D, FOSSORIER M. Decoding algorithms for nonbinary LDPC codes over GF(q)[J]. IEEE transactions on communications, 2007, 55(4): 633-643.

[43] VOICILA A, DECLERCQ D, VERDIER F, et al. Low-complexity decoding for non-binary LDPC codes in high order fields [J]. IEEE transactions on communications, 2010, 58(5): 1365-1375.

[44] MA X, ZHANG K, CHEN H, et al. Low complexity X-EMS algorithms for nonbinary LDPC codes[J]. IEEE transactions on communications, 2012, 60(1): 9-13.

[45] SAVIN V. Min-max decoding for nonbinary LDPC codes[C]. IEEE International Symposium on Information Theory, 2008: 960-964.

[46] LI E, DECLERCQ D, GUNNAM K. Trellis-based extended min-sum algorithm for non- binary LDPC codes and its hardware structure[J]. IEEE transactions on communications, 2013, 61(7): 2600-2611.

[47] WANG C, CHEN X, LI Z, et al. A simplifiedmin-sum decoding algorithm for non-binary LDPC codes[J]. IEEE transactions on communications, 2013, 61(1): 24-32.

[48] ZHAO D, MA X, CHEN C, et al. A low complexity decoding algorithm for majority-logic decodable nonbinary LDPC codes[J]. IEEE communications letters, 2010, 14(11): 1062 - 1064.

[49] WANG X, BAI B, MA X. A low-complexity joint detection-decoding algorithm for nonbi- nary LDPC-coded modulation systems [C]. Austin, Texas: IEEE International Symposium on Information Theory, 2010: 794 - 798.

[50] HUANG Q, TANG L, HE S, et al. Low-complexity encoding of quasi-cyclic codes based on Galois Fourier transform[J]. IEEE transactions on communications, 2014, 62(6): 1757 - 1767.

[51] DOLECEK L, DIVSALAR D, SUN Y, et al. Non-binary protograph-based LDPC codes: enumerators, analysis and designs[J]. IEEE transactions on information theory, 2014, 60(7): 3913 - 3941.

[52] AMIRI B, KLIEWER J, DOLECEK L. Analysis and enumeration of absorbing sets for non-binary graph-based codes[J]. IEEE transactions on communications, 2014, 62(2): 398 - 409.

[53] PENG R, CHEN R. Application of nonbinary LDPC cycle codes to MIMO channels [J]. IEEE transactions on wireless communications, 2008, 7(6): 2020 - 2026.

[54] ZHAO S, LU Z, MA X, et al. Joint detection/decoding algorithms for non-binary low- density parity-check codes over inter-symbol interference channels[J]. IET communications, 2013, 7(14): 1522 - 1531.

[55] HAREEDY A, AMIRI B, ZHAO S, et al. Non-binary LDPC code optimization for partial-response channels [C]. San Diego, CA: IEEE Global Communications Conference (GLOBECOM), 2015: 1 - 6.

[56] LIDL R, NIEDERREITER H. Introduction to finite-fields and their applications [M]. Cambridge University Press, 1994.

[57] HU X, ELEFTHERIOU E, ARNOLD D. Regular and irregular progressive edge-growth Tanner Graphs[J]. IEEE transactions on information theory, 2005, 51(1): 386 - 398.

[58] ZENG L, LAN L, TAI Y, et al. Constructions of nonbinary quasi-cyclic LDPC codes: a finite field approach[J]. IEEE transactions on communi cations, 2008, 56 (4): 545 - 554.

[59] ZENG L, LAN L, TAI Y, et al. Construction of nonbinary cyclic, quasi-cyclic and regular LDPC codes: a finite geometry approach [J]. IEEE transactions on communications, 2008, 56(3): 378 - 387.

[60] SONG S, ZHOU B, LIN S, et al. A unified approach to the construction of binary and nonbinary quasi-cyclic LDPC codes based on finitefields [J]. IEEE transactions on communications, 2009, 57(1): 84 - 93.

[61] ZHOU B, KANG J, et al. High performance non-binary quasi-cyclic LDPC codes on Euclidean geometries[J]. IEEE transactions on communications, 2009, 57(5):

1298－1311.

[62] ZHAO S, MA X, ZHANG X, et al. A class of nonbinary LDPC codes with fastencoding and decoding algorithms[J]. IEEE transactions on communications, 2013, 61(1): 1－6.

[63] LI J, LIU K, LIN S, et al. A matrix-theoretic approach to the construction of non-binary quasi-cyclic LDPC codes[J]. IEEE transactions on communications, 2015, 63(4): 1057－1068.

[64] ZHAO S, HUANG X, MA X. Structural analysis of array-based non-binary LDPC codes[J]. IEEE transactions on communications, 2016, 64(12): 4910－4922.

[65] TANG H, XU J, LIN S, ABDEL-GHAFFAR K. Codes on finite geometries[J]. IEEE transactions on information theory, 2005, 51(2): 572－596.

[66] KOLLER D, FRIEDMAN N. Probabilistic graphical models: pPrinciples and techniques[M]. MIT press, 2009.

[67] FORNEY G. The Viterbi algorithm[J]. Proceedings of the IEEE, 1973, 61(3): 268－278.

[68] FORNEY G. Codes on graphs: normal realizations[J]. IEEE transactions on information theory, 2001, 47(2): 520－548.

[69] KSCHISCHANG F, FREY B, LOELIGER H. Factor graphs and the sum-product algorithm[J]. IEEE transactions on information theory, 2001, 47(2): 498－519.

[70] FENG D, LI Q, BAI B, et al. Gallager mapping based constellation shaping for LDPC-coded modulation systems[C], Xi'an: International Workshop on High Mobility Wireless Communications (HMWC), 2015: 116－120.

[71] ZHANG L, HUANG Q, LIN S, et al. Quasi-cyclic LDPC codes: an algebraic Construction, rank analysis, and codes on Latin squares[J]. IEEE transactions on communications, 2010, 58(11): 3126－3139.

[72] CHEN C, BAI B, SHI G, et al. Nonbinary LDPC codes on cages: structural property and code optimization[J]. IEEE transactions on communications, 2015, 63(2): 364－375..

[73] DIVSALAR D, JIN H, MCELIECE R. Coding theorems for turbo-like codes[C]. Monticello, IL, USA: 36th Allerton Conference on Communication, Control and Computing, 1998: 201－210.

[74] JIN H, KHANDEKAR A, MCELIECE R. Irregular repeat-accumulate codes[C]. Brest, France: International Symposium on Turbo Codes, 2000: 1－8.

[75] ROUMY A, GUEMGHAR S, CAIRE G, et al. Design methods for irregular repeat- accumulate codes[J]. IEEE transactions on information theory, 2004, 50(8): 1711－1727.

[76] BRINK S, KRAMER G. Design of repeat-accumulate codes for iterative detection and decoding[J]. IEEE transactions on signal processing, 2004, 51(11): 2764－2772.

[77] YANG M, RYAN W, LI Y. Design of efficiently encodable moderate-length high-rate irregular LDPC codes[J]. IEEE transactions on communications, 2004, 52(4): 564 - 571.

[78] ABBASFAR A, DIVSALAR D, YAO K. Accumulate-repeat-accumulate codes[J]. IEEE transactions on communications, 2007, 55(4): 692 - 702.

[79] RAVAZZI C, FAGNANI F. Spectra and minimum distances of repeat multiple-accumulate codes[J]. IEEE transactions on information theory, 2009, 55(11): 4905 - 4924.

[80] RANGANATHAN S, DIVSALAR D, VAKILINIA K, WESEL R. Designof high-rateir-regular non-binary LDPC codes using algorithmic stopping-set cancellation [C]. IEEE International Symposium on Information Theory, 2014: 711 - 715.

[81] POLYANSKIY Y, POOR H, VERDU S. Channel coding rate in the finite blocklength regime[J]. IEEE transactions on information theory, 2010, 56(5): 2307 -2359.

[82] HUANG J, LIU L, ZHOU W, et al. Large-girth nonbinary QC-LDPC codes of various lengths [J]. IEEE transactions on communications, 2010, 58 (12): 3436 -3447.

[83] SPAGNOL C, MARNANE W. A class of quasi-cyclic LDPC codes over GF(2m) [J]. IEEE transactions on communications, 2009, 57(9): 2524 - 2527.

[84] LI G, FAIR I, KRZYMIEN W. Density evolution for nonbinary LDPC codes under Gaussian approximation[J]. IEEE transactions on information theory, 2009, 55 (3): 997 - 1015.

[85] CUI Z, WANG Z, LIU Y. High-throughput layered LDPC decoding architecture [J]. IEEE transactions on verylarge scale integration systems, 2009, 17(4): 582 -587.

[86] DOLECEK L, DIVSALAR D, SUN Y, et al. Non-binary protograph-based LDPC codes: enumerators, analysis and designs[J]. IEEE transactions on information theory, 2014, 60(7): 3913 - 3941.

[87] ZHANG K, MA X, ZHAO S, et al. A new ensemble of rate-compatible LDPC codes [C]. Cambridge, MA: IEEE International Symposium on Information Theory, 2012: 2536 - 2540.

[88] CONWAY J, SLOANE N. Fast Quantizing and decoding and algorithms for lattice quantizers and codes[J]. IEEE transactions on information theory, 1982, 28(2): 227 - 232.

[89] MA X, ZHAO S, ZHANG K, et al. Kite codes over groups. Paraty: IEEE Information Theory Workshop, 2011: 481 - 485.

[90] ZHAO S, MA X. Construction of high-performance array-based non-binary LDPC codes with moderate rates[J]. IEEE communications letters, 2016, 20(1): 13 - 16.

[91] HUANG K, MITCHELL D, WEI L, et al. Performance comparison of LDPC

block and spatially coupled codes over GF(q)[J]. IEEE transactions on communications, 2015, 63(3): 592-604.

[92] FOSSORIER M, MIHALJEVIC M, IMAI H. Reduced complexity iterative decoding of low-density parity check codes based on belief propagation[J]. IEEE transactions on com-munications, 1999, 47(5): 673-680.

[93] VOICILA A, DECLERCQ D, VERDIER F, et al. Low-complexity decoding for non-binary LDPC codes in high order fields[J]. IEEE transactions on communications, 2010, 58(5): 1365-1375.

[94] MA X, ZHANG K, CHEN H, et al. Low complexity X-EMS algorithms for nonbinary LDPC codes[J]. IEEE transactions on communications, 2012, 60(1): 9-13.

[95] ZHAO S, LU Z, MA X, et al. A variant of the EMS decoding algorithm for nonbinary LDPC codes[J]. IEEE communications letters, 2013, 17(8): 1640-1643.

[96] HUANG Q, SONG L, WANG Z. Set message-passing decoding algorithms for regular non-binary LDPC codes[J]. IEEE transactions on communications, 2017, 65(12): 5110-5122.

[97] HUANG Q, YUAN S. Bit reliability-based decoders for non-binary LDPC codes [J]. IEEE transactions on communications, 2016, 64(1): 38-48.

[98] LI X, QIN T, CHEN H, et al. Hard-information bit-reliability based decoding algorithm for majority-logic decodable nonbinary LDPC codes[J]. IEEE communications letters, 2016, 20(5): 866-869.

[99] SONG L, HUANG Q, WANG Z, et al. Two enhanced reliability-based decoding algorithms for nonbinary LDPC codes[J]. IEEE transactions on communications, 2016, 64(2): 479-489.

[100] WANG S, HUANG Q, WANG Z. Symbol flipping decoding algorithms based on prediction for non-binary LDPC codes[J]. IEEE transactions on communications, 2017, 65(5): 1913-1924.

[101] CHEN C, BAI B, WANG X, et al. NonbinaryLDPC codes constructed based on a cyclic MDS code and a low-complexity nonbinary message-passing decoding algorithm[J]. IEEE communications letters, 2010, 14(3): 239-241.

[102] ZHANG J. Simplified symbol flipping algorithms for nonbinary low-density parity-check codes[J]. IEEE transactions on communications, 2017, 65(10): 4128-4137.

[103] LAI K, LI E, LEI J. Threshold-based extended minimum-sum algorithm for non-binary LDPC codes[C]. Yangzhou: International Conference on Wireless Communications & Signal Processing, 2016: 1-5.

[104] LIU Z, LIU R, HOU Y, et al. Efficient GPU-based implementation for decoding non-binary LDPC codes with layered and flooding schedules[J]. Concurrency and computation: practice and experience, 2018, 30(16).

[105] UMTS Forum Report: Mobile traffic forecasts: 2010-2020, Report 44, Jan. 2011.

[106] UNGERBOECK G. Channel coding with multilevel/phase signals[J]. IEEE transactions on information theory, 1982, 28(1): 55-67.

[107] UNGERBOECK G. Trellis-coded modulation with redundant signal sets part II: state of the art[J]. IEEEcommunications magazine, 1987, 25(2): 12-21.

[108] IMAI H, HIRAKAWA S. A new multilevel coding method using error-correcting codes[J]. IEEE transactions on information theory, 1977, 23(3): 371-377.

[109] DIVSALAR D, SIMON M. The design of trellis coded MPSK for fading channels: performance criteria[J]. IEEE transactions on communications, 1988, 36(9): 1004-1012.

[110] ZEHAVI E. 8-PSK trellis codes for a Rayleigh channel[J]. IEEE transactions on communications, 1992, 40(5): 873-884.

[111] CAIRE G, TARICCO G, BIGLIERI E. Bit-interleaved coded modulation[J]. IEEE transactions on information theory, 1998, 44(3): 927-946.

[112] DUAN L, RIMOLDI B, URBANKE R. Approaching the AWGN channel capacity without active shaping [C]. IEEE International Symposium on Information Theory, 1993: 374-374.

[113] MA X, LI P. Power allocations for multilevel coding with sigma mapping[J]. Electronics letters, 2004, 40(10): 609-611.

[114] MA X, LI, P. Coded modulation using superimposed binary codes[J]. IEEE transactions on information theory, 2004, 50(12): 3331-3343.

[115] MA X, BAI B. A unified decoding algorithm for linear codes based on partitioned parity-check matrices[C]. Tahoe City, CA: IEEE Information Theory Workshop, 2007: 19-23.

[116] ZHAO S, WANG X, WANG T, et al. Joint detection-decoding of majority-logic decodable non-binary low-density parity-check coded modulation systems: an iterative noise reduction algorithm[J]. IET communications, 2014, 8(10): 1810-1819.

[117] CONWAY J, SLOANE N. Fast quantizing and decoding algorithms for lattice quantizers and codes[J]. IEEE transactions on information theory, 1982, 28(2): 227-232.

[118] CONWAY J, SLOANE N. A fast encoding method for lattice codes and quantizers [J]. IEEE transactions on information theory, 1983, 29(6): 820-824.

[119] GHAZAL A, WANG C, AI B, et al. Anonstationary wideband MIMO channel model for high-mobility intelligent transportation systems[J]. IEEE transactions on intelligent transportation systems, 2015, 16(2): 885-897.

[120] COSTELLO D, HAGENAUER J, IMAI H, et al. Applications of error-control coding[J]. IEEE transactions on information theory, 1998, 44(6): 2531-2560.

[121] CALZOLARI G, VASSALLO E, HABINC S. CCSDS telemetry channel coding: the turbo coding option. New technologies, New Standards (Ref. No. 1998/519)

[C], IEE 5th CCSDS Workshop, 1998.

[122] REID A, GULLIVER T, TAYLOR D. Convergence and errors in turbo-decoding [J]. IEEE transactions on communications, 2001, 49(12): 2045 - 2051.

[123] BRINK S. Convergence behavior of iteratively decoded parallel concatenated codes [J]. IEEE transactions on communications, 2001, 49(10): 1727 - 1737.

[124] DIVSALAR D, DOLINAR S, POLLARA F. Iterative turbo decoder analysis based on density evolution[J]. IEEE journal on selected areas in communications, 2001, 19(5): 891 - 907.

[125] LI X, YANG L. Application of turbo code in deep-space communication[J]. Radio com munications technology, 2010.

[126] OH S,HWANG I, BANERJEE A, et al. A novel turbo coded modulation scheme for deep dpace optical communications[J]. IEICE transactions on communications, 2010, 93(5): 1260 - 1263.

[127] AULIN T, SUNDBERG C. Continuous phase modulation-part I: full response signal-ing[J]. IEEE transactions on communications, 1981, 29(3): 196 - 209.

[128] AULIN T, RYDBECK N, SUNDBERG C. Continuous phase modulation-part II: partial response signaling[J]. IEEE transactions on communications, 1981, 29 (3): 210 - 225.

[129] RIMOLDI B. A Decomposition approach to CPM[J]. IEEE transactions on information theory, 1988, 34(2): 260 - 270.

[130] FORNEY G, Concatenated codes[M]. Cambridge, MA: MIT Press, 1966.

[131] AMAT G, NOUR C, DOUILLARD C. Scrially concatenated continuous phase modulation for satellite communications [J]. IEEE transactions on wireless communications, 2009, 8(6): 3260 - 3269.

[132] Digital video broadcasting (DVB). Second generation DVB interactive satellite system (RCS2)-Part 2: Lower Layers for Satellite Specification Standard. DVB Document A155 - 2, 2010.

[133] MOQVIST P, AULIN T. Serially concatenated continuous phase modulation with itera- tive decoding[J]. IEEE transactions on communications, 2001, 49(11): 1901 - 1915.

[134] MORUTA K, HIRADE K. GMSK modulation for digital mobile radio telephony [J]. IEEE transactions on communications, 1981, 29(7): 1044 - 1050.

[135] DETWILER T, SEARCY S. Continuous phase modulation for fiber-optic links [J]. IEEE transactions oncommunications, 2011, 52(11): 3659 - 3671.

[136] ANDERSON J, AULIN T, SUNDBERG C, Digital phase modulation[M]. New York, USA: Plenum, 1986.

[137] FORNEY G. Maximum-likelihood sequence estimation of digital sequences in the presence of intersymbol interference[J]. IEEE transactions on information theory, 1972, 18: 363 - 378.

[138] BENEDETTO S, DIVSALAR D, MONTORSI G, et al. Serial concatenation of inter-leaved codes: performance analysis, design, and iterative decoding[J]. IEEE transactions on information theory, 1998, 44(3): 909 - 926.
[139] KURKOSKI M, SIEGEL P, WOLF J. Joint message-passing decoding of LDPC codes and partial-response channels[J]. IEEE transactions on information theory, 2002, 6(48): 141 - 1422.
[140] FRANZ V, ANDERSON B. Concatenated decoding with a reduced-search BCJR algo-rithm[J]. IEEE journal on selected areas in communications, 1998, 16: 18 -195.
[141] MA X, KAVCIC A. Path partitions and forward-only trellis algorithms[J]. IEEE transac tions on information theory, 2003, 49: 3 - 52.